Tom Landgraf
Automatisierung der temperaturbildbasierten Tierüberwachung

TUDpress

DRESDNER BEITRÄGE ZUR SENSORIK

Herausgegeben von Gerald Gerlach

Band 58

Tom Landgraf

Automatisierung der temperaturbildbasierten Tierüberwachung

TUDpress

2015

Die vorliegende Arbeit wurde unter dem Titel „Automatisierung der temperaturbildbasierten Tierüberwachung“ am 27.08.2014 als Dissertation an der Fakultät Elektrotechnik und Informationstechnik der Technischen Universität Dresden eingereicht und am 17.02.2015 verteidigt.

Vorsitzender:	Prof. Dr.-Ing. habil. Wolf-Joachim Fischer
Gutachter:	Prof. Dr.-Ing. habil. Gerald Gerlach
	Prof. Dr. agr. Steffi Geidel
	Dr.-Ing. Stephan Zipser

Bibliografische Information der Deutschen Nationalbibliothek
Die Deutsche Nationalbibliothek verzeichnet diese Publikation in der Deutschen Nationalbibliografie; detaillierte bibliografische Daten sind im Internet über http://dnb.d-nb.de abrufbar.

Bibliographic information published by the Deutsche Nationalbibliothek
The Deutsche Nationalbibliothek lists this publication in the Deutsche Nationalbibliografie; detailed bibliographic data are available in the Internet at http://dnb.d-nb.de.

ISBN 978-3-95908-024-8

Verlag der Wissenschaften GmbH
Bergstr. 70 | D-01069 Dresden
Tel.: 0351/47 96 97 20 | Fax: 0351/47 96 08 19
http://www.tudpress.de

Gesetzt vom Autor.
Printed in Germany.

Vorwort des Herausgebers

In der modernen industriellen Tierhaltung und -produktion ist die Überwachung geeigneter Vitalparameter, die Aussagen zur Gesundheit bzw. zu Krankheiten geben können, von großem Interesse. Wie bei der Fiebermessung bei Menschen ist die Temperaturüberwachung bei Tieren dafür ein besonders gut geeignetes Verfahren. Sie ist vorteilhaft mit Infrarotkameras möglich, da solche Messungen berührungslos und rückwirkungsfrei erfolgen. Entsprechende Kameras mit hinreichend kleiner Messunsicherheit und zu erschwinglichen Preisen stehen mittlerweile zur Verfügung. Allerdings war bisher durch eine Reihe essenzieller Probleme eine automatisierte Infrarot-Temperaturmessung nicht möglich: Das betraf die Auswahl der entsprechenden Messflächen einschließlich der automatisierten Segmentierung, die Auswahl geeigneter Parameter, die durch die vielfältigen Einflussgrößen möglichst gering gestört werden, und die Gesamt-Messunsicherheit, die signifikant kleiner als die diagnostisch zulässige Messunsicherheit sein muss. Aus diesem Grund war die Infrarot-Temperaturmessung bei der Tierüberwachung bisher nur mit händischer Segmentierung anwendbar.

Der vorliegende Band der „Dresdener Beiträge zur Sensorik“ untersucht deshalb, inwieweit die infrarotbasierte Temperaturmessung den speziellen Anforderungen in der Tierhaltung angepasst werden kann, welche Merkmale für die Beschreibung des Gesundheitszustandes von Milchkühen robust gegen die vielfältigen Einflussfaktoren sind und wie groß die Gesamtmessunsicherheit der Temperaturmessung ist, um Aussagen über die Relevanz der Messergebnisse machen zu können. Auf der Basis zweier großer Messkampagnen in zwei Tierställen und der Auswertung von insgesamt mehr als 6,5 Millionen IR-Bildern zeigt sich, dass die Infrarotmesstechnik für die automatisierte Tierüberwachung gut geeignet ist.

Die vorliegende Arbeit präsentiert damit nicht nur die erforderlichen ingenieurwissenschaftlichen und technischen Grundlagen für diese Anwendung, sondern ist auch von außerordentlich großer wirtschaftlicher Relevanz für die industrielle Tierhaltung und -produktion. Ich wünsche ihr deshalb viele interessierte Leser!

Dresden im Februar 2015 Gerald Gerlach

Inhaltsverzeichnis

Größen und Benennungen

Akzentuierungen

$\bar{x}$	Mittelwert der Größe x
$\hat{x}$	Maximalwert der Größe x
$\check{x}$	Minimalwert der Größe x
$\tilde{x}$	Schätzwert der Größe x
$\underline{x}$	Vektor
$\mathbf{X}$	Matrix
$\mathcal{X}$	Bildgröße als Matrix von Bildpunkten
Δx	Differenzgröße

Indizes

$\mathbb{A}$	Arbeitspunkt
A	detektierte Größe
amb	Umgebung
atm	Atmosphäre
D	diagnostisch relevant
F	Formmodell
G	Grauwertverteilungsmodell
j	bildpositionsabhängig
konst	konstanter Wert
man	manuell ermittelt
M	nicht IR-basierte, direkt gemessen
obj	Messobjekt
R	referenzierte Temperaturmessung
ref	Referenzstrahler
S	schwarzstrahlerbezogen
t	zeitabhängig
U	unreferenzierte Temperaturmessung
Δ	konstante Unsicherheitskomponente
$\Delta(x)$	Unsicherheitskomponente abhängig von x
λ	spektralabhängig

Formelzeichen

$\mathcal{A}$	Arbeitsbild, Bildpunktwerte ohne zugeordnete pyhsikalische Einheit
$\mathbf{C}$	Kovarianzmatrix
C_1	erste PLANCKsche Strahlungskonstante
C_2	zweite PLANCKsche Strahlungskonstante
C_{n,x_i}	Regressionskoeffizient $n$ter Ordnung der Größe x_i
C_{th}	thermische Kapazität
$\mathbf{C}_\eta$	Co-Occurrence-Matrix für die Richtung η
D_{p}	Punkt-zu-Punkt-Distanz
D_{m}	MAHALONOBIS-Distanz
$\underline{f}$	Formvektor mit Positionen der Landmarken in Modellkoordinaten
$\underline{f}_{\mathrm{b}}$	Formvektor mit Positionen der Landmarken in Bildkoordinaten
f_d	relativer Flächenanteil, der d-Prozent des Histogramms einschließt
f_{T_d}	relativer Flächenanteil der Fläche, die wärmer als T_d ist
F	Anpassungsfunktion des Level-Set-Ansatzes
F_{f}	Farbterm der Anpassungsfunktion
F_{fs}	Farbstatistikterm der Anpassungsfunktion
F_{k}	Konturterm der Anpassungsfunktion
F_{th}	thermisches Widerstandsverhältnis
F_{v}	Formvorwissenterm der Anpassungsfunktion
$\underline{g}$	Grauwertverteilungen aus der Umgebung einer Landmarke
$\mathbf{G}$	Grauwert-Trainingsdatensatz, Menge aller Grauwert-Trainingsvektoren
$\underline{h}_c$	kumulierte relative Häufigkeit des Histogramms
$\underline{h}_n$	relative Häufigkeit des Histogramms
$\mathcal{H}(\mathcal{I})$	Heaviside-Funktion
M	Bildmerkmal (Einheit abhängig vom jeweiligen Merkmal)
M_{Ent}	Entropie der Grauwerte einer Segmentierung
M_{Ani}	Anisotropie der Grauwerte einer Segmentierung
$M_{\mathrm{En},\eta}$	Energie der Grauwerte einer Segmentierung
$M_{\mathrm{Kor},\eta}$	Korrelation der Grauwerte einer Segmentierung
$M_{\mathrm{Hom},\eta}$	Homogenität der Grauwerte einer Segmentierung
$M_{\mathrm{Kon},\eta}$	Kontrast der Grauwerte einer Segmentierung
$M_{S,\lambda}$	spektrale spezifische Ausstrahlung
p	atmosphärischer Druck
$\underline{p}$	Parametervektor des Formmodells (Active-Shape-Modell)
$\underline{p}_{\mathrm{l}}$	beschränkter Parametervektor des Formmodells (Active-Shape-Modell)
q	Qualitätsmaß der Bildverarbeitung
r	Segmentierungsqualität

$\mathcal{R}$	Region (Region of Interest - ROI); ein ausgewählter Bildbereich
R_{th}	thermischer Widerstand
$R_M^{\star n}$	Regressionsmodell $n$ter Ordnung für das Merkmal M
R_M^n	Oberflächentemperaturmodell $n$ter Ordnung für das Merkmal M
$\mathbf{S}$	Modellmatrix des Formmodells (Active-Shape-Modell)
$\underline{t}$	Form-Trainingsvektor mit Positionen der manuell definierten Landmarken
$\mathbf{T}$	Form-Trainingsdatensatz, Menge aller Form-Trainingsvektoren
T	Temperatur
$\mathcal{T}$	Temperaturbild, der Wert jedes Bildpunktes ist eine Temperatur z. B. in K
$\mathbb{I}_{T,\varphi}$	Temperatur-Feuchte-Index
$\hat{T}_{\text{Hist}}$	größtes lokales Maximum des geglätteten Histogramms
$\check{T}_{\text{Hist}}$	größtes lokales Minimum des geglätteten Histogramms
$\mathtt{T}_{x,y}$	affine Transformation (Translation)
$\mathtt{T}_{s,a}$	affine Transformation (Skalierung und Rotation)
$\mathtt{T}_{x,y,s,a}$	affine Transformation (Translation, Skalierung und Rotation)
v	Geschwindigkeit der Luft
$\mathbf{V}$	Eigenvektorenmatrix
X	strahlungsäquivalenter interner Messwert der IR-Kamera
α	Absorptionsgrad
α_{w}	Wichtung der Farbterme
δ	Abbruchkriterium der Level-Set-basierten Suche
$\delta_{d,\alpha}$	relative Bildmerkmalsabweichung, bezogen auf die relative Bildposition
$\delta_{M,\mathcal{R}}$	relative Bildmerkmalsdifferenz
ε	Emissionsgrad
η	Richtung für die Definition der Nachbarschaftsbeziehung in der Co-Occurence
ϑ	Temperatur
λ	Startebene der pyramidalen Suche
$\mathbf{\Lambda}$	Eigenwertematrix
μ_{w}	Wichtung des Formvorwissenterms
ν_{w}	Wichtung des Konturterms
Ξ	Wahrscheinlichkeitskarte
ρ	Reflektionsgrad
τ	Transmissionsgrad
φ	relative Luftfeuchte
Φ	Strahlungsfluss
Ψ	Formvorwissen des Level-Set-Ansatzes
Ω	Level-Set-Funktion

$\Omega_{\mathcal{V}}$	negativer Bereich der Level-Set-Funktion (Vordergrund/Segmentierung)
$\Omega_{\mathcal{H}}$	positiver Bereich der Level-Set-Funktion (Hintergrund)

Abkürzungen

ASM	Active-Shape-Modell
IR	infrarot
IRT	Infrarotthermographie
HGSK	Hintergrundstrahlungskorrektur
LS	Level Set
LSB	Least Significant Bit, allgemeine Einheit für die kamerainterne Messgröße X
MKQ	Methode der kleinsten Fehlerquadrate
MGKQ	Methode der gewichteten, kleinsten Fehlerquadrate

1 Einführung

1.1 Problemstellung

In der Milchviehhaltung der hochindustrialisierten Länder ist aus wirtschaftlichen Gründen ein anhaltender Trend zu wachsenden Herdengrößen und einer stärkeren Automatisierung aller Arbeitsprozesse zu beobachten. Gleichzeitig steigen die Anforderungen an die Sicherheit in der Lebensmittelproduktion, aber auch an das Wohlbefinden und die Gesundheit der Tiere. Gerade bei den in dieser Arbeit betrachteten Milchkühen, die ein vergleichsweise hohes Alter erreichen können, ist der Erhalt der Leistungsfähigkeit und der Tiergesundheit eine zentrale Forderung. Deshalb werden in diesem Bereich seit vielen Jahren automatisch arbeitende technische Lösungen entwickelt, die über gemessene Tier- oder Milchparameter mögliche Defizite aufzeigen und dann gegebenenfalls zu einer Vorstellung des Tiers beim Tierarzt führen. Die Aussagekraft der bekannten Lösungen ist, wohl auch wegen der Komplexität der zugrundeliegenden biologischen Phänomene, oft noch unbefriedigend.

Damit die Erkennungsrate der automatischen Verfahren verbessert werden kann, müssen deshalb weitere gesundheitsrelevante Größen am Tier messtechnisch erschlossen werden. Einen interessanten Zugang bietet hier die Infrarotthermographie (IRT), denn sie arbeitet im Gegensatz zu den heute üblichen Messverfahren völlig berührungslos und rückwirkungsfrei und erschließt mit der Temperatur einen wesentlichen Vitalparameter. Durch die Verbesserungen in der IRT-Kameratechnik stehen heute robuste und ungekühlte Kameras mit niedrigem Rauschen, hoher geometrischer Auflösung und großer Messfrequenz zur Verfügung. Zahlreiche Studien [61, 97, 113, 136, 182] schreiben der IRT hohes Diagnosepotenzial für praktisch besonders relevante Erkrankungen wie Euter- und Klauenerkrankungen zu. Bestimmte Erkrankungen lassen sich mittels IRT zudem deutlich früher als mit den derzeit üblichen Diagnoseverfahren erkennen. Für Klauenerkrankungen konnten schon zwei Wochen vor der klinischen Auffälligkeit deutliche Temperaturänderungen nachgewiesen werden [61].

Die IRT wird derzeit vor allem im Pferdesport und in zoologischen Gärten erfolgreich angewendet. Eine breitere Anwendung der IRT scheitert derzeit allerdings am Aufwand der Methode, da sowohl Bildaufnahme als auch Auswertung noch manuell erfolgen. Dies erfordert spezielle Kenntnisse und ist zeitaufwändig. Eine Anwendung in großen Tierbeständen ist daher bisher nicht wirtschaftlich.

In der vorliegenden Arbeit werden die wesentlichen technischen Hemmnisse der praktischen Anwendung wissenschaftlich untersucht und Lösungsvorschläge für eine automatisierte und damit komfortable Anwendung der IRT erarbeitet.

1.2 Stand der Technik

Bereits in der Antike stellte Hippokrates von Kos fest, dass Veränderungen der Hauttemperatur beim Menschen zur Diagnose von Erkrankungen eingesetzt werden können [4]. In der Neuzeit wurde diese Idee wieder aufgegriffen, nachdem mit der Entwicklung der Infrarotthermographie ein berührungsloses Temperaturmessverfahren zur Verfügung stand. Erste Untersuchungen zur diagnostischen Anwendung beim Menschen erfolgten 1956 durch Lawson [103]. Er erkannte, dass die Temperatur über karzinösem Gewebe höher ist als über gesundem Gewebe. Die erste veterinäre IRT-Untersuchung führte Smith 1961 an Pferden durch [165].

In der Humanmedizin wird die IRT sowohl im Bereich der Forschung als auch in der klinischen Praxis eingesetzt [6, 40, 102]. Als Diagnoseverfahren anerkannt ist die IRT bei der Untersuchung von Schmerzzuständen [62, 68, 73, 74, 96, 110], verschiedenen Durchblutungsstörungen [78, 191, 192] sowie der Thermoregulation [111, 112]. Kontrovers diskutiert wird dagegen der Einsatz zur Brustkrebsvorsorge [4, 51, 118, 120, 172] und zur Fiebererkennung unter veränderlichen Umgebungsbedingungen, z. B. auf Flughäfen [22, 24, 39, 187]. Die beiden folgenden Hauptkritikpunkte dieser Kontroverse können auch auf die veterinäre Anwendung übertragen werden.

1. Die Nutzung der Thermographie bei veränderlichen Umgebungsbedingungen ist schwierig, da hier die Temperaturmessung störend beeinflusst wird und diese Störungen nur eingeschränkt quantifiziert und korrigiert werden können.
2. Es werden prinzipbedingt zumeist Oberflächentemperaturen gemessen. Aussagen über tieferliegende Temperaturverhältnisse sind daher nur bedingt möglich.

Auch in der Veterinärmedizin wird die IRT in der Forschung und klinischen Praxis vielfältig eingesetzt. Einen guten Überblick geben [71, 97, 182]. Ein Großteil der Untersuchungen besitzt noch Forschungscharakter, woraus sich die Berechtigung der vorliegenden Arbeit ergibt. Tabelle 1.1 stellt Anwendungen der IRT in der Tierüberwachung zusammen. Eine Vielzahl von Arbeiten zur Thermoregulation (Hitzestress), Erkrankungen des Bewegungsapparats und Untersuchung des Mammarkomplex (Mastitiserkennung) bezieht

Tabelle 1.1: Anwendung der IRT für veterinäre Untersuchungen

Gegenstand der Untersuchung	**Tierart**				
	Rinder	Pferde	Schweine	sonstige Nutztiere	Zoo- und Wildtiere
Körpertemperatur	[1, 61, 144]		[55, 144, 174]		
Bewegungsapparat	[1, 49, 61, 79, 121, 146, 201]	[11, 23, 76, 156]	[56, 146]		[71]
Mammarkomplex	[1, 9, 13, 13, 30, 59, 66, 75, 79, 100, 101, 113, 140, 144, 146, 155, 161, 186, 201]		[144, 146]		[71]
Fertilität & Gravidität	[38, 61, 66, 79, 80, 146]		[146]		[71, 159]
Thermoregulation	[31, 37, 58, 98, 99, 148, 152, 171, 177]			[63, 153]	[16, 63, 71, 99, 137, 148, 159, 166]
sonstige	[79, 101, 142, 146, 151, 160, 170, 171]	[11, 23, 165]	[144, 180]	[154]	[71, 87]

sich auf die Anwendung bei Rindern. Dies ist, wie eingangs erwähnt, mit einem starken praktischen Bedarf zu erklären. Eine systematische Anwendung der IRT in der klinischen Praxis erfolgt bisher lediglich bei Pferden und Zootieren [23, 71]. Begründet ist dies mit dem hohen personellen Aufwand und den damit verbunden Kosten [61, 148]. Automatisiere Lösungen könnten zu einer deutlichen Ausweitung des IRT-Einsatzes beitragen [15, 113].

Aufgrund der vielfältigen Anwendungsmöglichkeiten wird der Begriff „Diagnose“ im Folgenden nicht im engen medizinischen Sinne zur Erkennung spezifischer Erkrankungen verwendet, sondern in einem technisch geprägten Sinne zur Erkennung des Zustands der Tiere. Die Diagnose umfasst neben der Gesundheit auch weitere Zustände mit Einfluss auf die Temperatur, wie z. B. Brunst, Gravidität, Wohlbefinden oder Stress.

Eine detaillierte Analyse des Stands der Technik der IR-basierten Tierüberwachung erfolgt in den folgenden technischen Teilschritten.

1. **Bildaufnahme:** Die Aufnahme der IR-Bilder erfolgt bisher überwiegend manuell mit einer Handkamera. In Kenntnis des Störeinflusses wird dabei z. T. versucht, Einflussgrößen, wie den Messabstand, konstant zu halten.
2. **Segmentierung:** Die Auswahl relevanter Messflächen im IR-Bild wird manuell durchgeführt. Geeignete automatische Verfahren sind bisher nicht bekannt.
3. **Merkmalsextraktion:** Die Erstellung/Berechnung von quantitativen IR-Bildmerkmalen (z. B. der mittleren Temperatur) erfolgt auf Basis der erstellten Messflächen mittels Hilfssoftware. Qualitative Merkmale werden aus der subjektiven Wahrnehmung abgeleitet (z. B. die Bewertung von Temperaturverteilungen).
4. **Diagnose:** Es werden Aussagen über den Tierzustand aus den IR-Merkmalen abgeleitet. Dabei kommen in der Regel statistische Mittel zum Einsatz.

Der Teilschritt der Diagnose bezieht sich überwiegend auf das Fachgebiet der Veterinärmedizin und ist nicht Gegenstand der vorliegenden Arbeit. Untersuchungen zu diesem Thema können [136] entnommen werden.

1.2.1 Infrarotbasierte Temperaturmessung

IR-Kameras haben in den letzten Jahren einen deutlichen Entwicklungsschub erfahren. Wurden früher aufwendig gekühlte, scannende Geräte mit Einelement- oder Zeilensensor genutzt, werden heute vorwiegend ungekühlte Matrixsensoren eingesetzt, welche zudem höhere Bildraten aufweisen. Diese sind vergleichsweise preiswert und bieten eine hohe geometrische Auflösung. Für diagnostische Untersuchungen wird hauptsächlich der Spektralbereich $(8 \ldots 14)\,\mu m$, vereinzelt auch der Bereich $(3 \ldots 5)\,\mu m$ genutzt. Eine Übersicht

Tabelle 1.2: Eigenschaften heutiger IR-Kameras

Hersteller	Modell	Anzahl der Bildpunkte	Sichtfeld	Wellenlänge in µm	Messbereich in °C	Mess-unsicherheit	*NETD* in K	
DIAS	Pyroview 380L	384 × 288	(30° × 23°) [1]	(8 … 14)	(−20 … 120)[3]	max (±2 K, 2 %)	0,08	[41]
	Pyroview 640L compact	640 × 480	(36° × 27°) [1]	(8 … 14)	(−20 … 120)[3]	max (±2 K, 2 %)	0,08	[42]
FLIR	A315	320 × 240	(25° × 19°)	(7,5 … 13)	(−20 … 120)[3]	max (2,0 K; 2 %)	0,05	[45]
	A615	640 × 480	(25° × 19°)	(7,5 … 13)	(−20 … 150)[3]	max (2,0 K; 2 %)	0,05	[46]
	SC7000 *gekühlt*	640 × 512	(44° × 36°) [1]	(8 … 12)	(−20 … 3000)	max (1,0 K; 1 %)	0,02	[47]
	SC7900-VL *gekühlt*	320 × 256	(44° × 36°) [1]	(7,7 … 11,5)	(−20 … 1500)	max (1,0 K; 1 %)	0,025	[48]
Infratec	VarioCAM hr research	640 × 480 [2]	(30° × 23°) [1]	(7,5 … 14)	(−40 … 1200)	max (2,0 K; 2 %)[4]	0,05	[84]
	ImageIR® 8800 *gekühlt*	640 × 512 [2]	*k.A.* [1]	(7,5 … 14)	(−40 … 1200)	max (1,0 K; 1%)	0,025	[82]
	PIR uc 180	160 × 120	(30° × 23°) [1]	(7,5 … 13)	(−20 … 250)	max (2,0 K; 2 %)	0,08	[83]
Beispielparametersatz einer ungekühlten IR-Kamera		640 × 480	(36° × 27°) [1]	(8 … 14)	(−20 … 120)	±2 K[5]	0,08	

[1] weitere Objektive verfügbar; [2] mit Mikroscan auf 1280 × 960 Bildpunkte erweiterbar; [3] weitere Messbereiche verfügbar; [4] max (1,0 K; 1 %) für ausgewählte Bereiche möglich; [5] ist in relevanten Temperaturbereich vereinfacht für max (2,0 K; 2 %)

zu den Eigenschaften heutiger IR-Kameras gibt Tabelle 1.2. Die typischen Eigenschaften der IR-Kameras (geometrische und thermische Auflösung sowie Messunsicherheit) werden für die nachfolgenden Analysen zu einem Beispielparametersatz zusammengefasst.

Als besonders kritisch für die diagnostische Anwendung der IRT bewertet [187] die Messunsicherheit der absoluten Temperaturmessung von $\pm 2\,\mathrm{K}$, die thermische Instabilität des Empfängers und der Umgebung sowie den starken Einfluss von Luftbewegungen. Für veterinäre Anwendungen kommt die eingeschränkte Zugänglichkeit und die z. T. geringe Größe der Messflächen hinzu [61]. In der Humanmedizin wird diesem Nachteil mit definierten Versuchsbedingungen und genau spezifizierter IRT-Technik begegnet. Dabei werden etwa die Klimatisierung der Untersuchungsräume, die Akklimatisierungszeiten sowie der Ablauf der Untersuchung definiert [4, 15, 53, 90]. Die Einhaltung dieser technischen Bedingungen und Verfahrensabläufe ermöglichen eine sehr genaue Temperaturmessung.

In der veterinären Anwendung ist es aufgrund der praktischen Randbedingungen meist nicht möglich, vergleichbar definierte Untersuchungsbedingungen zu realisieren (Tabelle 1.3).

Tabelle 1.3: Vergleich der Einsatzbedingungen der IRT für human- und veterinärmedizinischen Anwendungen

Bedingung	**Humanmedizin**	**Veterinärmedizin**
Klima	standardisiert; kontrollierte Bedingungen, speziell klimatisierte Räume, Akklimatisierungszeiten	im betrieblichen Umfeld nicht kontrollierbar; Akklimatisierung der Tiere nur bedingt möglich
Bewegung	durch Patientenanweisung weitgehend unterbunden	Fixation in der Regel nicht praktikabel; durch geeignete Messsituation aber reduzierbar
Messabstand, Messwinkel	standardisiert	nicht standardisiert; Wiederholbarkeit meist durch Tierbewegung eingeschränkt; häufig Handmessung
Bildaufnahme, -verarbeitung	spezielle Software mit integrierter Vorverarbeitung und unterstützter Segmentierung	manuelle Aufnahme, Messflächen manuell eingezeichnet; hoher Aufwand

Aus diesem Grund müssen die nicht kontrollierbaren Einflussgrößen analysiert und ggf. korrigiert werden. In der Literatur finden sich dazu zwei auch in der Humanmedizin gängige Maßnahmen zur Reduzierung der Einflussgrößen: die Hintergrundstrahlungskorrektur (HGSK) und die Referenzierung (Tabelle 1.4). Bei der HGSK wird die am Messobjekt reflektiert Hintergrundstrahlung rechnerisch korrigiert. Die Grundidee der Referenzierung ist, dass ein Vergleichsstrahler mit bekannten Strahlungseigenschaften und mit bekannter Temperatur im Bildbereich platziert wird. Vereinfacht werden dabei die Temperaturwerte des IR-Bilds um die Differenz zwischen der Vergleichsstrahlertemperatur und der mittels IR-Kamera ermittelten Temperatur korrigiert.

Tabelle 1.4: Maßnahmen zur Berücksichtigung von Referenzierung und Hintergrundstrahlungskorrektur bei der veterinären IRT

Durchgeführte Maßnahmen	Quellen
keine	[24, 38, 59, 63, 79, 80]
keine Angaben	[9, 11, 16, 31, 66, 98, 99, 137, 152, 174]
Hintergrundstrahlungskorrektur (HGSK)	[49, 61, 71, 100, 113, 148, 151, 155, 156, 161, 170, 171]
HGSK und einmalige Referenzierung vor der Aufnahme	[13, 37, 75, 121, 140]
HGSK und Referenzierung für jedes Bild	eigene Untersuchung [205]

In einem Großteil der veterinären Untersuchungen wird eine Hintergrundstrahlungskorrektur durchgeführt. Häufig verzichtet man aber auch darauf oder es werden keine Angaben gemacht. In [13, 37, 75, 121, 140] wird zusätzlich zur HGSK vor jeder Messreihe eine einmalige Referenzierung der IR-Kamera durchgeführt. Eine HGSK in Kombination mit einer bildweisen Referenzierung ist nur aus der eigenen Vorarbeit [205] bekannt. Wärmebilder, die sowohl einer HGSK als auch einer bildweisen Referenzierung unterzogen wurden, werden im folgenden als Temperaturbilder bezeichnet. Erfolgt keine HGSK oder ist eine solche im jeweiligen Zusammenhang nicht erforderlich, wird allgemein von Wärmebildern gesprochen.

Fast alle bekannten veterinären IRT-Untersuchungen werden händisch durchgeführt. Das schränkt die Wiederholbarkeit von Messentfernung und -winkel stark ein. Die durchgeführten Untersuchungen weisen eine geringe Anzahl an untersuchten Tiere und Versuchstagen auf. Eine Ausnahme stellen die Arbeiten von Steward und Schaefer [151, 169] dar, die gemeinsam einen Messstand zur automatischen Aufzeichnung der IR-Bilder entwickelt haben.

1.2.2 Diagnostische IR-Bildsegmentierung

Die bildgebende Diagnostik ist in der Humanmedizin weit verbreitet. Eine zentrale Aufgabe dabei ist die Abgrenzung einzelner Objekte in den Bildern – die Segmentierung. Die

Segmentierung humanmedizinischer IRT-Aufnahmen erfolgt vorwiegend manuell, vereinzelt werden teilautomatische Systeme zur Unterstützung der Segmentierung eingesetzt [14, 70]. Automatische Systeme sind nicht bekannt. In der humanmedizinischen Anwendung werden die Aufnahmen in der Regel so gestaltet, dass Ansicht und Bildposition der aufgezeichneten Objekte gleich sind (vgl. Tabelle 1.3).

Besonders kritisch für die automatische Segmentierung veterinärer IR-Bilder sind unvermeidbare Tierbewegungen, die das Aussehen und die Ansicht der Objekte stark beeinflussen können. Die Tabelle 1.5 gibt eine Übersicht über die bei der Segmentierung veterinärer IR-Bilder eingesetzten Verfahren. Es wird deutlich, dass die Segmentierung überwiegend manuell vorgenommen wird oder auf eine Segmentierung komplett verzichtet wird. Das System von Steward und Schaefer [151, 169] realisiert eine automatische Segmentierung und Merkmalsberechnung von Augen bei Rindern und Kälbern. Die Segmentierung erfolgt hier durch Positionierung eines Messbereichs relativ zum wärmsten Bildbereich und basiert auf der Annahme, dass die Maximaltemperatur des Bildes stets im inneren Augenwinkel liegt. Da diese Prämisse praktisch oft verletzt ist, muss jede Segmentierung manuell geprüft werden [169]. Ein automatischer Betrieb ist somit nicht möglich. Eine erste automatische Segmentierung wurde vom Autor in [205] erarbeitet, worauf in Abschnitt 2.2 näher eingegangen wird.

Tabelle 1.5: Art der durchgeführten Bildsegmentierung in Untersuchungen zur veterinären IRT

Segmentierung	**Quellen**
Automatisch	[151, 169], eigene Voruntersuchung [205]
Manuell	[9, 11, 13, 16, 23, 31, 37, 37, 49, 58, 59, 61, 66, 71, 75, 76, 98, 99, 113, 121, 137, 140, 148, 155, 156, 161, 166, 170, 171, 174, 174, 186]
Keine Segmentierung	[11, 13, 16, 55, 63, 79, 80, 144–146, 154]
Keine Angaben	[31, 66, 80, 180]

Mangels geeignet erscheinender Ansätze im diskutierten Anwendungsbereich werden Methoden der Bildsegmentierung aus vergleichbaren Anwendungsbereichen betrachtet und analysiert, inwieweit sie zweckmäßige Lösungsansätze bieten. Da die Segmentierungsverfahren meist anwendungsbezogen optimiert sind, können diese nicht direkt benutzt werden. Daher wird der Stand der Technik innerhalb geeigneter Verfahrensgruppen analysiert. Die Verfahren werden dazu gemäß [27, 86] nach Eigenschaften systematisiert. Die in Abbildung 1.1 dargestellten relevanten Untergliederungen der Segmentierungsverfahren werden nachfolgend ausführlich erläutert. Die Auswahl potenziell geeigneter Verfahren erfolgt anhand der strukturellen Eignung der Verfahren zur Anwendung auf IRT-Aufnahmen sowie

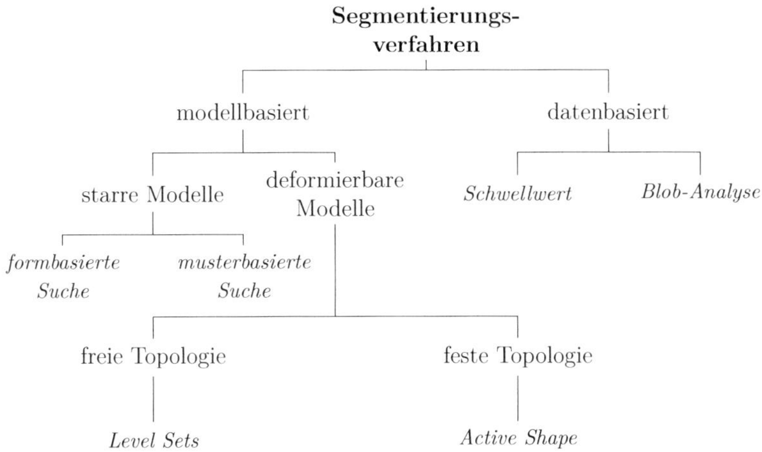

Abbildung 1.1: Systematisierung potenzieller Segmentierungsverfahren für die veterinäre IRT (die ausgewählten Verfahren sind kursiv dargestellt)

dem erfolgreichen Einsatz bei vergleichbaren Anwendungen, wie der Gesichtssegmentierung oder der Segmentierung industrieller IRT-Aufnahmen.

Datenbasierte Segmentierungsverfahren entscheiden aus den Informationen eines Bildpunktes (z. B. Temperaturmesswert, Farbwerte, Texturmerkmale aus der Umgebung des Bildpunktes) über die Zugehörigkeit zu einem Segment. Ein einfacher Fall ist die Schwellwertbildung, aber auch die auf einem Klassifikator basierenden Verfahren zählen zu dieser Gruppe. Die Verfahren arbeiten in der Regel sehr schnell, setzen jedoch eine klare Trennbarkeit der zu segmentierenden Bildobjekte voraus.

Dies ist für die zu segmentierenden Temperaturbilder nicht sichergestellt. Die in den Bildern auftretenden Temperaturwerte und Texturen sind tierindividuell, umgebungstemperaturabhängig und abhängig von der anatomischen Region. Das zuvor beschriebene Verfahren von [151, 169] ist dieser Verfahrensgruppe zuzurechnen. Verfahren dieser Gruppe sind erfahrungsgemäß nicht ausreichend an die veränderlichen Objekte (Tierindividualität und Einflüsse) anpassbar. Sie eignen sind jedoch gut für weniger komplexe Teilschritte, etwa bei der Vorverarbeitung.

Modellbasierte Segmentierungsverfahren nutzen Vorwissen, um ein Modell zur Segmentierung aufzubauen. Typisch sind Modelle für die geometrische Gestalt (Shape) oder charakteristische Muster (Pattern). Modellbasierte Verfahren lassen sich hinsichtlich ihrer Modellstruktur in *fest* oder *deformierbar* sowie hinsichtlich ihrer Topologie in *frei* oder *fest* untergliedern [27, 86].

Eine einfache Form modellbasierter Segmentierung stellen die **starren Modelle** dar.

Sie bestehen im Allgemeinen aus einer Vorlage (Template), die durch affine Transformationen im Bild positioniert wird. Die Verfahren unterscheiden sich im Wesentlichen durch den Aufbau der Vorlage (welcher Bildraum bzw. welche Filter werden genutzt). Besonders interessant sind form- und musterbasierte Suchverfahren, denn sie können in begrenztem Maße an die Segmentierungsaufgabe bei Wärmebildern angepasst werden. Zudem sind für beide Verfahren rechentechnisch optimierte Implementierungen verfügbar.

- Formbasierte Modelle basieren auf Kantenbildern. Die Suche erfolgt durch Korrelation eines Suchmusters mit dem Suchbild [115].
- Bei der musterbasierten Suche werden Vorlagen (Bildausschnitte) mittels Korrelation mit dem Bild verglichen. Diese Suche kann sowohl im Bild- als auch im Frequenzbereich erfolgen.

Die Vorarbeiten des Autors basieren auf form- und musterbasierten Segmentierungsverfahren (Abschnitt 2.2).

Deformierbare Modelle ermöglichen die Lösung anspruchsvollerer Segmentierungsaufgaben, da ein flexibles Modell eine größere Formvariabilität abdeckt. Es sind zahlreiche Verfahren mit deformierbaren Modellen bekannt. Sie lassen sich nach dem Modellaufbau in Modelle mit freier und fester Topologie einteilen [27, 86].

- Modelle mit **freier Topologie** beinhalten keine Festlegung der Anzahl und der Formdefinition der Segmentierung. Verfahren dieser Gruppe sind im Allgemeinen rechentechnisch sehr effizient und liefern auch für Bilder mit geringem Kontrast gute Ergebnisse. Daher werden diese Verfahren in der Medizin vielfältig eingesetzt [8, 10, 27, 86]. Aufgrund der fehlenden Topologie lassen sich in einem solchen Modell aber keine Teilstrukturen zuordnen. Diese Verfahren werden daher nur zur Segmentierung einzelner anatomischer Objekte eingesetzt.
- Im Gegensatz dazu beinhalten Modelle mit **fester Topologie** eine definierte Struktur, die den Zusammenhang zwischen den einzelnen Modellkomponenten darstellt. In der hier untersuchten Anwendung können die Komponenten dieser Struktur verschiedenen anatomischen Objekten zugeordnet werden. Damit ist die parallele Erfassung mehrerer Regionen möglich, weshalb diese Gruppe für die hier vorliegende Anwendung besonders interessant ist.

Unter der Maßgabe, dass das gesuchte Verfahren gute Anpassungsmöglichkeiten für die veterinären IRT-Aufnahmen bieten soll, erscheinen die Ansätze auf Basis von Level Sets und Active-Shape-Modellen besonders geeignet. Beide werden in der Humanmedizin erfolgreich zur Segmentierung eingesetzt. Level Sets werden etwa zur Segmentierung von medizinischen CT-, MRT- und Ultraschall-Aufnahmen [8] verwendet. Zudem sind Anwendungen in der industriellen IR-Bildauswertung [107] bekannt. Active-Shape-Modelle werden z. B. zur Segmentierung von Herzgefäßen in Echokardiogrammen und Hirnarealen oder anderen Weichteilstrukturen in MRT-Aufnahmen eingesetzt [34]. Darüber hinaus bieten beide Verfahren strukturell ein hohes Anpassungspotenzial. Sie wurden deshalb für die Aufgabenstellung der Arbeit ausgewählt. Die theoretischen Grundlagen beider Verfahren werden zusammen mit den anwendungsspezifischen Weiterentwicklungen im Kapitel 2 erläutert.

1.2.3 Diagnostisch relevante IR-Bildmerkmale

Die IR-Bildmerkmale bilden die komplexen Informationen der Wärmebilder in kompakten Größen ab, anhand derer eine Diagnose abgeleitet wird. Seit LAWSON [103] und SMITH [165] wurde in vielen weiteren Untersuchungen (vgl. Tabelle 1.1) der Frage nachgegangen, welche Zusammenhänge zwischen dem Tierzustand und den IR-Bildmerkmalen bestehen. Es ist festzustellen, dass diese Zusammenhänge besonders im Bereich der veterinären IRT bis heute nicht umfassend verstanden sind. Auch ist noch nicht geklärt, welche IR-Bildmerkmale oder Temperaturgrößen diagnostisch relevant sind. Tabelle 1.6 gibt eine Übersicht der verwendeten IR-Bildmerkmale wieder.

Die am häufigsten genutzten IR-Bildmerkmale sind die Maximaltemperatur $\hat{T}$ und die mittlere Temperatur $\bar{T}$ einer Region, z. B. eines Euterviertels. Seltener werden Temperaturdifferenzen ΔT und die Minimaltemperatur $\check{T}$ verwendet. Typische, diagnostisch relevante Unterschiede dieser Temperaturmerkmale liegen im Bereich von (0,5 . . . 1,5) K.

Üblich sind auch rein visuelle Bewertungen der Temperaturmuster. Erfahrene Anwender erreichen damit gute Diagnoseergebnisse. Da die tatsächlichen Bewertungskriterien dieses Vorgehens nicht aber bekannt sind, ist nur schwer eine objektive Automatisierung möglich.

Merkmale wie Temperaturstreuung $s(T)$, histogrammbasierte Merkmale (wie $\bar{T}_{X\%}$) und Texturparameter kommen nur vereinzelt zum Einsatz. Die große Verbreitung von Maximaltemperatur und mittlerer Temperatur ist vermutlich dadurch begründet, dass sie im Gegensatz zu anderen Merkmalen direkt von IR-Kameras bzw. der zugehörigen Software berechnet werden können.

Es ist bekannt, dass IR-Bildmerkmale zahlreichen Einflussfaktoren unterliegen. In der Literatur finden sich dazu jedoch teils widersprüchliche Angaben (Tabelle 1.7). Als wesentliche Einflussfaktoren werden die Umgebungstemperatur T_{amb}, die Verschmutzung der

Tabelle 1.6: Diagnostisch relevante Bildmerkmale in der IRT

IR-Bildmerkmal	Beschreibung	Quelle
$\hat{T}$	Maximaltemperatur einer Region	[9, 55, 59, 76, 80, 113, 121, 148, 170, 171, 174]
$\bar{T}$	mittlere Temperatur einer Region	[9, 59, 75, 76, 98, 99, 113, 140, 148, 152, 156, 174]
$\check{T}$	Minimaltemperatur einer Region	[9, 59, 113, 148, 174]
ΔT	Temperaturdifferenz (z. B. zwischen linker und rechter Seite)	[59, 113, 121, 156]
Visuelle Bewertung	visuelle Bewertung der Wärmeverteilung (keine Temperaturberechnung nötig)	[11, 23, 63]
$s(T)$	Streuung der Temperatur in einer Region	[59, 98, 113, 150]
$\bar{T}_{X\%}$	Temperaturmittelwert von $X\,\%$ der Bildpunkte mit höchsten Temperaturen	[174]
Texturmerkmale	Parameter beschreiben die lokale Temperaturverteilung (Textur), diese werden über Nachbarschaftsbeziehungen zwischen den Bildpunkten ermittelt	[40]

Messfläche sowie der Tagesrhythmus der Körpertemperatur (circadianer Rhythmus) angesehen. Berücksichtigt werden diese Einflussfaktoren durch Gruppenbildung bei der Diagnose. Eine modellbasierte Korrektur ist bisher nicht bekannt.

Der Einfluss von Umgebungstemperatur und Luftfeuchte wird häufig über den Temperatur-Feuchte-Index (Temperature Humidity Index THI) $\mathbb{I}_{T,\varphi}$ berücksichtigt [148]:

$$\mathbb{I}_{T,\varphi} \quad = \quad 0{,}8 \cdot \frac{\vartheta_{\mathrm{amb}}}{{}^{\circ}\mathrm{C}} \cdot \varphi \left(\frac{\vartheta_{\mathrm{amb}}}{{}^{\circ}\mathrm{C}} - 14{,}4 \right) + 46{,}6. \tag{1.1}$$

Der Temperatur-Feuchte-Index vereinigt die Umgebungstemperatur ϑ_{amb} und die relative Luftfeuchte φ zu einem Indikator, der die thermische Belastung des Tiers widerspiegeln soll. Dass gesunde und kranke Rinder in gleicher Weise auf Veränderungen von Umgebungstemperatur und Luftfeuchte reagieren, ist bekannt [59]. Für die Diagnose werden die Tiere üblicherweise in die Gruppen „kein Hitzestress“, „milder Hitzestress“ und „kritischer Hitzestress“ eingeteilt. Für andere Einflussgrößen wird analog vorgegangen. Dies steigert die Komplexität der Diagnosealgorithmen, verringert die Anzahl der Probanden in den einzelnen Gruppen und damit die statistische Signifikanz. Die Anzahl der Einflussgrößen, die auf diese Weise berücksichtigt werden können, ist damit beschränkt.

Tabelle 1.7: Einflussgrößen auf Bildmerkmale in der IRT

Einflussgröße	**Ergebnis der Untersuchung**	
	Einfluss vorhanden	kein Einfluss
Umgebungstemperatur T_{amb}	[2, 13, 37, 59, 75, 94, 113, 144, 148, 156, 174]	
Luftfeuchte φ	[144, 174]	[59]
Rhythmik der Körpertemperatur	[13, 61, 100, 101, 138, 148, 148, 161, 177]	
Verschmutzung / Oberflächenfeuchte	[13, 61, 100, 113, 144, 148]	
Messwinkel und Entfernung	[29, 101, 113, 144]	
Fellfarbe	[58, 148]	[144]
Fellstruktur und Haarlänge	[25, 144]	
Sonne und Wind	[28, 100]	
Akklimatisierung	[144]	
Anatomische Unterschiede	[61]	

Der Rhythmus der Körpertemperatur bleibt in den meisten Studien unberücksichtigt, obwohl bekannt ist, dass die Körpertemperatur von Rindern einen ausgeprägten Tagesrhythmus [13, 61, 138, 148] aufweist und darüber hinaus längerfristigen Rhythmen, z. B. in Zusammenhang mit der Milchleistung während der Laktation [148] oder der Brunst, unterliegt. Der Tagesrhythmus schlägt sich auch in den IR-Bildmerkmalen nieder [144, 148]. Inwieweit der Zusammenhang zwischen Tagesrhythmus und IR-Merkmalen modelliert werden kann und wie dieser von anderen Einflussfaktoren abhängt, wird widersprüchlich dargelegt [144, 148].

In der landwirtschaftlichen Praxis sind die Tiere zu einem gewissen Grad verschmutzt. Diese Verschmutzungen können die IRT-Messung unterschiedlich beeinflussen. Durch Verschmutzungen verursachte Einflüsse [13, 61, 100, 144, 148] wurden in bisherigen Untersuchungen vermieden, indem die Untersuchungsflächen vorher mit hohem personellen Aufwand gereinigt oder nur saubere Bereiche für die Auswertung einbezogen wurden.

Als weitere Einflussfaktoren werden in der Literatur Messwinkel und -entfernung, Fellfarbe und -struktur und Akklimatisierungszeit benannt. Eine quantitative Bewertung zu deren Einfluss liegt nicht vor. Eine meist nicht explizit formulierte, aber in der üblichen Praxis eingehaltene Forderung ist, dass das Tier keinem direkten Sonnenlicht oder Wind ausgesetzt ist.

Eine systematische Untersuchung zur Robustheit der IR-Merkmale gegenüber den Einflussgrößen ist bisher nicht bekannt. Darüber hinaus gibt es bisher keine Untersuchungen zur Korrektur der Einflussgrößen. Berücksichtigt werden diese nur durch entsprechende Gruppierung bei der Diagnose. Alternativ wird versucht, die Einflussgrößen konstant zu halten, etwa durch Reinigung der Versuchstiere, Nutzung von Abstandslehren bei der Bildaufnahme oder die Beschränkung des Untersuchungszeitraums auf nahezu konstante klimatische Bedingungen.

1.3 Zielstellung der Arbeit

Der Stand der Technik offeriert zahlreiche Studien, die der veterinären IRT gute Zukunftschancen einräumen. Die Kritik betrifft technische Aspekte und bezieht sich im Wesentlichen auf den hohen manuellen Aufwand bei der Messwertaufnahme und den Auswertungen. Ein Konsens besteht über den hohen praktischen Bedarf an automatisierten Lösungen [89, 135, 139, 175].

Prinzipiell zeigt sich:

- Die infrarotthermographische Untersuchung von Tieren erfolgt derzeit weder nach einem standardisierten Ablauf noch mit standardisierter Technik. Die Standards der IRT in der Humanmedizin sind aufgrund der unterschiedlichen Randbedingungen nicht übertragbar.
- Üblich ist die manuelle Aufnahme und Segmentierung von IR-Bildern. Sie beschränkt die Anwendung bisher auf kleine Tiergruppen. Die einzige bekannte automatisierte Lösung [151, 169] erreicht keine hinreichende Segmentierungsqualität und erfordert eine manuelle Nachkontrolle. Der Ansatz kann prinzipbedingt nur für ausgewählte Segmentierungsaufgaben eingesetzt werden.
- Als Merkmale für die IRT-basierte Diagnose werden überwiegend Maximaltemperatur und mittlere Temperatur verwendet. Ob diese im Vergleich zu anderen Merkmalen besser für die Diagnose geeignet sind, ist offen.
- Die Wirkung der in der Literatur benannten Einflussfaktoren ist nur qualitativ bekannt. Die Einflussfaktoren wurden bisher nur indirekt berücksichtigt, indem versucht wurde, diese konstant zu halten oder eine nach Einflussgrößen gruppierte Bewertung durchzuführen. Ein direkter modellbasierter Korrekturansatz ist bisher nicht bekannt.
- Es sind keine vergleichbaren und statistisch abgesicherten Untersuchungen der IR-Bildmerkmale hinsichtlich deren diagnostischer Eignung und Robustheit gegen Einflussfaktoren bekannt.

- Die Messunsicherheit der IRT-basierten Temperaturmessung wird in der Literatur nicht betrachtet, obwohl die typischen diagnostisch relevanten Temperaturdifferenzen von (0,5 ... 1,5) K gering sind. Diese liegen im Bereich der Messunsicherheit, die IR-Kameras unter Laborbedingungen aufweisen.

Um die genannten Nachteile und Einschränkungen zu überwinden, soll in der vorliegenden Arbeit ein vollständiger Ansatz zur automatisierten IR-basierten Temperaturmessung bei Tieren erarbeitet werden. Dazu sind drei Kernaufgaben zu lösen:

I die systematische messtechnische Analyse und Optimierung der Messunsicherheit unter praktischen Einsatzbedingungen,

II die Entwicklung einer genauen und robusten automatischen Segmentierung und

III die Bereitstellung robuster und geeigneter IR-Bildmerkmale.

Aufgrund der hohen wirtschaftlichen Bedeutung wird die Analyse am Beispiel von Milchkühen durchgeführt.

Die Arbeit wird entsprechend den drei Kernaufgaben gegliedert. Die Gliederung folgt dabei nicht der oben genannten Reihenfolge, welche sich aus der Messkette ergibt, da die Analyse und Optimierung der Messunsicherheit auf Begriffe und Zusammenhänge der zweiten und dritten Kernaufgabe zurückgreifen.

Im Kapitel 2 wird daher zunächst auf die automatische Segmentierung eingegangen. Ziel ist die Entwicklung einer vollautomatischen Segmentierung relevanter anatomischer Regionen. Dabei soll eine so hohe Segmentierungsqualität erreicht werden, dass das Verfahren unüberwacht eingesetzt werden kann. Eine Übertragung zwischen verschiedenen Aufnahmeszenarien, etwa in unterschiedlichen landwirtschaftlichen Betrieben, soll ohne großen Aufwand möglich sein.

Eine Betrachtung zur Auswahl geeigneter Bildmerkmale erfolgt im Kapitel 3. Ziel ist die systematische Erstellung und Bewertung von Bildmerkmalen. Dazu sollen allgemeine Bildungsvorschriften für die Bildmerkmale abgeleitet werden. Anschließend wird die Robustheit der Merkmale gegen die Einflussfaktoren analysiert und es werden geeignete Merkmale vorgeschlagen.

Im Kapitel 4 wird dann die messtechnische Analyse der IR-basierten Temperaturmessung durchgeführt. Ziel ist es, die Messunsicherheit unter praktischen Einsatzbedingungen zu ermitteln und sie durch technische Maßnahmen zu minimieren.

Den Abschluss bilden die Zusammenfassung und der Ausblick im Kapitel 5.

1.4 Veterinäre Datengrundlage

Die vorliegende Arbeit basiert auf veterinären IR-Untersuchungen an Milchkühen der Rasse Holstein-Friesian Schwarzbunt. Die praktischen Untersuchungen wurden in den folgenden zwei sächsischen Großbetrieben durchgeführt.

- Die **AGRO-Agrarprodukte GmbH Methau** hält einen durchschnittlichen Bestand von 1.900 Milchkühen. Diese werden zweimal täglich auf einem 48er Melkkarussell gemolken.
- In der **Großdrebnitzer Agrargenossenschaft eG** werden durchschnittlichen 1.600 Milchkühen gehalten. Alle Tiere werden dreimal täglich auf einem 40er Melkkarussell gemolken.

Beide Anlagen verfügen jeweils über ein Außenmelkerkarussell (Side-by-Side).

Die Schwerpunkte der diagnostischen Untersuchungen waren:

- die Erkennung von Eutererkrankungen,
- die Erkennung von Klauenerkrankungen,
- die Überwachung des Allgemeinzustand durch die Erkennung von Fieber und
- die Bestimmung relevanter Einflussgrößen.

Tabelle 1.8 gibt eine Übersicht zum Umfang der hier betrachteten Messungen. Eine vollständige Übersicht aller Messkampagnen sowie eine ausführliche Beschreibung der diagnostische Zielstellung kann [136] entnommen werden.

Tabelle 1.8: Umfang der Messkampagnen der beiden Versuchsbetriebe

Zeitraum	Betrieb	Kamera	Tiere	Melkzeiten	Bildanzahl
Mai bis Juli 2010	Methau	1	554	474	934.812
		2	357	407	757.880
Februar bis Mai 2011	Großdrebnitz	1	485	1406	2.254.477
		2	486	1250	2.794.603

2 Verfahren zur Segmentierung von Temperaturbildern

Unter Segmentieren wird das Zusammenfassen von Bildbereichen unter bestimmten Homogenitätskriterien verstanden. Eine häufige Aufgabe der diagnostischen Bildsegmentierung besteht darin, diejenigen Bildpunkte, die zu einem anatomischen Objekt gehören, als Region (Region of Interest, ROI) zusammenzufassen. Die Festlegung der Regionen ist die Grundlage für die Bestimmung regionenspezifischer Temperatureigenschaften, z. B. der mittleren Temperatur der linken Euterhälfte. Heute erfolgt die Abgrenzung von Regionen zumeist manuell. Daraus ergeben sich deutliche Einschränkungen für den veterinären Einsatz der IRT, da aufgrund des hohen personellen Aufwands nur eine begrenzte Anzahl von Tieren und Bildern untersucht werden kann. In Übereinstimmung mit der Literatur vertritt der Autor die Auffassung, dass dies ein wesentliches Hemmnis für den routinemäßigen Einsatz der IRT ist.

Die Entwicklung einer genauen und robusten automatischen Segmentierung ist somit ein wesentliches Ziel der vorliegenden Arbeit. Als Beispiele für relevante anatomische Objekte werden in der Arbeit hauptsächlich:

- die beiden hinteren Euterviertel,
- das Rektum sowie
- die Klauen

betrachtet (Abbildung 2.1). Bei der Entwicklung des Segmentierungsverfahrens sind die spezifischen Eigenschaften und Randbedingungen der veterinären IRT zu berücksichtigen (vgl. Abschnitt 2.1). Eine weitere Zielstellung ist, dass die angestrebte Lösung einfach an neue Aufnahmesituationen und Tierarten angepasst werden kann. Ausgehend von einer Betrachtung zur Segmentierung mit starren Modellen (Abschnitt 2.2) wird in diesem Kapitel ein modulares Segmentierungsverfahren auf Basis von Active-Shape-Modellen bzw. Level Sets entwickelt. In Abschnitt 2.3 wird zunächst das Basisverfahren des Active-Shape-Modell-basierten Ansatzes erläutert. Anschließend werden die notwendigen spezifischen Entwicklungen zur Anpassung an die veterinäre IRT vorgestellt. Für den Level-Set-basierten Ansatz wird in Abschnitt 2.4 analog vorgegangen. Den Abschluss des Kapitels bildet eine Zusammenfassung der Ergebnisse im Abschnitt 2.5.

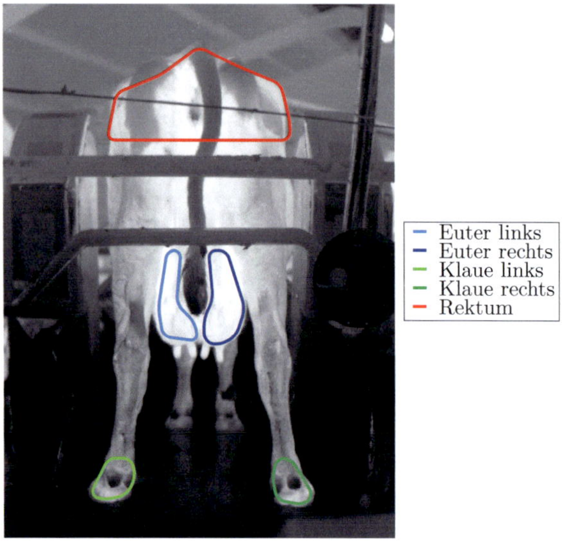

Abbildung 2.1: Beispiel für die Segmentierung von Euter, Klauen und Rektum einer Kuh im Melkkarussell

2.1 Spezifische Eigenschaften und Randbedingungen

Verglichen mit Bildern im sichtbaren Spektralbereich weisen veterinäre Wärmebilder besondere Eigenschaften auf. So kann die Beleuchtung nicht aktiv beeinflusst werden, da jedes Objekt selbst ein Strahler ist und eine „Beleuchtung" durch eine separate Wärmequelle die gemessenen Oberflächentemperaturen verfälschen würde. Weiterhin hat die Umgebungstemperatur einen deutlichen Einfluss auf den Bildkontrast (Abbildung 2.2).

Im Gegensatz zu den Farbeigenschaften im Sichtbereich charakterisieren der Emissionsgrad ε und die Temperatur des Objekts T_{obj}, in welchem Maß das Objekt Wärme abstrahlt. Interessanterweise besitzen weißes und schwarzes Fell den gleichen Emissionsgrad[1].

Hinzu kommen die besonderen Anforderungen für den veterinären Einsatz in der betrieblichen Praxis. Die Segmentierung muss robust gegen die tierindividuellen Schwankungen, wie Euterform, Tiergröße usw. (Abbildung 2.3), sein. Da meist keine Einschränkung des Betriebsablaufs vorgenommen werden darf, ergeben sich zudem Einschränkungen für die Kamerapositionierung und die Vorbereitung der Tiere. Eine Reinigung oder Fixierung der

1 Der Bandemissionsgrad für den Spektralbereich typischer Wärmebildkameras von $(8 \ldots 15)\,\mu\text{m}$ ist gleich [144].

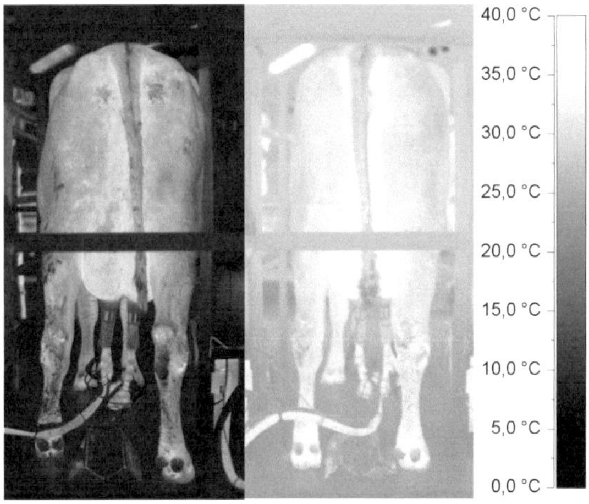

Abbildung 2.2: Einfluss der Umgebungstemperatur auf den Kontrast der IRT-Aufnahme (gleiches Tier, links bei $\vartheta_{\mathrm{amb}} = 7\,^{\circ}\mathrm{C}$ und rechts bei $\vartheta_{\mathrm{amb}} = 26\,^{\circ}\mathrm{C}$)

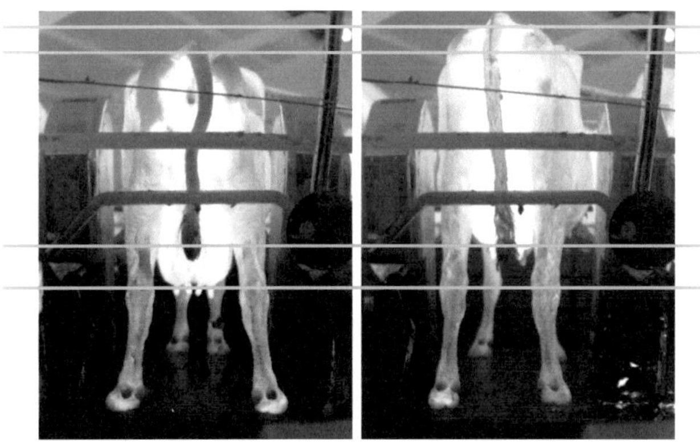

Abbildung 2.3: Tierindividuelle Ausprägung der Messflächen (die Linien verdeutlichen die unterschiedliche Tiergröße und Euterform)

Tiere, wie es in den im Abschnitt 1.2.3 beschriebenen Studien durchgeführt wurde, ist für eine große Anzahl von Tieren nicht mehr umsetzbar. Damit sind Tierbewegungen und wechselnde Verschmutzungen unvermeidbar.

2.2 Segmentierung mit starren Modellen

Die Segmentierung mit starren Formmodellen (sFM) zählt zu den Standardverfahren der digitalen Bildverarbeitung und wird häufig auch für Anwendungen der industriellen Bildverarbeitung eingesetzt [115]. Bei Verfahren mit sFM werden vorab an typischen Bildern charakteristische Muster der Objekte erzeugt und diese mithilfe von Ähnlichkeitsmaßen (z. B. der Korrelation) in unbekannten Bildern gesucht [43, 88, 115, 173]. Lässt sich kein einheitliches Modell für die relevanten Objekte finden, ist es üblich, eine Menge von starren Modellen zu nutzen. In diesem Fall wird nach dem Modell mit der größten Übereinstimmung gesucht.

Die erfolgreiche Anwendung der Modelle setzt

- charakteristische Objektelemente und
- in aller Regel auch einen hohen und konstanten Bildkontrast

voraus. Das Ergebnis einer Suche mittels sFM ist die Lage des Modells im Bild und gegebenenfalls dessen Verdrehung und Skalierung.

In den Voruntersuchungen des Autors [205] wurden kanten- und grauwertbasierte Verfahren sowie die Kombination aus beiden Ansätzen untersucht. Die Untersuchung erfolgte am Beispiel der Klauen und Augen von Milchkühen. Im ersten Schritt wurden geeignete charakteristische Modelle für die Objekte ermittelt. Dabei waren sowohl für die Klauen als auch für die Augen mehrere Modelle notwendig, um eine hohe Segmentierungsqualität sicherzustellen. In einem zweiten Schritt wurden für diese Modelle optimale Verfahrensparameter bestimmt sowie Kriterien für die Erkennung ungültiger Segmentierungen abgeleitet.

Die Untersuchung zeigte, dass für die gegebene Aufgabenstellung sehr gute Segmentierungsergebnisse, die eine vollständige Automatisierung erlauben, erreicht werden. Die in der vorliegenden Arbeit zusätzlich geforderte einfache Übertragbarkeit des Ansatzes auf andere Szenarien (andere Betriebe bzw. Tierarten) leistet dieser Ansatz jedoch nicht. Die beiden wesentlichen Ursachen dafür sind:

- Starre Formmodelle besitzen wenig ausgeprägte Generalisierungseigenschaften. Sie müssen daher umfassend an neue Aufnahmen bzw. Bildszenarios angepasst werden. Eine Übertragung auf andere Aufnahmesituationen erfordert eine erneute Erstellung der Formmodelle. Das ist mit erheblichem Aufwand verbunden. Zudem kann nicht sichergestellt werden, dass dabei eine vergleichbar hohe Segmentierungsqualität erreicht wird.

- Der Ansatz ist prinzipbedingt empfindlich gegenüber Änderungen der Aufnahmebedingungen, wie z. B. der Kameraauflösung. So führt eine verbesserte Detailabbildung (Abbildung 2.4) aufgrund der verringerten Generalisierung bei der Bildaufnahme zu unspezifischen Modellen.

Der Ansatz starrer Formmodelle wird daher hier nicht weiter verfolgt.

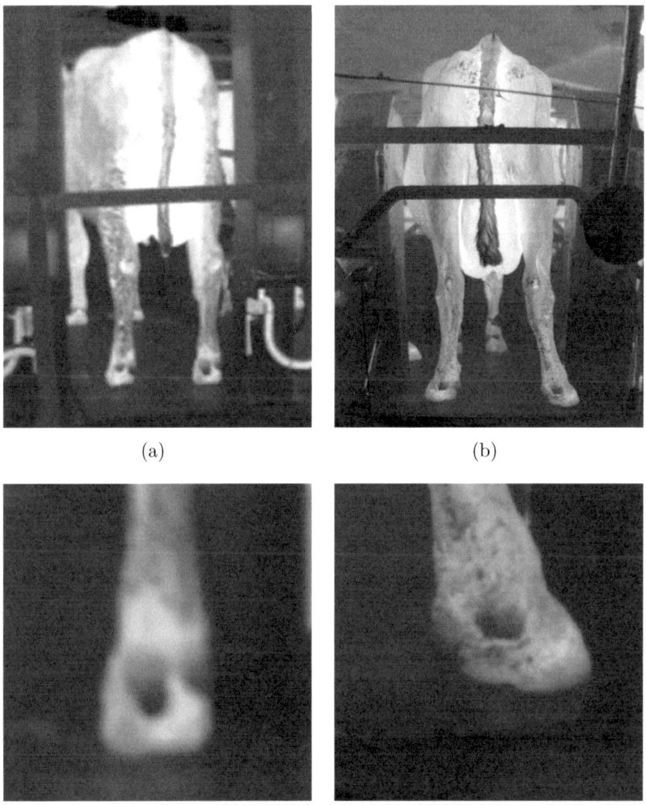

(a) (b) (c) (d)

Abbildung 2.4: Vergleich der geometrischen Auflösung zwischen der IR-Kamera der Voruntersuchung mit 384 × 288 Bildpunkten (a,c) und der in der Arbeit verwendeten IR-Kamera mit 640 × 480 Bildpunkten (b,d). (a,b) Gesamtbild und (c,d) Detail der rechten Klaue

2.3 Segmentierung mit Active-Shape-Modellen

Active-Shape-Modelle (ASM) sind trainingsbasierte, deformierbare Modelle mit fester Topologie. Das Verfahren wurde von COOTES [34, 35] entwickelt und wird heute vielfältig eingesetzt, etwa in der Humanmedizin oder zur Gesichtserkennung [50, 86, 117, 149]. Das Modell ist über definierte Modellpunkte, sogenannte Landmarken, mit dem Bild verknüpft und wird aus einem Trainingsdatensatz abgeleitet. Diese Landmarken sind charakteristischen Bildpunkten zugeordnet. Mehrere Landmarken können die Grenzen einer anatomischen Struktur, z. B. des Euters, beschreiben. Auf diese Weise wird die Definition anatomisch referenzierter Segmentierungen (Messflächen) ermöglicht.

2.3.1 Basisverfahren

Ein Active-Shape-Modell besteht aus drei wesentlichen Komponenten:

- Das **Formmodell** beschreibt die möglichen Variationen der Objektform und stellt sicher, dass nur Formen gefunden werden, die dem Trainingsdatensatz ähnlich sind.
- Das **Erscheinungsmodell** verknüpft das Formmodell mit den Bilddaten, indem das charakteristische Aussehen der Landmarken beschrieben wird.
- Das Erscheinungsmodell wird in der **Suchstrategie** für die Anpassung des Modells an ein Bild, also die Ermittlung der passenden Formparameter, genutzt.

Form- und Erscheinungsmodell werden aus den manuell definierten Landmarken der Trainingsbilder erstellt.

Die dreiteilige Gliederung der ASM ist für die Anpassung der Segmentierung von Temperaturbildern vorteilhaft, da die Komponenten separat optimiert werden können. So erfolgt die Anpassung an die Besonderheiten der Temperaturbilder im Wesentlichen im Erscheinungsmodell und die Übertragung auf andere Aufnahmebedingungen über die Suchstrategie.

a) Formmodell

Das Formmodell, auch als Landmarkenverteilungsmodell (Point Distribution Model) bezeichnet, beschreibt die Lagebeziehungen zwischen den Landmarken eines Modells. Mithilfe des Formmodells wird darüber hinaus sichergestellt, dass nur dem Trainingsdatensatz ähnliche Verteilungen zugelassen werden.

Ausgangspunkt für die Erstellung des Formmodells ist die manuelle Definition der Landmarken (Labeling). Als Landmarken werden charakteristische Punkte im Bild ausgewählt.

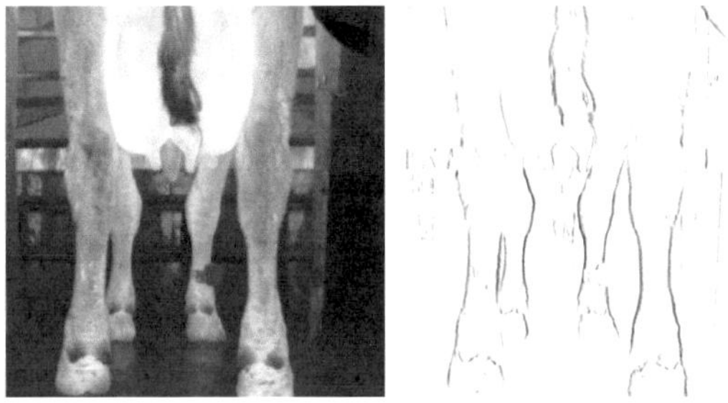

(a) (b)

Abbildung 2.5: Visualisierung von Objektkanten durch Gradientenbildung, (a) Originalbild, (b) Gradientenbild

Üblich und zweckmäßig ist die äquidistante Definition von Landmarken in Bildbereichen mit hohem Kontrast – sogenannten Kanten (Abbildung 2.5). Entlang dieser Kanten ergeben sich in absteigender Beschreibungskraft folgende Definitionspunkte für Landmarken [32]:

- Kreuzungspunkte,
- T-Kreuzungspunkte,
- Ecken und Kanten mit starker Krümmung sowie
- äquidistante Zwischenpunkte auf den Kanten.

Werden die Landmarken für jedes Bild des Trainingsdatensatzes nach dieser Vorschrift festgelegt, ergibt sich für jedes Bild eine Menge von n Landmarken als Kombination der Bildkoordinaten (x, y), welche als Trainingsvektoren $\underline{t}$ bezeichnet werden:

$$\underline{t} = (x_1, \ldots, x_n, y_1, \ldots, y_n)^\mathsf{T}. \tag{2.1}$$

Dabei ist zu beachten, dass die Landmarken in jedem Bild eines Trainingsdatensatzes immer in gleicher Weise definiert sind. Das heißt, dass sie jeweils dem gleichen Punkt einer anatomischen Region zugeordnet werden (Abbildung 2.6, Landmarken nach anatomischen Objekten farbig gruppiert).

Der Abstand der annähernd äquidistant verteilten Landmarken ergibt sich dabei aus dem minimalen Abstand charakteristischer Landmarken. Im Rahmen der Arbeit wurden 131 Landmarken verwendet, die die Kontur von Körper, Euter, Schwanz sowie den Afterklauen widerspiegeln (Abbildung 2.7). Die Festlegung der Landmarken erfolgte gemäß der Empfehlung von [32]. Die Anzahl und die Verteilung der Landmarken werden nachfolgend optimiert (Abschnitt 2.3.2.c).

Zur Abbildung der tierindividuellen und durch die Körperhaltung bedingten Unterschiede

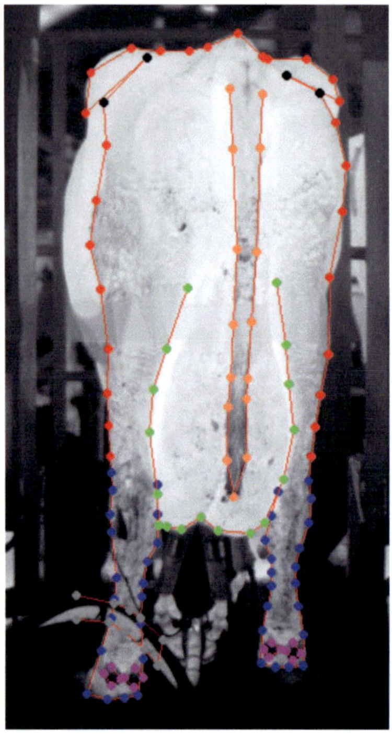

Abbildung 2.6: Gliederung der Landmarken nach Körperregionen [194]

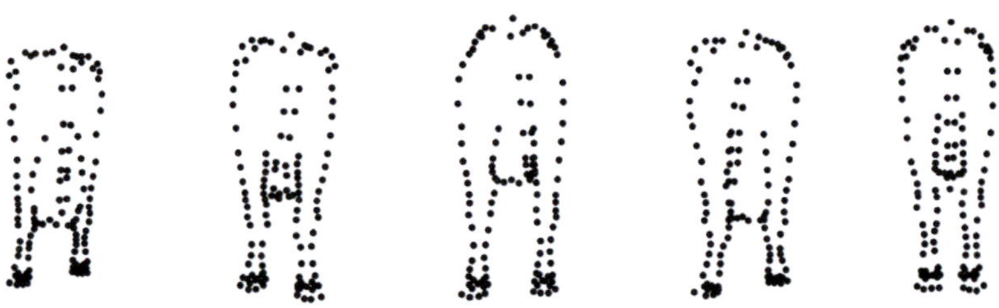

Abbildung 2.7: Beispiele der Landmarkenverteilung für Bilder des Trainingsdatensatzes

wurden insgesamt 101 Bilder manuell mit Landmarken versehen. Diese stellen den Trainingsdatensatz $\mathbf{T}$ dar. Allgemein ergibt sich für m Datensätze:

$$\mathbf{T} = [\underline{t}_1, \ldots \underline{t}_m] \,. \tag{2.2}$$

Da die Koordinaten der einzelnen Trainingsbilder von der Lage im Bild abhängig sind, werden diese normiert, um ein generalisiertes Formmodell zu erhalten. Dazu wird in der Literatur die Prokrutes-Analyse genutzt [32, 194]. Diese verschiebt die Formen in einen gemeinsamen Schwerpunkt und normiert die Formen bezüglich Skalierung und Rotation. Dazu wird folgendes iteratives Vorgehen verwendet:

A1-1 Verschiebung aller Trainingsvektoren $\underline{t}_i$ in deren Schwerpunkt

$$\bar{x} = \frac{1}{n}\sum_{i=1}^{n} x_i \tag{2.3}$$

und

$$\bar{y} = \frac{1}{n}\sum_{i=1}^{n} y_i \tag{2.4}$$

durch die affine Transformation

$$\underline{t}' = \mathtt{T}_{-\bar{x},-\bar{y}}\left(\underline{t}\right) . \tag{2.5}$$

A1-2 Berechnung der mittleren Form $\bar{\underline{t}}$ durch zeilenweise Mittelwertbildung im ausgerichteten Trainingsdatensatz $\mathbf{T}'$

$$\bar{t}_i = \frac{1}{m}\sum_{j=1}^{m} \mathbf{T}'_{j,i} \,. \tag{2.6}$$

A1-3 Berechnung von Skalierung s und Rotation α für jedes Element des Trainingsdatensatzes derart, dass der punktweise Abstand $\underline{\delta t}$

$$\delta t_i = \frac{1}{2n}\left\|\mathtt{T}_{s,\alpha}\left(\underline{t}'_i\right) - \bar{\underline{t}}\right\|_2 \to \min \tag{2.7}$$

zwischen den Landmarken $\underline{t}_i$ und der mittlerer Form $\bar{\underline{t}}$ minimal wird.

A1-4 Anwendung von Skalierung und Rotation ergeben den neuen ausgerichteten Trainingsdatensatz

$$\underline{t}_i' = \mathtt{T}_{s,\alpha}\left(\underline{t}_i'\right). \tag{2.8}$$

A1-5 Neuberechnung der mittleren Form $\bar{\underline{t}}$.

A1-6 Ist die punktweise Distanz D_p zwischen der neuen mittleren Form $\bar{\underline{t}}$ und der mittleren Form des vorherigen Schrittes $\bar{\underline{t}}'$ mit

$$D_\mathrm{p}{}^2\left(\bar{\underline{t}}, \bar{\underline{t}}'\right) = \left\|\bar{\underline{t}} - \bar{\underline{t}}'\right\|_2 \tag{2.9}$$

kleiner als ein Grenzwert $D_{\mathrm{p,max}}$, wird die Iteration beendet. Sonst wird mit **A1-2** fortgefahren.

Ergebnis dieser Iteration ist ein um Lage, Skalierung und Rotation bereinigter Trainingsdatensatz $\mathbf{T}'$.

Um eine kompaktere Beschreibung zu ermöglichen, wird der Trainingsdatensatz $\mathbf{T}'$ zunächst in ein statistisches, varianzbasiertes Modell überführt. Dazu wird angenommen, dass es sich bei den Punkten des Trainingsdatensatzes um mehrdimensional normalverteilte Größen handelt. Die Verteilungsparameter (mittlere Form $\bar{\underline{t}}$ und Kovarianzmatrix $\mathbf{C}$) werden aus dem Trainingsdatensatz $\mathbf{T}'$ berechnet zu:

$$\bar{t}_i = \frac{1}{m}\sum_{j=1}^{m}\mathbf{T}'_{i,j} \tag{2.10}$$

und

$$\mathbf{C}_{i,j} = \frac{1}{m-1}\left\|\left(\underline{t}_i' - \bar{\underline{t}}\right)\left(\underline{t}_j' - \bar{\underline{t}}\right)\right\|_1. \tag{2.11}$$

Die Kovarianzmatrix $\mathbf{C}$ ist im Allgemeinen sehr hochdimensional ($\mathbb{R}^{2n\times 2n}$) und besitzt gegebenenfalls auch einen Rangabfall. Um ein möglichst kompaktes Modell (mit wenigen Parameter) zu erhalten und auch für $n < m$ eine Modellierung vornehmen zu können, wird eine Reduzierung der Parameteranzahl mittels Hauptkomponentenanalyse durchgeführt. Dazu werden die Eigenwertematrix $\mathbf{\Lambda}$ und, mit den entsprechenden Eigenvektoren $\underline{v}_i$, die Eigenvektorenmatrix $\mathbf{V}$ aus der Zerlegung:

$$\mathbf{\Lambda} = \mathbf{V}^\mathsf{T}\mathbf{C}\mathbf{V} \tag{2.12}$$

berechnet. Es ergibt sich:

$$\mathbf{\Lambda} = \operatorname{diag}\left((\lambda_1, \ldots, \lambda_n)^\mathsf{T}\right) \tag{2.13}$$

mit

$$\lambda_i > \lambda_{i+1}$$

und

$$\mathbf{V} = (\underline{v}_1, \ldots, \underline{v}_n)\,. \tag{2.14}$$

Mit der orthogonalen Eigenvektorenmatrix $\mathbf{V}$ und der Diagonalmatrix $\mathbf{\Lambda}$ kann die Kovarianzmatrix $\mathbf{C}$ in die Modellmatrix $\mathbf{S}^\star$ zerlegt werden in:

$$\begin{aligned}\mathbf{C} &= {\mathbf{V}^\mathsf{T}}^{-1}\mathbf{\Lambda}\mathbf{V}^{-1}\\ &= \underbrace{\mathbf{V}\sqrt{\mathbf{\Lambda}}}_{\mathbf{S}^\star}\underbrace{\sqrt{\mathbf{\Lambda}}^\mathsf{T}\mathbf{V}^\mathsf{T}}_{\mathbf{S}^{\star\mathsf{T}}}.\end{aligned} \tag{2.15}$$

Eine Reduktion der Modelldimension wird erreicht, indem eine Näherung der Kovarianz berechnet wird. Es werden nur die l größten Eigenwerte und -vektoren genutzt, um $\mathbf{C}$ zu berechnen. Wie viele Eigenvektoren für die Modellierung verwendet werden, wird durch die Genauigkeit der Modellierung bestimmt. Die Genauigkeit kann wie folgt abgeschätzt werden:

$$e_\lambda = \frac{\sum\limits_{i=1}^{t}\lambda_i}{\sum\limits_{i=1}^{n}\lambda_i}. \tag{2.16}$$

Entspricht e_λ etwa 0,98, so wird durch das Modell eine 98 %ige Abdeckung erreicht. Werden nur die k größten Eigenwerte genutzt, wird die Modellmatrix $\mathbf{S}^\star$ durch die reduzierte Modellmatrix $\mathbf{S}$ ersetzt. Ein beliebiger Formvektor $\underline{f}$ wird mit dem Parametervektor $\underline{p}$ angenähert zu:

$$\underline{f} \approx \bar{\underline{t}} + \mathbf{S}\underline{p}. \tag{2.17}$$

Daraus lässt sich für einen Formvektor $\underline{f}$ der Parametervektor

$$\underline{p} = \mathbf{S}^{-1}\left(\underline{f} - \bar{\underline{t}}\right) \tag{2.18}$$

bestimmen, der der besten Schätzung für $\underline{p}$ entspricht ($D_p\left(\underline{f}, \underline{f}^*\right)$ ist minimal).

Durch die Variation des Modellparameters $\underline{p}$ werden verschiedene Formen abgebildet. Abbildung 2.8 veranschaulicht dies am Beispiel der ersten beiden Modellparameter.

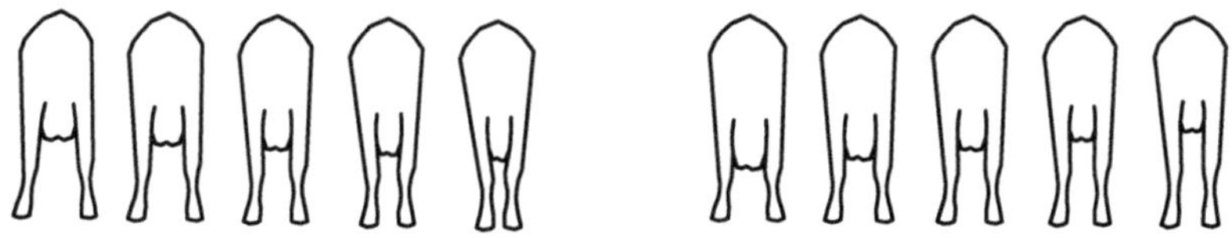

(a) (b)

Abbildung 2.8: Variation (a) des ersten und (b) des zweiten Formmodellparameters in einem $\pm 2\sigma$ Intervall

Um im Sinne des Trainingsdatensatzes plausible Formen zu erhalten, erfolgt eine Parameterbeschränkung. Dazu sind die folgenden drei Ansätze üblich:

- Beschränkung der Parameter auf ein $\pm 3\sigma$-Intervall, entsprechend einer 99,7 %igen Abdeckung der Formvariation:

$$p_i = \begin{cases} -3 & \text{für } p_i < -3 \\ p_i & \text{für } -3 \leq p_i \leq 3 \\ 3 & \text{für } p_i > 3 \end{cases}, \tag{2.19}$$

- Zurücksetzen der Parameter außerhalb des 3σ-Intervalls :

$$p_i = \begin{cases} p_i & \text{für } -3 \leq p_i \leq 3 \\ 0 & \text{für } p_i \leq -3 \text{ oder } p_i > 3 \end{cases} \quad \text{und} \tag{2.20}$$

- Summenkriterium unter Nutzung der χ^2-Verteilung:

$$p_i = \begin{cases} p_i \sqrt{\frac{\chi_t^2}{\chi^2}} & \text{für } \chi^2 > \chi_t^2 \\ p_i & \text{sonst} \end{cases} \quad \text{mit } \chi^2 = \left\| \underline{p} \right\|_1 . \tag{2.21}$$

Vergleichende Untersuchungen dieser Kriterien [193] zeigen keine deutlichen Unterschiede hinsichtlich der erreichten Segmentierungsqualität. Jedoch treten bei Verwendung des Summenkriteriums weniger Fehlsegmentierungen auf. Das Summenkriterium nach Gleichung (2.21) wird daher für alle nachfolgenden Untersuchungen verwendet.

b) Erscheinungsmodell

Um die Landmarken bei der Suche in einem neuen Bild finden zu können, wird ein sogenanntes Erscheinungsmodell trainiert, welches das charakteristische Aussehen der Landmarken abbildet. Dazu werden orthogonal zu den Objektkanten Linien definiert, welche die Grauwertverteilung in der Umgebung der Landmarke widerspiegeln . Dabei entsteht für jede Landmarke ein Grauwertprofil $\underline{g}$.

Die Grauwertprofile aller im Trainingsdatensatz enthaltenen Bilder werden für jede Landmarke zu einer Matrix **G** zusammengefasst. Für die Modellierung werden daraus der mittlere Grauwertvektor $\underline{\bar{g}}$ sowie die Kovarianzmatrix der Grauwerte $\mathbf{C}_\mathrm{G}$ berechnet:

$$\bar{g}_i = \frac{1}{m} \sum_{j=1}^{m} \mathbf{G}_{i,j}, \tag{2.22}$$

$$\mathbf{C}_{\mathrm{G},i,j} = = \frac{1}{m-1} \left\| \left(\underline{g}_i - \underline{\bar{g}}\right) \left(\underline{g}_j - \underline{\bar{g}}\right) \right\|_1 . \tag{2.23}$$

Die Kovarianzmatrix der Grauwerte $\mathbf{C}_\mathrm{G}$ wird benötigt, um bei der Suche nach den Grauwertprofilen ein gewichtetes Distanzmaß berechnen zu können. In der Literatur wird dafür die MAHALONOBIS-Distanz D_m mit

$$D_\mathrm{m}^2 = \left(\underline{g}_t - \underline{\bar{g}}_j\right)^\mathsf{T} \mathbf{C}_{\mathrm{G},j}^{-1} \left(\underline{g}_a - \underline{\bar{g}}_j\right) \tag{2.24}$$

vorgeschlagen. Dabei entspricht $\underline{g}_t$ dem geprüften Grauwertprofil und j dem Index der untersuchten Landmarke.

Durch die Berechnung der m Grauwertvektoren $\underline{\bar{g}}$ und der zugehörigen Kovarianzmatrizen $\mathbf{C}_\mathrm{G}$ ist das ASM vollständig.

c) Suchstrategie

Für die Anpassung von ASM an ein Bild schlägt [35] eine iterative Suchstrategie vor. Dabei werden abwechselnd das Erscheinungs- und das Formmodell mit den Bilddaten abgeglichen. Nach einer Initialisierung liegt eine Form über den Bilddaten. Ausgehend von den Landmarken dieser Form wird in deren Umgebung nach einer besseren Anpassung des Erscheinungsmodells gesucht. Dazu wird ein Linienprofil als Suchraum definiert (Abbildung 2.13 a).

Wie in der Bildverarbeitung üblich, wird auch bei Active-Shape-Modellen eine pyramidale Suche durchgeführt. Die Suchstrategie wird durch folgenden Algorithmus zusammengefasst [32]:

A2-1 Initialisierung der aktuellen Form $\underline{f}$ mit dem mittleren Formmodell $\underline{\bar{t}}$, Schätzung einer Positionierung im Bild und Transformation der Form $\underline{f}$ in die Form in Bildkoordinaten $\underline{f}_b$ durch Anwendung der Transformation $\mathrm{T}_{x,y,s,\alpha}^{-1}$.

A2-2 Ermittlung des Punktes im Suchraum jeder Landmarke, für den D_m minimal wird, Übernahme der Koordinaten als neue Form $\underline{f}_{\mathrm{b}}$.

A2-3 Transformation der Form $\underline{f}_{\mathrm{b}}$ in Modellkoordinaten und Berechnung des Parametervektors $\underline{p}$ nach Gleichung (2.18).

A2-4 Berechnung der beschränkten Formparameter $\underline{p}_{\mathrm{l}}$ gemäß Gleichung (2.19), Berechnung der neuen Form mit

$$\underline{f} = \bar{\underline{t}} + \mathbf{S}\underline{p}_{\mathrm{l}} \tag{2.25}$$

und Rücktransformation der Form in Bildkoordinaten.

A2-5 Ist die Änderung zwischen der aktuellen Form $\underline{f}_{\mathrm{b}}$ und der Form des vorherigen Iterationschritts $\underline{f}'_{\mathrm{b}}$ kleiner als der Grenzwert $D_{\mathrm{p,max}}$

$$D^2_{\mathrm{p}}\left(\underline{f}_{\mathrm{b}}, \underline{f}'_{\mathrm{b}}\right) \overset{!}{<} D^2_{\mathrm{p,max}}, \tag{2.26}$$

wird die Iteration in der nächst höheren Auflösungsstufe fortgesetzt, sonst weiter mit Schritt **A2-2**.

Die Untersuchungen von Cootes [32] zeigen, dass die Initialisierung wesentlichen Einfluss auf die erreichbare Segmentierungsqualität hat. Als günstigste Initialisierung ermittelte er eine leicht vergrößerte mittlere Form mit $1{,}05 \geq s \geq 1{,}1$.

d) Ergebnisse des Basisverfahrens

Das Basisverfahren wird für die Segmentierung der Temperaturbilder von Milchkühen nachfolgend gemäß den Empfehlungen von [32] parametriert. Es zeigt sich jedoch, dass die erreichte Segmentierungsqualität nicht den Anforderungen entspricht. Daraufhin wurden die Profillänge des Erscheinungsmodells, die Suchprofillänge und die Anzahl der genutzten pyramidalen Ebenen zielgerichtet optimiert.

Trotz dieser Optimierungsschritte lieferte das Basisverfahren keine ausreichend genaue Segmentierung (Abbildung 2.9). Auch eine höhere Iterationsanzahl und der Verzicht auf eine Reduzierung der Modellparameteranzahl zeigt für viele Bilder keine substanzielle Verbesserung. Die eingehende Analyse führt zu folgenden Defiziten:

- Das erstellte Formmodell wird prinzipbedingt durch die größten Variationen, hier durch die Bewegung des Schwanzes hervorgerufen, dominiert. Unabhängig voneinander auftretende Variationen (wie Tierform und Tiergröße, Stand der Beine und Pendelbewegung des Schwanzes) können nicht in getrennten Parametern abgebildet werden.

- Das Erscheinungsmodell ist für viele Landmarken unspezifisch. Hauptgrund ist die hohe Streuung der Temperaturwerte im Bereich des Fells, die durch die Felltextur und die damit verbundenen Temperaturunterschiede hervorgerufen wird.

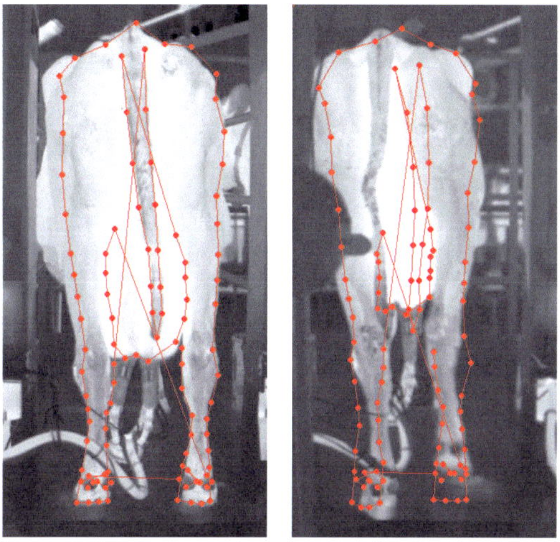

(a) (b)

Abbildung 2.9: Segmentierungsergebnisse des Active-Shape-Basisverfahrens [194], (a) gute und (b) unzureichende Segmentierungsqualität

2.3.2 Spezifische Entwicklungen

Das Basisverfahren zeigte mit der von [32] empfohlenen Parametrierung noch keine ausreichende Segmentierungsqualität. Deshalb wurden mehrere Ansätze zur Anpassung des Verfahrens an die Besonderheiten der veterinären IR-Bilder untersucht:

a) umgebungstemperaturabhängige Kontrastnormalisierung,
b) optimierte Modellinitialisierung,
c) optimierte Landmarkenkonfiguration,
d) vorgebbare Ausrichtung von Suchraum und Erscheinungsmodell,
e) Nutzung von Bildfiltern,
f) Anwendung eines musterbasierten Erscheinungsmodells und
g) Parameteroptimierung.

Diese IRT-spezifischen Entwicklungen und deren Ergebnisse werden im Folgenden detailliert betrachtet. [2]

2 Eine Reihe von Untersuchungen erfolgte dabei auch im Rahmen studentischer Arbeiten (vgl. Seite 167),

Die quantitative Bewertung der Segmentierungsqualität dient als Grundlage für die Optimierung des Verfahrens. Als Segmentierungsqualität r wird im Folgenden das Verhältnis der korrekt segmentierten Bildfläche bezogen auf die insgesamt segmentierte Fläche

$$r = r_1 = \frac{a\,(\mathcal{R} \cap \mathcal{V})}{a\,(\mathcal{R} \cup \mathcal{V})},$$

gemäß Gleichung (B.1) genutzt. Eine ausführliche Betrachtung zur Segmentierungsqualität findet sich in Anhang B.2.

a) Umgebungstemperaturabhängige Kontrastnormalisierung

Wie eingangs bereits erwähnt, hängt der Bildkontrast von IR-Bildern deutlich von der Umgebungstemperatur T_{amb} ab. Dies wirkt sich störend auf die Suche der Erscheinungsmodelle aus, weshalb eine umgebungstemperaturabhängige Kontrastnormalisierung vorgeschlagen wird. Das Temperaturbild $\mathcal{T}$ wird in ein Arbeitsbild $\mathcal{A}$ überführt, indem die Temperaturwerte von $\mathcal{T}$ in normalisierte Helligkeitswerte überführt werden. Als günstig erwies sich eine lineare Abbildung mithilfe eines umgebungstemperaturabhängigen Intervalls $[\check{T}_{\mathcal{A}}; \hat{T}_{\mathcal{A}}]$ der Form:

$$\mathcal{A} = A_{max} \frac{\mathcal{T} - \check{T}_{\mathcal{A}}}{\hat{T}_{\mathcal{A}} - \check{T}_{\mathcal{A}}}. \tag{2.27}$$

Als unterer Grenzwert $\check{T}_{\mathcal{A}}$ wird die Umgebungstemperatur T_{amb} genutzt. Die obere Grenze $\hat{T}_{\mathcal{A}}$ wird anhand der höchsten physiologisch möglichen Temperatur festgelegt und entspricht hier $\hat{\vartheta}_{\mathcal{A}} = 42\,°\text{C}$. Darüber hinaus ist eine Diskretisierung von $\mathcal{A}$ mit 256 Graustufen für die rechentechnische Umsetzung vorteilhaft. Durch die Skalierung des Temperaturbildes $\mathcal{T}$ auf das so definierte Intervall wird eine Steigerung des Bildkontrasts, die sich sehr vorteilhaft auf die Segmentierungsergebnisse auswirkt, erreicht (Abbildung 2.10). Ohne eine Kontrastnormalisierung liefert das Basisverfahren für den überwiegenden Teil der Bilder keine gültigen Segmentierungen.

b) Optimierte Modellinitialisierung

Bereits in den frühen Arbeiten zu ASM wurde darauf hingewiesen, dass eine geeignete Initialisierung entscheidend für den Erfolg (Konvergenz) und die Schnelligkeit (nötige

---

insbesondere durch ALARY [193] und DIETEL [194], von denen ausgewählte Ergebnisse und Darstellungen in die vorliegende Arbeit übernommen wurden. Diese wurden entspechend gekennzeichnet.

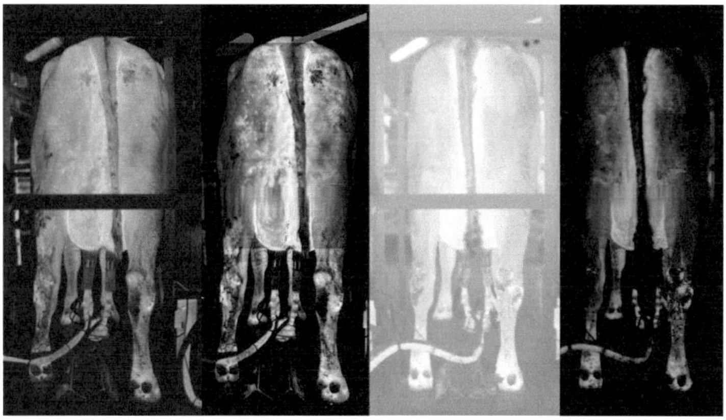

Abbildung 2.10: Ergebnis der umgebungstemperaturabhängigen Kontrastnormalisierung (für niedrige und hohe Umgebungstemperatur jeweils ohne und mit Kontrastnormalisierung) als Teil der Vorverarbeitung

Iterationsanzahl) des Verfahrens ist [32, 194]. Bei ungünstiger Initialisierung wird keine gültige Segmentierung erreicht.

Bei der Initialisierung des Basisverfahrens nach [32] wird die Form grob in der Bildmitte ausgerichtet und etwas vergrößert ($s \approx 1{,}1$), da dies für die Lage der Suchräume günstig ist[3]. Alternative Ansätze sind nicht bekannt.

Ein erster Schritt zur besseren Initialisierung ist die näherungsweise Bestimmung der Lage und der Größe des Tiers anhand einer einfachen, schwellwertbasierten Vorsegmentierung[4]. Dieser Ansatz verbessert die Segmentierungsqualität bereits deutlich.

Weiterhin unzureichend bleibt die Segmentierungsqualität für Euter und Klauen. Besonders die vertikale Lage des Euters und die horizontale Lage von Klauen und Beinen wird nicht genau genug erkannt. Daher wird deren Lage in einem zweiten Schritt bestimmt. Anhand der Positionsschätzung wird eine lineare Verschiebung der Landmarken für die Initialisierungsform berechnet. Das Vorgehen wird am Beispiel der Lageerkennung des Euters nachfolgend schrittweise erläutert.

A3-1 Ausgehend von der schwellwertbasierten Vorsegmentierung wird der Bildbereich des Euters grob eingegrenzt (Abbildung 2.11 a).

3 Die Untersuchungen von COOTES zeigen, dass das Modell bei der Suche zur Kontraktion neigt [32]. Eine leichte Vergrößerung des Modells wirkt sich positiv auf die Segmentierungsqualität aus.

4 Eine schwellwertbasierte Segmentierung liefert zunächst alle Bereiche, deren Temperaturen deutlich über der Umgebungstemperatur liegen. Mitmilfe von morphologischen Operationen wird die Region ermittelt, die grob den Körper der Kuh widerspiegelt.

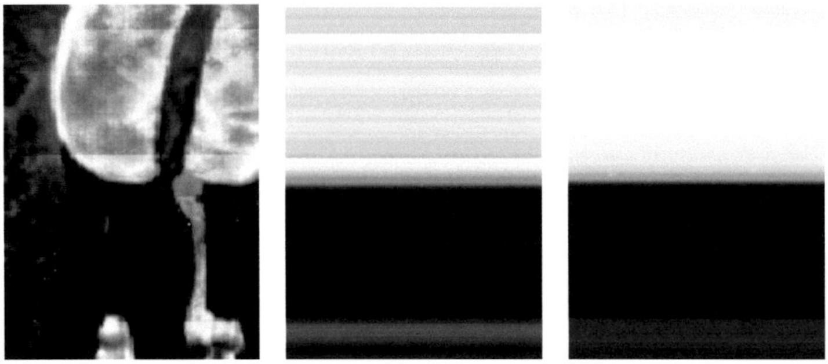

Abbildung 2.11: Teilschritte der Positionsschätzung für die Initialisierung der Active-Shape-basierten Segmentierung (am Beispiel der unteren Begrenzung des Euters): (a) Ausgangsbild, (b) Mittelung in x-Richtung und (c) Median gefiltert[193]

A3-2 Durch eine Reduzierung der Auflösung werden die Temperaturwerte in x-Richtung gemittelt (Abbildung 2.11 b) und anschließend in y-Richtung durch Medianfilterung geglättet (Abbildung 2.11 c).

A3-3 Im so gefilterten Bild wird durch schwellwertbasierte Segmentierung die y-Koordinate der unteren Euterbegrenzung $\check{y}_E^\star$ bestimmt.

A3-4 Anschließend werden die neuen y-Koordinaten der Euterlandmarken $y_{i,E}^\star$ aus den Koordinaten der Euterlandmarken $y_{i,E}$ des mittleren Formmodells (grüne Landmarken in Abbildung 2.6) relativ zur obersten $\hat{y}_E$ und untersten Euterlandmarke $\check{y}_E$ des mittleren Formmodells berechnet:

$$y_{i,E}^\star = \left(1 - \frac{y_{i,E} - \check{y}_E}{\hat{y}_E - \check{y}_E}\right)(\check{y}_E^\star - \check{y}_E)\,. \tag{2.28}$$

Die Berechnung der neuen Koordinaten der Beine (blau- und cyanfarbene Landmarken in Abbildung 2.6) erfolgt analog in x- und y-Richtung.

Ein Beispiel dieser Initialisierung ist in Abbildung 2.12 grün dargestellt. Die zuvor verwendete Initialisierung mit näherungsweiser Positionsbestimmung ist rot eingezeichnet. Die Implementierung dieses Vorgehens ist sehr effizient, sodass die benötigte Rechenzeit vernachlässigbar ist. Die Anzahl von Fehlsegmentierungen wird deutlich gesenkt. Wie sich weiterhin zeigt, wird auch das Konvergenzverhalten durch die neue Initialisierungsstrategie erheblich verbessert. Dadurch können die Suchräume verkleinert und die Zahl der Iterationen verringert werden. Dies wirkt sich positiv auf die benötigte Rechenzeit aus. Darüber hinaus wird die Segmentierungsqualität für Euter (im Mittel um 10 %) und Klauen (im Mittel um 5 %) gesteigert.

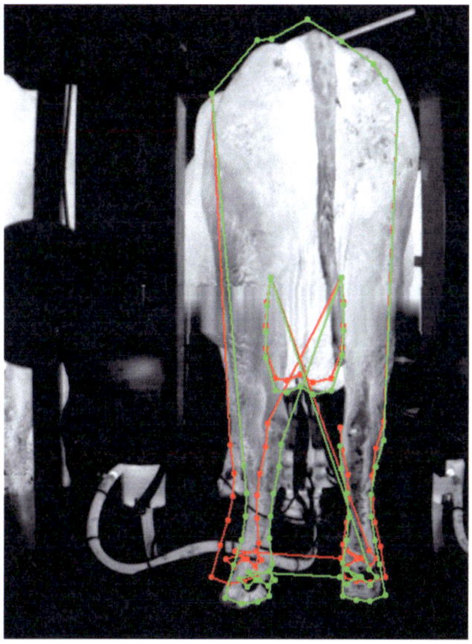

Abbildung 2.12: Ergebnis der neuen Initialisierungsstrategie der Active-Shape-basierten Segmentierung [193] (rot ist die Segmentierung mit näherungsweiser Positionsbestimmung und grün ist die deutlich verbesserte Segmentierung mit der neuen Initialisierungsstrategie dargestellt)

c) Optimierte Landmarkenkonfiguration

Die Anzahl und Verteilung der Landmarken spielt eine wesentliche Rolle für die Segmentierungsqualität der ASM. Wie diese Verteilung zweckmäßig zu wählen ist, ist zunächst nicht bekannt. COOTES empfiehlt, die Landmarken an charakteristischen Punkten zu definieren und entlang von Bildkanten äquidistant aufzufüllen [32].

In der vorliegenden Arbeit sollen exemplarisch die hintere Ansicht der Milchkühe erfasst und messtechnisch relevante Regionen, wie das Euter, die Klauen, die Schenkelspalten und das Rektum, segmentiert werden. Dazu wurden zunächst alle Strukturen der Tierform mit charakteristischen 131 Landmarken, wie beim Basisverfahren beschrieben (vgl. Abbildung 2.6), markiert.

Die Untersuchungen zeigen jedoch, dass sich die Einbeziehung des Schwanzes (Abbildung 2.6, orange) nachteilig auf die Konvergenz der Formmodelle auswirkt. Dies ist nachvollziehbar, da sich die möglichen Bewegungen des Schwanzes deutlich von denen des restlichen Körpers unterscheiden. Im Ergebnis wird das Formmodell durch die Varianz, welche die Bewegungen des Schwanzes beschreiben, dominiert. Die Segmentierungsqualität der anderen Körperregionen ist unzureichend. Werden die Landmarken von Schwanz und Milchschlauch (Abbildung 2.6, grau) ausgeschlossen, wird ein Formmodell mit 117 Landmarken errechnet, welches eine sehr gute Segmentierungsqualität erreicht. Da eine Segmentierung des Schwanzes zur Erkennung von Verdeckungen erforderlich ist, muss diese durch einen anderen Ansatz ermittelt werden. Mit der aus der ASM bekannten Position des Schwanzansatzes konnte ein datenbasiertes Segmentierungsverfahren entwickelt werden [197].

Wird die Landmarkenanzahl in den Bereichen geringer Variation (etwa die Seiten des Tiers) reduziert, hat dies bei entsprechender Auswahl der Landmarken nur geringen Einfluss auf die Segmentierungsqualität. Die benötigte Rechenzeit sinkt dagegen deutlich. Im vorliegenden Fall sind 75 Landmarken (vgl. Abbildung 2.12) optimal. Das Modell erreicht das höchste Qualitätsmaß nach Gleichung (B.5), bestehend aus Rechenzeit und Segmentierungsqualität.

d) Vorgebbare Ausrichtung von Suchraum und Erscheinungsmodell

Wie in Abbildung 2.13 a dargestellt, ist für einige Landmarken die Ausrichtung von Suchraum und Erscheinungsmodell anhand der angrenzenden Liniensegmente ungünstig, da diese z. T. nicht durch eine charakteristische Struktur im Bild verlaufen. Diese Aussage trifft auf beide in [32] vorgeschlagenen Varianten (Ausrichtung orthogonal zu einem der angrenzenden Liniensegmente oder entlang der Winkelhalbierenden zwischen beiden Liniensegmenten) zu. Besonders in den Übergangsbereichen zwischen den in Abbildung 2.6 mit unterschiedlichen Farben gekennzeichneten Körperbereichen ist dies zu beobachten.

Um diesen Effekt zu umgehen, werden bei der Definition der Landmarken feste Ausrichtungen für Suchraum und Erscheinungsmodell definiert. Als praktikabel erwiesen sich vier Abstufungen (0°, 45°, 90° und 135°). Mehr Abstufungen brachten hier keine Verbesserung [194]. Neben der Verhinderung ungünstiger Ausrichtung von Suchraum und Erscheinungsmodell ist diese Variante auch effizienter zu implementieren. Die Berechnung der Ausrichtung entfällt und die definierten Winkel können direkt über die Indizierung der Bildkoordinaten abgebildet werden.

Die Anwendung zweidimensionaler Suchräume ist nicht vorteilhaft. Die Untersuchungen zeigten keine Auswirkung auf die Segmentierungsqualität. Allerdings steigt die Rechenzeit nahezu linear mit der Bildpunkteanzahl des Suchraums an.

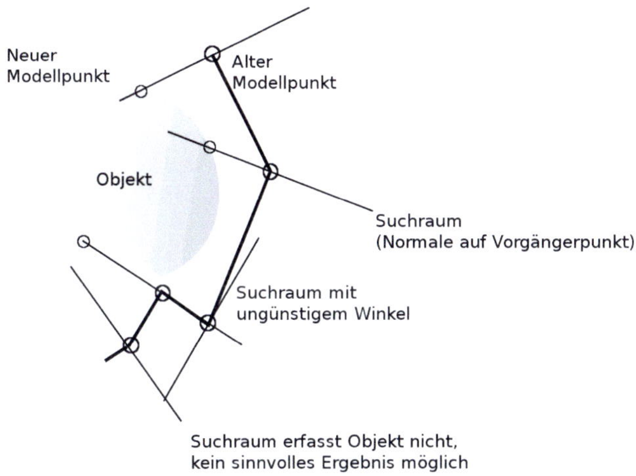

(a)

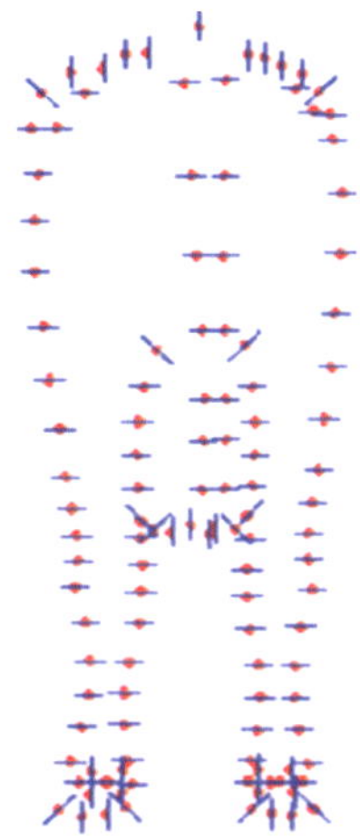

(b)

Abbildung 2.13: Ausrichtung der Suchraumprofile (a) durch Definition nach den angrenzenden Liniensegmenten und (b) durch Definition fester Winkel [194]

e) Nutzung von Bildfiltern

Um Schwierigkeiten mit unspezifischen Erscheinungsmodellen entgegenzuwirken, wurde die Anwendung verschiedener Bildfilter untersucht. Wesentliche Verbesserungen lassen sich durch die Anwendung der umgebungstemperaturabhängigen Kontrastnormalisierung erzielen. Diese musste bereits für das Basisverfahren eingesetzt werden, um brauchbare Erscheinungsmodelle erstellen zu können. Zusätzlich wurden folgende potenziell geeignete Filter in verschiedenen Parametrierungen untersucht [193]:

- Glättungsfilter
  - Mittelwertfilter
  - Gauss-Filter
  - Median-Filter
- Kantenfilter
  - Sobel-Filter
  - Canny-Filter
  - Gradient-Filter
- Kontrastfilter
  - Lokale Verstärkung
  - Lokale Histogramm-Normalisierung
  - Schock-Filter
- Hybrid-Filter
  - Retinex-Filter.

Die Segmentierungsqualität r verbesserte sich um bis zu 2 %, gleichzeitig stieg jedoch die benötigte Rechenzeit. Für das aus Segmentierungsqualität und Rechenzeit bestehende Qualitätsmaß q nach Gleichung (B.5) konnte damit keine Verbesserung erreicht werden, da die Rechenzeit deutlich ansteigt. Das größte Potenzial bietet das in Abbildung 2.14

dargestellte Retinex-Filter nach [104]. Die schwierige Wahl einer geeigneten Parametrierung sowie die Effekte im Randbereich erfordern weitere Untersuchungen und verhindern bislang den Einsatz.

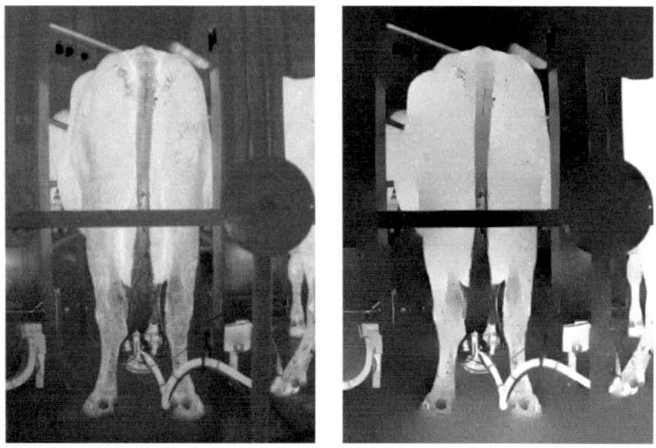

(a) (b)

Abbildung 2.14: Die Anwendung des Retinex-Filters auf ein IR-Bild (a) führt zu einem deutlichen Kontrastverbesserung (b), welche sich positiv auf die Segmentierung auswirkt [193]

Es ist bekannt, dass Kantenfilter zur Einschränkung des Suchraums genutzt werden können. Da sich die Landmarken per Definition auf Objektkanten befinden, kann der Suchraum auf die Regionen um die Kanten reduziert werden. Im Vergleich liefert der CANNY-Filter die besten Ergebnisse. Mit diesem lässt sich die benötigte Rechenzeit auf ca. die Hälfte senken, ohne dass die Segmentierungsqualität sinkt.

f) Musterbasiertes Erscheinungsmodell

Die Anwendung von Bildfiltern hat das Problem unspezifischer Erscheinungsmodelle nicht gelöst. Es wird daher vorgeschlagen, anstelle von Liniensegmenten zweidimensionale Muster zu nutzen, um mehr Bildinformationen einzubeziehen. Abbildung 2.15 zeigt die Anwendung eines quadratischen Musters in drei Skalierungsstufen.

Der Übergang zu zweidimensionalen Mustern steigert die Segmentierungsqualität deutlich und das Auftreten unspezifischer Musterpunkte wird bei geeigneter Mustergröße verhindert. Die überwiegend durch die Felltextur bedingten Temperaturunterschiede werden durch die größere Fläche ausgeglichen. Durch optimierte Implementierung steigt die benötigte Rechenzeit bei Verdopplung der Anzahl der Musterbildpunkte nur um ca. 9 %.

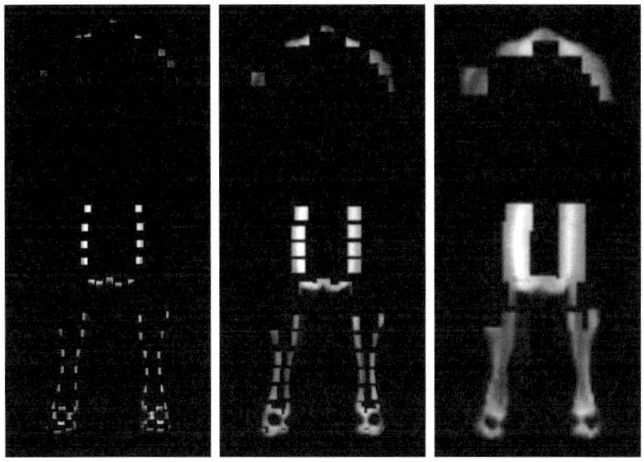

Abbildung 2.15: Musterbasierte Erscheinungsmodelle der ersten drei pyramidalen Suchebenen [193]

g) Parameteroptimierung

Das Active-Shape-Modell besitzt deutlich mehr Parameter als das Level-Set-basierte Verfahren, wodurch eine vollständige Analyse des Parameterraums unmöglich wird. Zudem liegt z. T. eine starke Kopplung zwischen den Parametern vor. Generalisierte Aussagen lassen sich somit nur für einige wenige, nachfolgend diskutierte Parameter ableiten.

Iterationsanzahl: Die Untersuchungen zeigen, dass die Anzahl notwendiger Iterationen deutlich von der Anzahl der genutzten pyramidalen Ebenen abhängt. Werden mehr Ebenen verwendet, sind je Ebene weniger Iterationen nötig. Zudem ist die Anzahl vom jeweiligen Bild abhängig und weist eine hohe Schwankungsbreite auf. Aus diesem Grund ist die Einführung eines Konvergenzkriteriums auf Basis der Formänderung (D_p^2) zwischen zwei Iterationsschritten sinnvoll. Dadurch kann die Rechenzeit verringert werden, ohne dass die Segmentierungsqualität sinkt.

Modellinitialisierung: Die Modellinitialisierung ist mit der neu entwickelten lokalen Verschiebung sehr genau. Für Bildsequenzen lassen sich die Ergebnisse weiter verbessern, wenn zur Initialisierung das angepasste Formmodell des vorherigen Bildes genutzt wird.

Profillänge des Suchraums: Die optimale Profillänge wird durch die Größe der Bildobjekte bestimmt und hängt zusätzlich von der Anzahl der pyramidalen Ebenen ab. Die Hinzunahme einer pyramidalen Ebene erlaubt die Halbierung der Profillänge bei gleicher Suchraumabdeckung im Bild. Für die untersuchten Regionen wird die maximale Segmentierungsqualität mit zwei pyramidalen Ebenen und einer Profillänge von 24 Bildpunkten erreicht. Das höchste Qualitätsmaß und zusätzlich eine höhere Robustheit ergibt sich bei drei pyramidalen Ebenen und einer Profillänge von 12 Bildpunkten.

Größe des Erscheinungsmodells: Eine geeignete Größe hängt von der Anzahl der pyramidalen Ebenen und den Strukturbreiten der zu segmentierenden Objekte ab [193]. Für die Klauen, als Objekt mit kleiner Strukturbreite, steigt die Segmentierungsqualität bis zu einer Größe von 15×15 Bildpunkten an. Für das Euter, als Objekt mit großer Strukturbreite, ist eine Verbesserung bis zu einer Größe von über 50×50 Bildpunkten nachweisbar. Für die vorliegende Aufgabe wird eine einheitliche Größe von 17×17 Bildpunkten genutzt. Die Segmentierungsqualität für die Klauen ist maximal. Für das Euter wird bei 17×17 ein lokales Maximum erreicht, das globale Maximum folgt flach ansteigend bei wesentlich größeren Flächen.

2.3.3 Erstellung der Messflächen

Eine offensichtliche Möglichkeit zur Definition von Messflächen besteht darin, die von den Landmarken des ASM-Ansatzes eingeschlossenen Flächen zu nutzen. Um kleine Ungenauigkeiten in der Positionierung der Landmarken auszugleichen, erweist es sich jedoch als zweckmäßig, diese Region mithilfe morphologischer Operationen zu schrumpfen. Damit entsteht ein Toleranzbereich für die Positionierung der einzelnen Landmarken. Fehlsegmentierungen, etwa durch die Segmentierung vom Hintergrund, werden effektiv vermieden. Für das Euter werden beispielsweise die in Abbildung 2.6 grün markierten Punkte als geschlossenes Polygon genutzt. Der Toleranzbereich beträgt fünf Bildpunkte. Anhand der diagnostischen Fragestellungen (Abschnitt 1.4) werden insgesamt 23 verschiedene Messflächen definiert. Dem beschriebenen Vorgehen entsprechend werden je sechs Flächen für die linke und rechte Klaue, insgesamt sechs Flächen am Euter sowie eine am Rektum, zwei für das Gesamttier und zwei Vergleichsflächen am Bein definiert.

Die Definition weiterer Messflächen bedarf keiner Modelländerung, sofern die benötigten Landmarken im Modell enthalten sind bzw. daraus abgeleitet werden können.

2.3.4 Ergebnisse

Das Basisverfahren der Active-Shape-Modelle liefert noch keine hinreichende Segmentierungsqualität. Durch die vorgeschlagenen Anpassungen konnten ASM erstmals für die Segmentierung von veterinären Temperaturbildern eingesetzt werden. Die wesentlichen

Neuerungen sind die umgebungstemperaturabhängige Kontrastnormalisierung, die optimierte, nicht äquidistante Landmarkenverteilung, die musterbasierten Erscheinungsmodelle und die optimierte Initialisierung.

Mit dem entwickelten Verfahren wurden Gesamtansichten (Kamera 1) der relevanten Tiere der beiden Messkampagnen vollständig ausgewertet. Allein für die Messkampagne in Großdrebnitz (Abschnitt 1.4) wurden mehr als 1,5 Mio. Einzelbilder segmentiert. Während die Auswertung der Messkampagne in Methau erst nach Abschluss der Messkampagne erfolgte, wurde die Auswertung der Messkampagne in Großdrebnitz in den Pausen zwischen den einzelnen Melkzeiten durchgeführt. Die Ergebnisse standen so bereits beim nächsten Melken für die Selektion der Tiere zur Verfügung. Die Segmentierungsqualität wurde während der kompletten 100 Tage in Stichproben überwacht. Dabei wurde eine merkmalsbasierte Erkennung von Fehlsegmentierungen entwickelt. Nach einer vierwöchigen Optimierungsphase mussten darüber hinaus keine zusätzlichen Segmentierungen verworfen werden. Das Training der Modelle erfolgt ausschließlich anhand von Bilddaten der ersten Messkampagne. Für die Übertragung auf den zweiten Versuchsbetrieb mussten lediglich die Detektionsbereiche der Vorverarbeitung und, aufgrund der deutlich verschiedenen klimatischen Bedingungen, einige temperaturbasierte Schwellwerte der Vorverarbeitung angepasst werden. Das ASM wurde unverändert übernommen.

Die Auftrennung des ASM in Form- und Erscheinungsmodell sowie die separate Definition der Messflächen sind wesentliche Vorteile für wissenschaftliche Untersuchungen, da neue Messflächen in der Regel ohne Änderung des ASM definiert werden können. Die Segmentierung kann damit schnell an geänderte Fragestellungen angepasst werden.

2.4 Segmentierung mit Level-Set-basierten Verfahren

Als Verfahren mit freier Topologie wurden die Level-Set-basierten Verfahren ausgewählt [8, 134]. Diese bieten eine Vielzahl von Unterverfahren mit verschiedenen Basisfunktionen. Als Ausgangspunkt wurde das Verfahren von Matthes [107] ausgewählt, da dieses bereits erfolgreich für die industrielle Bildverarbeitung von Wärmebildern eingesetzt wird. Der Ansatz basiert auf den Arbeiten von [26] und ist als Active Contours without Edges bekannt.

2.4.1 Basisverfahren

Grundlage des Verfahrens ist eine implizite Beschreibung von Segmentierungen mithilfe einer Level-Set-Funktion $\Omega(x, y)$. Die Level-Set-Funktion $\Omega(x, y)$ ist für die gesamte

Bildfläche definiert und teilt das Bild je nach Vorzeichen von Ω in Hintergrund $\Omega_{\mathcal{H}}$ und Segmentierung/Vordergrund $\Omega_{\mathcal{V}}$. Veranschaulicht kann dieses Verfahren mit einem Gebirgszug werden, bei dem die Höheninformation der Funktion $\Omega(x, y)$ entspricht, die über einer Fläche definiert ist. Durch die Wahl einer Höhenlinie (level) kann das Gebiet in zwei Bereiche geteilt werden.

Um das Verfahren zur Bildsegmentierung zu nutzen, wird die Level-Set-Funktion iterativ an den jeweiligen Bildinhalt angepasst. Dazu wird eine Anpassungsfunktion F verwendet. Es ergibt sich:

$$\frac{\partial \Omega}{\partial i} = F \left| \nabla \Omega \right|. \tag{2.29}$$

Die Aktualisierung der Level-Set-Funktion besteht dabei aus zwei Teilen: einer Anpassungsfunktion F und einem Gradientterm $|\nabla \Omega|$ zur Wichtung der Änderungen, damit diese bevorzugt in der Umgebung von $\Omega = 0$ wirken.

Die Anpassungsfunktion F wird auf die jeweilige Aufgabe zugeschnitten. Für den gewählten Ansatz setzt sich die Anpassungsfunktion aus einem Farbwert- oder Farbstatistikterm, einem Konturterm und einem Formvorwissenterm zusammen [107]:

Farbterm F_f: Der Farbterm F_f basiert auf den mittleren Farbwerten für Vorder- und Hintergrund. Diese werden gschätzt und zur Berechnung des Anpassungsterms F_f genutzt. Mit

$$m_{\mathcal{V}} = \text{mean}\left(\mathcal{I}\right)\big|_{\mathcal{V}} \tag{2.30}$$

und

$$m_{\mathcal{H}} = \text{mean}\left(\mathcal{I}\right)\big|_{\mathcal{H}} \tag{2.31}$$

folgt

$$F_f = (\mathcal{I} - m_{\mathcal{H}})^2 - (\mathcal{I} - m_{\mathcal{V}})^2. \tag{2.32}$$

Für mehrkanalige Bilder werden die einzelnen Farbkanäle separat gemittelt.

Farbstatistikterm F_{fs}: Zusammen mit den Farbmittelwerten entsprechend den Gleichungen (2.30) und (2.31) werden mit den Streuungen

$$s_{\mathcal{V}} = \text{s}\left(\mathcal{I}\right)\big|_{\mathcal{V}} \tag{2.33}$$

und

$$s_{\mathcal{H}} = \mathrm{s}\left(\mathcal{I}\right)|_{\mathcal{H}} \tag{2.34}$$

die Wahrscheinlichkeiten berechnet, dass ein Bildpunkt zum Vorder- oder zum Hintergrund gehört. Dabei wird angenommen, dass die Farbwerte den Mittelwert $m_{\mathcal{V}}$ besitzen und mit der Streuung $s_{\mathcal{V}}$ normalverteilt sind (dies gilt analog für den Hintergrund). Die Wahrscheinlichkeiten ergeben sich zu:

$$p_{\mathcal{V}} = \frac{1}{\sqrt{2\pi}s_{\mathcal{V}}}\,\mathrm{e}^{\frac{(\mathcal{I}-m_{ivg})^2}{2s_{\mathcal{V}}^2}} \tag{2.35}$$

und

$$p_{\mathcal{H}} = \frac{1}{\sqrt{2\pi}s_{\mathcal{H}}}\,\mathrm{e}^{\frac{(\mathcal{I}-m_{ihg})^2}{2s_{\mathcal{H}}^2}}\;. \tag{2.36}$$

Das Anpassungskriterium F_{fs} ergibt sich aus der Differenz der Wahrscheinlichkeiten.

$$F_{fs} = \ln(p_{\mathcal{V}}) - \ln(p_{\mathcal{H}}) \tag{2.37}$$

Um die Konvergenz zu beschleunigen, werden die Werte mit der Logarithmusfunktion nichtlinear skaliert. Für mehrkanalige Bilder wird eine mehrdimensionale Normalverteilung zur Berechnung genutzt.

Konturterm F_k: Der Konturterm wird eingeführt, um die „Glattheit“ der Segmentierung $\Omega_{\mathcal{V}}$ zu beschreiben. Dazu wird mithilfe der HEAVISIDE-Funktion die Konturlänge der Region bestimmt:

$$F_k = \left|\nabla H\left(\Omega\right)\right| \tag{2.38}$$

mit

$$H\left(\Omega\right) = \begin{cases} 0 & \text{für } \Omega \leq 0 \\ 1 & \text{für } \Omega > 0 \end{cases}.$$

Formvorwissenterm F_v: Für das Formvorwissen nach [107] werden geometrische Primitive (wie Rechtecke oder Kreise) in eine Level-Set-Funktion Ψ überführt, indem der Vordergrund mit einem positiven Wert und der Hintergrund mit einem negativen Wert belegt werden. Der Term für das Formvorwissen ergibt sich dann aus der

Differenz:

$$F_v = H(\Omega) - H(\mathtt{T}_{x,y}(\Psi)) . \tag{2.39}$$

Durch die Anwendung der HEAVISIDE-Funktion kann das Formvorwissen als Maske verstanden werden. Diese wird mittels affiner Transformation $\mathtt{T}_{x,y}$ an die Lage der Segmentierung im Bild angepasst. Die Schätzung der Lage erfolgt auf Basis der Flächenschwerpunkte von Segmentierung Ψ und Level-Set-Funktion Ω. Im vorliegenden Fall wird ein Rechteck mit heuristisch bestimmter Länge und Breite genutzt.

Anpassungsfunktion F: Die Anpassungsfunktion F des Basisverfahrens nach [107] ergibt sich als Summe der gewichteten Terme für die Kontur F_k und das Formvorwissen F_v mit den Termen für Farbwerte F_f oder Farbstatistikwerte F_{fs}:

$$F = \nu_{\mathrm{w}} F_k + \mu_{\mathrm{w}} F_v + \begin{cases} F_f & \text{für } \alpha_{\mathrm{w}} = 0 \text{ oder} \\ F_{fs} & \text{für } \alpha_{\mathrm{w}} = 1. \end{cases} \tag{2.40}$$

Bei der Segmentierung mittels Level Sets wird üblicherweise eine pyramidale Suche (siehe Anhang B.1) verwendet [8, 107, 134]. Der Parameter λ steht dabei für die Auflösungsstufe, bei der mit der Suche begonnen wird.

Für die Anwendung des Basisverfahrens zur Segmentierung der Klauen wird zunächst eine Parameteroptimierung durchgeführt, um die höchst mögliche Segmentierungsqualität $r = r_2$ nach Gleichung (B.2) zu erreichen[5]. Die Ergebnisse zur Segmentierungsqualität und zur benötigten Rechenzeit sind in Abbildung 2.16 zusammengestellt.

Das höchste Qualitätsmaß q gemäß Gleichung (B.5) von $q = 0{,}713$ wird durch das grauwertbasierte Verfahren ($\alpha_{\mathrm{w}} = 0$) ohne Krümmungsterm ($\nu_{\mathrm{w}} = 0$) und Nutzung dreier pyramidaler Ebenen ($\lambda = 3$) erreicht.

Die mittlere Segmentierungsqualität ist für die Anwendung zu gering. Wesentliche Ursache ist die niedrige Segmentierungsqualität für Bilder, in denen sich die Bildbereiche der Vorder- und Hinterbeine überlagern (Abbildung 2.17 a). Die Optimierung der Parameter μ und ν wird durch die Abhängigkeit vom jeweiligen Bildinhalt erschwert. Um für diese Bilder eine höhere Segmentierungsqualität zu erreichen, sind spezifische Anpassungen notwendig.

5 Die für den Active-Shape-Ansatz verwendete Segmentierungsqualität r_1 wurde für die Optimierung des Level-Set-Ansatzes durch die empfindlichere Segmentierungsqualität r_2 ersetzt, um eine bessere Differenzierung der Parameter zu ermöglichen.

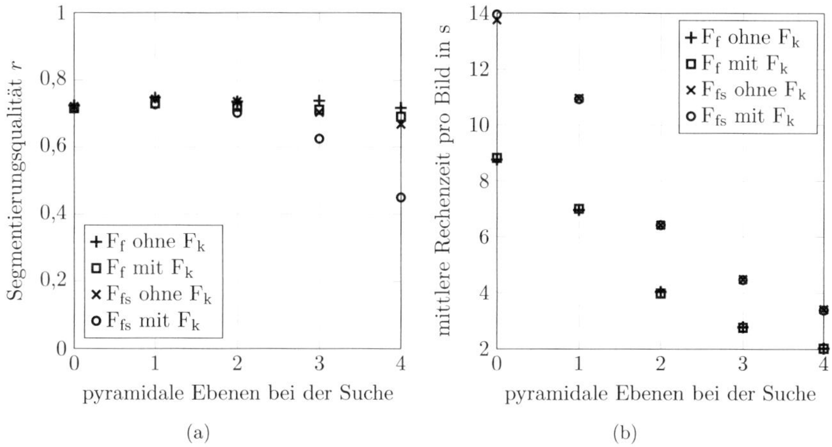

Abbildung 2.16: Einfluss der pyramidalen Ebenen auf (a) die Segmentierungsqualität und (b) die mittlere Rechenzeit für das Level-Set-Basisverfahren

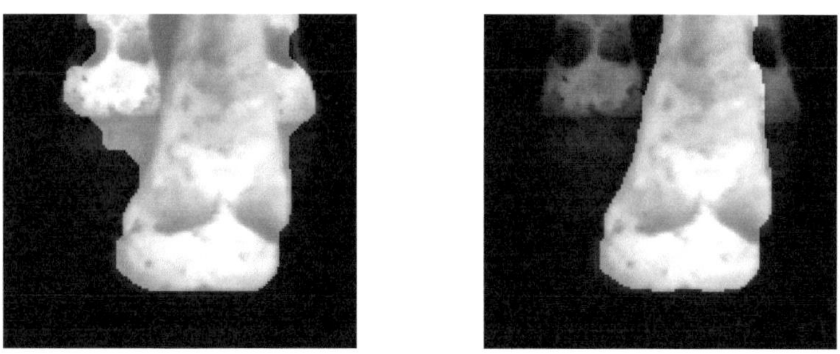

(a) (b)

Abbildung 2.17: Segmentierungsbeispiel bei sich überlappenden Bildobjekten [196] (a) unzureichende Segmentierungsqualität beim Level-Set-Basisverfahren und (b) hohe Segmentierungsqualität mit dem angepassten Verfahren

2.4.2 Spezifische Entwicklungen und Optimierung

Das Basisverfahren weist eine prinzipielle Schwachstelle bei der Segmentierung von sich überlappenden Objekten auf, da diese mit segmentiert werden. Im vorliegenden Beispiel ist dies im Bereich der Beine zu beobachten. Die Parameteroptimierung des Basisverfahrens ergab, dass die höchste Segmentierungsqualität ohne die Nutzung von Vorwissen der Form erreicht wird. Dies lässt darauf schließen, dass das verwendete Formvorwissen für diese Anwendung nicht geeignet ist. Die geometrischen Primitive bilden die „Zielform“ der Segmentierung, die Klaue, unzureichend ab. Die Form der Beine ist zudem tierindividuell verschieden. Aus diesem Grund wird ein „weiches“ Modell für das Formvorwissen auf Basis einer Wahrscheinlichkeitskarte eingeführt [196].

Dazu werden die Klauen in 100 Bildern manuell markiert und die erstellten Regionen nach ihrem Flächenschwerpunkt ausgerichtet. Die Häufigkeit der Überlagerung des Bildpunktes entspricht der Wahrscheinlichkeit, dass der Bildpunkt zur Segmentierung gehört. Es ergibt sich die Wahrscheinlichkeitskarte Ξ. Aus dieser wird das Formvorwissen

$$\Psi_w = 2\,(\Xi - 0{,}5) \tag{2.41}$$

errechnet, welches mit dem Wertebereich von $[-1;1]$ die Zugehörigkeit zu Hinter- bzw. Vordergrund wiedergibt. Diese Verteilung wird ohne die Anwendung der HEAVISIDE-Funktion in die Level-Set-Funktion eingebracht:

$$F_{v,w} = \mathtt{T}_{x,y}\,(\Psi_w)\,. \tag{2.42}$$

Abbildung 2.18 a zeigt das gewonnene Formvorwissen. Mit diesem Ansatz wird die Segmentierungsqualität r um etwa 5 % gesteigert und die Fehlsegmentierung im Bereich der Beine vermieden. Am unteren Rand der Klaue wird die Segmentierung jedoch ungenauer. Aus diesem Grund wird eine graduelle Wichtung in y-Richtung vorgenommen, welche die Wirkung im unteren Bereich reduziert (Abbildung 2.18 b). Die Segmentierungsqualität r steigt damit um weitere 2 %. Der Vergleich zum Basisverfahren zeigt, dass der in Abbildung 2.17 dargestellte Effekt vollständig unterbunden wird.

Als Erweiterung zum Basisverfahren wird über einen zusätzlichen Parameter α_w eine Mischung aus Farbwert- und Farbstatistikterm zugelassen. Die Anpassungsfunktion ergibt sich damit zu

$$F = (1-\alpha_\mathrm{w})F_f^* + \alpha_\mathrm{w}F_{fs}^* + \mu_\mathrm{w}F_{v,w}^* + \nu_\mathrm{w}F_k^*\,. \tag{2.43}$$

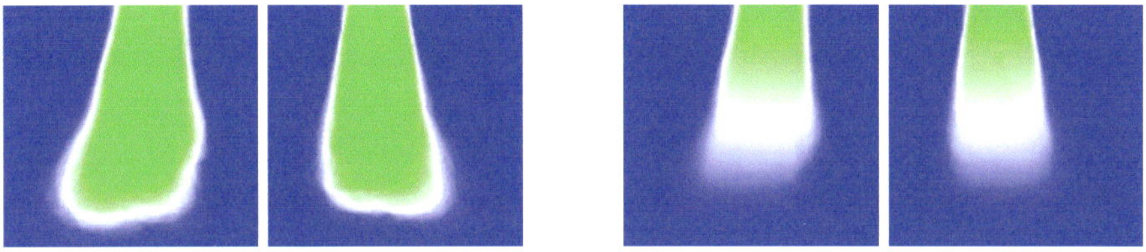

(a) (b)

Abbildung 2.18: Varianten des wahrscheinlichkeitsbasierten Formvorwissens Ψ_w (a) ohne und (b) mit gradueller Wichtung (grün ... Vordergrund, weiß ... kein Einfluss, blau ... Hintergrund)

Um darüber hinaus die Optimierung zu vereinfachen und die Interpretierbarkeit zu verbessern, wird eine Normalisierung der Terme vorgeschlagen:

$$F_i^* = \frac{F_i}{\|F_i\|_\infty}. \tag{2.44}$$

Durch die Normierung werden die eingeführten Wichtungskoeffizienten α_w, μ_w und ν_w zwischen den Bildern vergleichbar und wirken alle in der gleichen Größenordnung.

Die Analyse des Konvergenzverhaltens ergab, dass der Algorithmus abhängig von der Ausgangssituation sehr unterschiedlich schnell konvergiert. Die feste Anzahl von Iterationen des Basisverfahrens wird daher um ein Abbruchkriterium auf Basis von $\Delta\Phi$ erweitert. Liegt die Änderung unter einer Schwelle δ, wird die Iteration abgebrochen bzw. in der nächsten pyramidalen Ebene fortgesetzt.

Die Analyse zum Einfluss der Startebene λ bei der pyramidalen Suche zeigt, dass für $\lambda = [0; 1]$ keine Steigerung der Segmentierungsqualität erreicht wird, die Rechenzeit jedoch deutlich höher ist (Abbildung 2.16). Für Ebenen $\lambda \geq 5$ ist die Auflösung so gering, dass keine sinnvolle Segmentierung möglich ist (Abbildung 2.22 a).

Analog zum Basisverfahren wird eine systematische Parameteroptimierung durchgeführt. Um mögliche Abhängigkeiten zwischen den Parametern zu berücksichtigen, werden für die Parameter folgende Intervalle genutzt:

$$\begin{aligned}
\alpha_\mathrm{w} &= [0; 0{,}2; \ldots; 1], \\
\mu_\mathrm{w} &= [0; 0{,}125; \ldots; 1{,}5], \\
\nu_\mathrm{w} &= [0; 0{,}125; \ldots; 1{,}5], \\
\delta &= [0; 0{,}0001; 0{,}001; 0{,}01] \text{ und} \\
\lambda &= [2; 3; 4; 5].
\end{aligned}$$

2.4.3 Ergebnisse

Um den Einfluss der Parameter auf die Segmentierungsqualität bewerten zu können, wurde die maximale und die über alle Untersuchungen gemittelte Segmentierungsqualität nach Gleichung (B.2) in den folgenden Abbildungen zusammengestellt.

Es zeigt sich, dass vor allem das neu eingeführte Formvorwissen zur Steigerung der Segmentierungsqualität r beiträgt (Abbildung 2.19 b), auch wenn die Steigerung des Qualitätsmaßes q aufgrund der zusätzlich benötigten Rechenzeit geringer ausfällt (Abbildung 2.19 a).

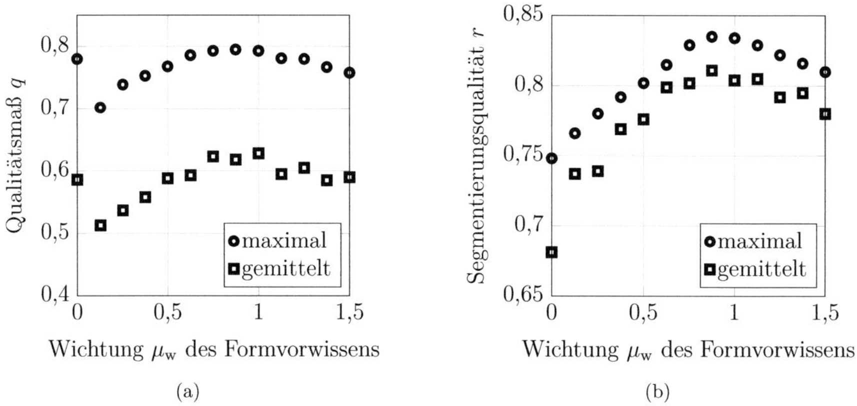

Abbildung 2.19: Auswirkung der Wichtung μ_w des Formvorwissens auf (a) das Qualitätsmaß q und (b) die Segmentierungsqualität r beim modifizierten Level-Set-Verfahren

Obgleich die Nutzung des Konturterms eine leichte Steigerung der Segmentierungsqualität bewirkt, sinkt das Qualitätsmaß q (Abbildung 2.20), da deutlich mehr Rechenzeit benötigt wird. Der Konturterm wird daher nicht weiter genutzt. Spielt die Rechenzeit eine untergeordnete Rolle, ist die Nutzung des Konturterms zu empfehlen.

Die Einführung des Konvergenzkriteriums δ steigert das Qualitätsmaß q, da die benötigte Rechenzeit deutlich verringert wird (Abbildung 2.21). Die Segmentierungsqualität fällt mit steigendem δ leicht ab.

Die Startebene der pyramidalen Suche λ sowie die Wichtung des Farbterms (Abbildung 2.22) haben einen geringen Einfluss auf das Qualitätsmaß und spielen eine untergeordnete Rolle.

Das Ergebnis der Parameteroptimierung ist in Tabelle 2.1 zusammengestellt. Die Tabelle enthält die 10 Parameterkonfigurationen mit den höchsten Qualitätsmaßen q sowie die

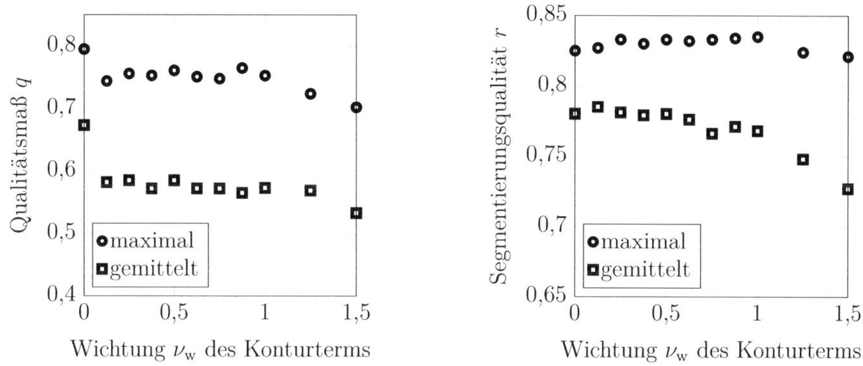

(a) (b)

Abbildung 2.20: Auswirkung der Wichtung ν_w des Konturterms auf (a) das Qualitätsmaß q und (b) die Segmentierungsqualität r beim modifizierten Level-Set-Verfahren

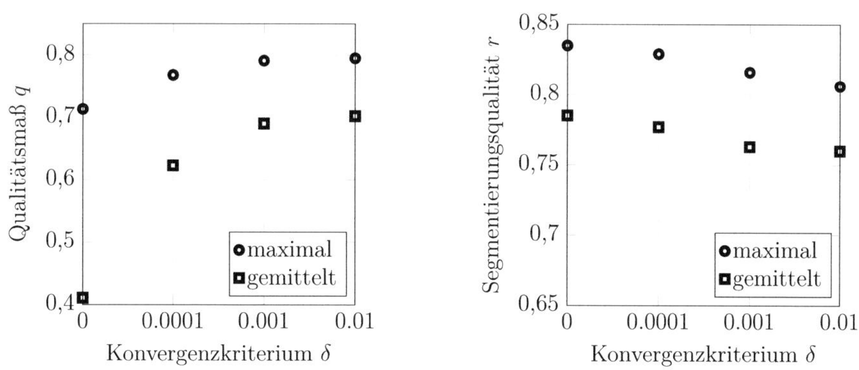

(a) (b)

Abbildung 2.21: Auswirkung des Konvergenzkriteriums δ auf (a) das Qualitätsmaß q und (b) die Segmentierungsqualität r beim modifizierten Level-Set-Verfahren

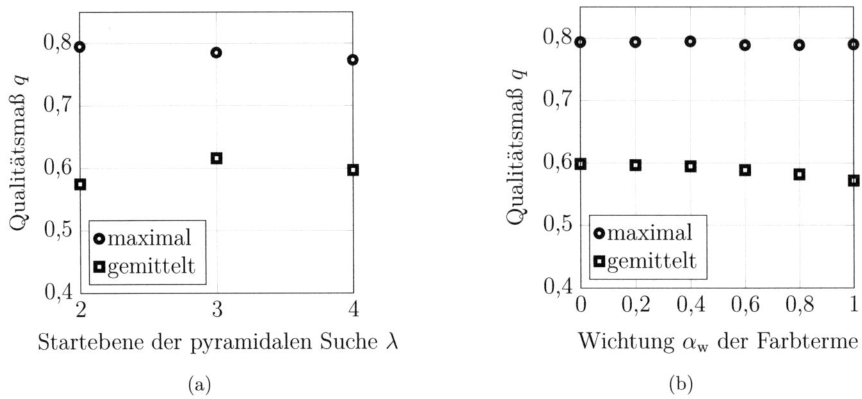

Abbildung 2.22: Auswirkung (a) der pyramidalen Ebene λ und (b) der Wichtung α_w der Farbterme auf das Qualitätsmaß q beim modifizierten Level-Set-Verfahren

Stützstellen der Hüllkurve in der Ebene aus Segmentierungsqualität und Rechenzeit. Diese entsprechen den jeweils besten Punkten bei einer anderen Gewichtung von Rechenzeit und Segmentierungsqualität.

Für die praktische Erprobung der automatischen Temperaturbildverarbeitung wird die Parameterkombination mit dem höchsten Qualitätsmaß q (mit $\star$ gekennzeichnet) eingesetzt.

Das entwickelte Verfahren wurde in der Messkampagne Großdrebnitz (Abschnitt 1.4) erfolgreich für die Auswertung der Klauenaufnahmen (Kamera 2) eingesetzt. Dabei wurden alle Bildsequenzen der 160 Versuchstiere vor Ort ausgewertet (ca. 750.000 Einzelbilder). Die Auswertung erfolgte in den Pausen zwischen den einzelnen Melkzeiten. Die Ergebnisse konnten so beim nächsten Melken für die Selektion der Tiere genutzt werden. Eine echtzeitfähige Implementierung des Verfahrens erscheint möglich. Die Segmentierungsqualität wurde während der kompletten 100 Tage in Stichproben überwacht. Nach einer zweiwöchigen Optimierungsphase mussten trotz wechselnder Umweltbedingungen keine Segmentierungen mehr verworfen werden. Da das Verfahren erst in einem Betrieb eingesetzt werden konnte, bestehen keine praktischen Erfahrungen zur Übertragbarkeit zwischen verschiedenen Betrieben. Ausgehend von Erfahrungen mit dem ASM-Ansatz ist jedoch zu erwarten, dass sich notwendige Anpassungen im Wesentlichen auf die Vorsegmentierung und die Definition der Suchbereiche beschränken.

Tabelle 2.1: Ergebnisse der Parameteroptimierung für den Level-Set-Ansatz

Verfahren	α_w	μ_w	ν_w	λ	δ	Rechenzeit in s	Segmentierungs-qualität r	Qualitäts-maß q
Optimiertes Basisverfahren:								
	0	0	0	4	-1	2,03	0,717	0,713
Beste Parameterkombinationen des modifizierten Verfahrens:								
$\star$	0,4	0,875	0	2	0,01	2,82	0,793	0,795
	0	0,875	0	2	0,01	2,81	0,792	0,794
	0,2	0,875	0	2	0,01	2,82	0,793	0,794
	0,4	0,75	0	2	0,01	2,82	0,792	0,793
	0	0,75	0	2	0,01	2,80	0,791	0,793
	0	1	0	2	0,01	2,80	0,791	0,793
	0,2	0,75	0	2	0,01	2,83	0,792	0,792
	0,2	1	0	2	0,01	2,82	0,791	0,792
	0,4	0,875	0	2	0,001	3,13	0,804	0,791
	0	1	0	2	0,001	3,06	0,801	0,790
	0	0	0	2	0,001	1,33	0,730	0,780
	0	0	0	2	0,01	1,09	0,714	0,765
	0	0,875	0	3	0,0001	3,88	0,819	0,758

2.5 Zusammenfassung

Bisher waren keine automatischen Segmentierungsverfahren für veterinäre IR-Bilder bekannt. Untersuchte Verfahren, etwa aus der industriellen Bildverarbeitung oder der Humanmedizin, sind aufgrund der speziellen Randbedingungen nicht auf veterinäre Anwendungen übertragbar.

Das teilautomatische Verfahren von [151, 169] liefert keine ausreichende Segmentierungsqualität. Die in der Voruntersuchung betrachteten Ansätze mit starren Modellen sind für die komplexe Segmentierungsaufgabe nur mit hohem Aufwand anwendbar. Darüber hinaus kann nicht sichergestellt werden, dass eine hohe Segmentierungsqualität erreicht wird.

In der vorliegenden Arbeit wurden mit den Active-Shape-Modell- und Level-Set-basierten Ansätzen erstmals deformierbare Modelle auf die Segmentierung von veterinären IR-Bildern angewandt. Die bekannten Basisverfahren [32, 134] konnten für keinen der beiden Ansätze genutzt werden, da keine ausreichende Segmentierungsqualität erreicht wird. Für beide Verfahren wurden neue spezifische Erweiterungen entwickelt.

Für die Active-Shape-Modelle tragen hauptsächlich die umgebungstemperaturbasierte Kontrastnormalisierung, die optimierte nicht äquidistante Landmarkenverteilung, die zweidimensionalen Erscheinungsmodelle sowie die für die Problemstellung optimierte Modellinitialisierung auf Basis einer Vorsegmentierung zur Steigerung der Segmentierungsqualität bei. Mit dem hier vorgeschlagenen erweiterten ASM-Ansatz wird eine gute Segmentierungsqualität und eine hohe Erkennungsrate erreicht. Die Erkennungsrate für Einzelbilder liegt zwischen 47 % für die linke Klaue und 94 % für das Euter. Die niedrige Erkennungsrate der linken Klauen ist in der Verdeckung durch den Milchschlauch[6] begründet. Wird die für die Diagnose interessante Erkennungsrate über Bildsequenzen ermittelt, ergibt sich für alle segmentierten Regionen eine Erkennungsrate von mehr als 95 %. Das modifizierte Verfahren wurde erfolgreich zur Auswertung aller relevanten Bilder (ca. 2 Mio. Einzelbilder) der Messkampagnen in Methau und Großdrebnitz genutzt. Ein wesentlicher Vorteil des ASM-Ansatzes ist die Definition der Messflächen auf Grundlage des mittleren Formmodells. Es können mehrere Messflächen parallel gesucht werden, etwa Euter und Klauen. Zudem erlaubt diese Definition eine schnelle und vergleichsweise einfache Einführung neuer Messflächen und ist damit besonders zur Evaluierung und Optimierung von Messflächen geeignet. Die benötigte Rechenzeit kann bei Bedarf weiter verringert werden. Für die durchgeführten Untersuchungen war die Implementierung ausreichend schnell.

Wesentliche Verbesserungen des Level-Set-basierten Ansatzes werden durch das neu eingeführte Formvorwissen und die umgebungstemperaturbasierte Kontrastnormalisierung erreicht. Die Segmentierungsqualität des Basisverfahrens wurde von 71,7 % auf 79,3 % gesteigert, indem die Segmentierung der Vorderbeine effektiv verhindert wird. In den während der Messkampagnen durchgeführten Stichproben konnten keine Fehlsegmentierungen nachgewiesen werden. Bei den praktischen Untersuchungen wurden 750.000 IR-Bilder mit dem Verfahren segmentiert. Das Verfahren ist besonders für die Segmentierung einzelner, abgegrenzter anatomischer Regionen geeignet. Durch das vergleichsweise einfache Training und die geringe Rechenzeit ist es für den praktischen Einsatz besonders interessant. Für den erweiterten Level-Set-Ansatz wird eine bildweise Erkennungsrate von annähernd 100 % erreicht.

Die erreichten Segmentierungsqualitäten beider Verfahren sind für die Anwendung ausreichend. Die sequenzweisen Erkennungsraten der einzelnen Regionen von über 95 % sind mit denen manueller Segmentierungen vergleichbar. Die optimierten Verfahren erlauben damit erstmals eine vollständig automatische Segmentierung veterinärer IR-Bilder. Eine manuelle Selektion der erstellten Segmentierungen ist aufgrund der verbesserten Segmentierungsqualität nicht mehr notwendig. Im Vergleich zum Stand der Technik konnten durch den Einsatz der Verfahren deutlich mehr Tiere in die Untersuchung einbezogen werden. Zudem konnten Bildsequenzen anstelle von Einzelbildern ausgewertet werden. Schwankungen auf-

6 Die Verdeckung der linken Klauen durch den Milchschlach wurde im Vorfeld auf Basis einer Stichprobe als unkritisch eingeschätzt. Die praktischen Untersuchungen zeigten jedoch, dass der tatsächliche Anteil von Verdeckungen deutlich höher lag.

grund der Tierbewegung können gemittelt werden. Die nachfolgenden Untersuchungen zur Diagnose sind damit statistisch besser abgesichert.

Es konnte gezeigt werden, dass sich die Modularisierung der Bildverarbeitungsansätze (Einteilung in Teilmodelle) positiv auf die Übertragbarkeit der Algorithmen auswirkt. So war für den Wechsel des Versuchsbetriebs zwischen den beiden Messkampagnen in Methau und Großdrebnitz keine Änderung am Active-Shape-Modell notwendig.

3 Gewinnung von Bildmerkmalen aus segmentierten Temperaturbildern

In der IR-basierten Tierüberwachung werden als Bildmerkmale überwiegend der Temperaturmittelwert $\bar{T}$ und die Maximaltemperatur $\hat{T}$ genutzt. Obwohl weitere Merkmale bekannt sind (Tabelle 1.6), werden diese nur vereinzelt benutzt. Untersuchungen zur Robustheit dieser Merkmale gegen Einflussfaktoren sind nicht bekannt, obgleich in der Literatur zahlreiche Einflussfaktoren benannt werden (Tabelle 1.7).

Um die Relevanz dieser Untersuchung zu unterstreichen, wird die Abhängigkeit der Maximaltemperatur $\hat{T}$ vom Untersuchungsabstand und vom Winkel betrachtet. Wie der Autor in [205] zeigen konnte, ist $\hat{T}$ von Messentfernung und Winkel abhängig. Die ermittelte Maximaltemperatur $\hat{T}$ wird mit zunehmender Entfernung niedriger. Für die Abhängigkeit vom Messwinkel ließen sich keine generellen Aussagen ableiten, da der Zusammenhang stark von der jeweiligen Messentfernung abhängt. Begründet ist dies im Wesentlichen in der geometrischen Auflösung der Kamera. Der ermittelte Temperaturwert eines Bildpunktes entspricht näherungsweise einer Mittelung über der Fläche, welche auf dem Bildpunkt abgebildet wird. Da sich zudem benachbarte Bildpunkte des Sensors beeinflussen, empfehlen die Hersteller der IR-Kameras in der Regel, dass die kleinste Messfläche im Bild eine Seitenlänge von drei bis fünf Bildpunkten hat. Aufgrund der Behaarung des Tiers kann diese Forderung in der Regel nicht eingehalten werden. Auch in [61] wurde ein Zusammenhang zwischen der Messentfernung und dem Maximalwert einer 4×4 Bildpunkte großen Fläche festgestellt.

Es wurde gezeigt (Tabelle 1.6), dass eine Vielzahl von Bildmerkmalen bekannt ist. Im Folgenden wird zunächst eine Systematisierung der Merkmale vorgenommen. Anschließend werden die Merkmale auf die Robustheit gegen Störeinflüsse untersucht. Ziel der Untersuchung ist es, aus messtechnischer Sicht besonders geeignete Merkmale für weiterführende Untersuchungen zur diagnostischen Eignung aufzufinden.

3.1 Systematisierung von Bildmerkmalen

Für die systematische Betrachtung der Bildmerkmale lassen sich die in Tabelle 1.6 genannten Merkmale in histogramm- und texturbasierte Merkmale einteilen. In diesen Gruppen werden Bildungsvorschriften für die Erstellung von Merkmalen verallgemeinert und beispielhaft für die Analyse zusammengestellt.

3.1.1 Histogrammbasierte Merkmale

Grundlage für die Ableitung histogrammbasierter Merkmale ist die auf Temperaturbilder angewandte allgemein übliche Histogrammdefinition. Das Histogramm eines Tempertur-bilds $\mathcal{I}(x, y)$ ist durch das äquidistante Raster

$$r_i = \frac{n-i}{n} T_{min} + \frac{i}{n} T_{max} \tag{3.1}$$

mit $i = \{1, \ldots, n\}$, bestehend aus n Temperaturintervallen $[T_{n-i}, T_i]$ und der zugehörigen Häufigkeitsverteilung:

$$\underline{h}_{\mathrm{n}} =< H_{\mathrm{n},i} > \tag{3.2}$$

mit

$$H_{\mathrm{n},i} = \frac{\mathrm{N}\left(T_{i-1} \leq \mathcal{I} < T_i\right)}{\mathrm{N}\left(\mathcal{I}\right)}, \tag{3.3}$$

definiert. Auch die kumulierte Häufigkeitsverteilung:

$$\underline{h}_{\mathrm{c}} =< H_{\mathrm{c},i} > \tag{3.4}$$

mit

$$H_{\mathrm{c},i} = \frac{\sum_{k=1}^{i} \mathrm{N}\left(T_{k-1} \leq \mathcal{I} < T_k\right)}{\mathrm{N}\left(\mathcal{I}\right)} \tag{3.5}$$

wird verwendet (Abbildung 3.1).

Die Diskretisierung von r führt zu einem Informationsverlust wenn die Anzahl der Stufungen zu klein gewählt wird. Um sicherzustellen, dass die Diskretisierung keinen nennenswerten Einfluss hat, erfolgt die Wahl der Schrittweite $\Delta T = T_n - T_{n-1}$ so, dass die Unsicherheit durch die Diskretisierung mindestens eine Größenordnung unter der Temperaturunsicherheit liegt. Die Unsicherheit einer diskretisierten Größe X mit einer Schrittweite ΔX ergibt

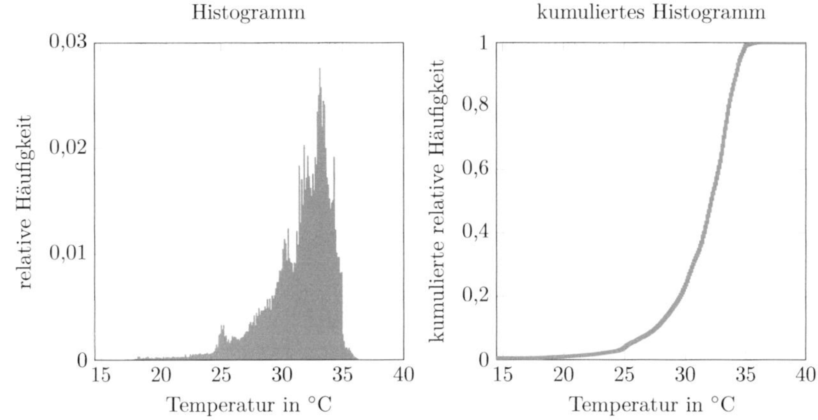

Abbildung 3.1: Histogramm einer Bildregion

sich gemäß [124, Gleichung (36)] zu:

$$u(X) = \frac{\Delta X}{\sqrt{12}}. \tag{3.6}$$

Mit der in Abschnitt 4.5 ermittelten Ergebnisunsicherheit von $u(T_{S,k}) > 0{,}4\,\mathrm{K}$ kann die maximal zulässige Schrittweite abgeschätzt werden durch:

$$\begin{aligned} \frac{1}{10} \cdot u(T) &> \frac{\Delta T}{\sqrt{12}} \\ \Delta T &< \frac{\sqrt{12}}{10} u(T) = 0{,}14\,\mathrm{K}. \end{aligned} \tag{3.7}$$

Um eine dezimale Schrittweite verwenden zu können, wird eine Histogrammdiskretisierung von $\Delta T = 0{,}1\,\mathrm{K}$ vorgeschlagen.

Für Temperaturmittelwert $\bar{T}$, Temperaturstreuung $\mathrm{s}\,(T)$ sowie Minimal- und Maximaltemperatur $\check{T}$ und $\hat{T}$ (vgl. Tabelle 1.6) ergeben sich folgende Beziehungen:

$$\bar{T} = \frac{1}{N_{\mathcal{R}}} \sum_{(\mathcal{R})} T, \tag{3.8}$$

$$\mathrm{s}\,(T) = \sqrt{\frac{1}{N_{\mathcal{R}}} \sum_{(\mathcal{R})} \left(T - \bar{T}\right)^2}, \tag{3.9}$$

$$\check{T} = \min(T)|_{\mathcal{R}} \tag{3.10}$$

und

$$\hat{T} = \max(T)|_{\mathcal{R}} \,. \tag{3.11}$$

Diese können für das Histogramm einer Bildregion $\mathcal{R}$ auch aus der relativen Häufigkeitsverteilung $\underline{h}_\mathrm{n}$ und den mittleren Intervalltemperaturen $\underline{t}_\mathrm{n}$ mit folgenden Bildungsvorschriften berechnet werden:

$$\bar{T} = \underline{h}_\mathrm{n}{}^\mathsf{T} \cdot \underline{t}_\mathrm{n}, \tag{3.12}$$

$$\mathrm{s}(T) = \sqrt{\underline{h}_\mathrm{n}{}^\mathsf{T} \cdot \underline{t}_\mathrm{n}^2}, \tag{3.13}$$

$$\check{T} = \min\left(\underline{t}_\mathrm{n}\right) \tag{3.14}$$

und

$$\hat{T} = \max\left(\underline{t}_\mathrm{n}\right). \tag{3.15}$$

Aus der Definition der Minimal- und Maximaltemperatur können durch die Einführung eines Parameters d weitere Minimal- und Maximaltemperaturmerkmale abgeleitet werden:

$$\check{T}_d = \min(\underline{t}_\mathrm{n}[h_\mathrm{n} > d]), \tag{3.16}$$

$$\hat{T}_d = \max(\underline{t}_\mathrm{n}[h_\mathrm{n} < 1 - d]). \tag{3.17}$$

Die Merkmale ermitteln die Temperatur, die d Prozent der Temperaturwerte einschließen (Abbildung 3.2).

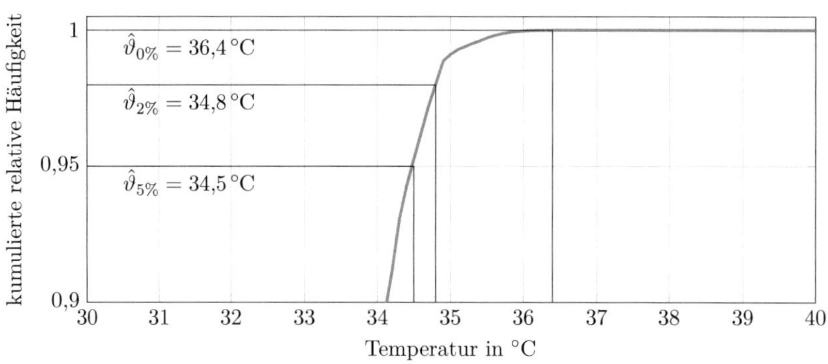

Abbildung 3.2: Definition der prozentualen Maxima

Die graphische Deutung dieser Definition, als Auswahl einer Menge von Bildpunkten, führt zu den neu definierten relativen Flächenanteilen f_d. Dazu werden die entstandenen Bildflächen auf die Gesamtfläche der Region $\mathcal{R}$ normiert (Abbildung 3.3):

$$f_d = \min(\underline{h}_{\mathrm{c}}[r \geq (d) \cdot \hat{T}]). \tag{3.18}$$

Äquivalent wird ein isothermer Flächenanteil mit einer festen Temperatur T_d eingeführt (Abbildung 3.3):

$$f_{T_d} = \min(\underline{h}_{\mathrm{c}}[r \geq T_d]). \tag{3.19}$$

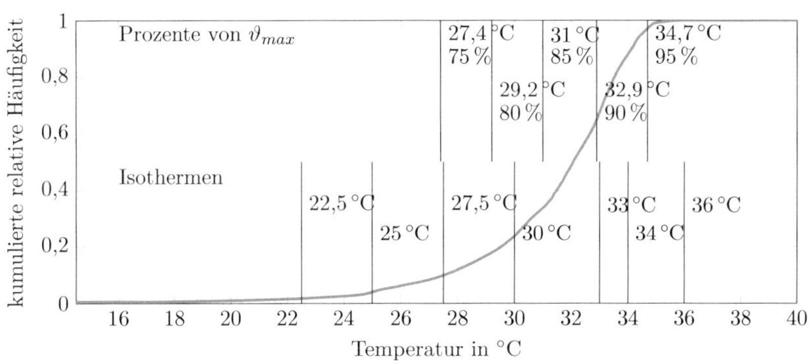

Abbildung 3.3: Definition der relativen Flächenanteile und prozentuale Maximalwerte am Beispiel der für Klauen und Euter genutzten Werte d und T_d

Als weitere Größen werden die Lagen der lokalen Maxima im Histogramm h_n definiert. Diese charakterisieren häufig auftretende Temperaturniveaus. Aufgrund der feinen Diskretisierung wird das Histogramm zunächst geglättet. Dazu wird eine Faltung mit einem GAUSS-Kern und einer heuristisch ermittelten Streuung von 0,1 K durchgeführt (Abbildung 3.4). Für die nachfolgenden Untersuchungen werden die Lagen des größten lokalen Maximums und des größten lokalen Minimums genutzt. Mit der geglätteten relativen Häufigkeitsverteilung $h_{\mathrm{n,g}}$ und dessen erster und zweiter Ableitung $h'_{\mathrm{n,g}}$ bzw. $h''_{\mathrm{n,g}}$ ergeben sich:

$$\hat{T}_{\mathrm{Hist}} = \max(\underline{t}[(h'_{\mathrm{n,g}} = 0) \& (h''_{\mathrm{n,g}} < 0)]), \tag{3.20}$$

$$\check{T}_{\mathrm{Hist}} = \max(\underline{t}[(h'_{\mathrm{n,g}} = 0) \& (h''_{\mathrm{n,g}} > 0)]). \tag{3.21}$$

Zusätzlich zu diesen direkt an Temperaturen bzw. Temperaturverhältnisse geknüpften Größen wurden erstmals die beiden histogrammbasierten Größen Entropie M_{Ent} und An-

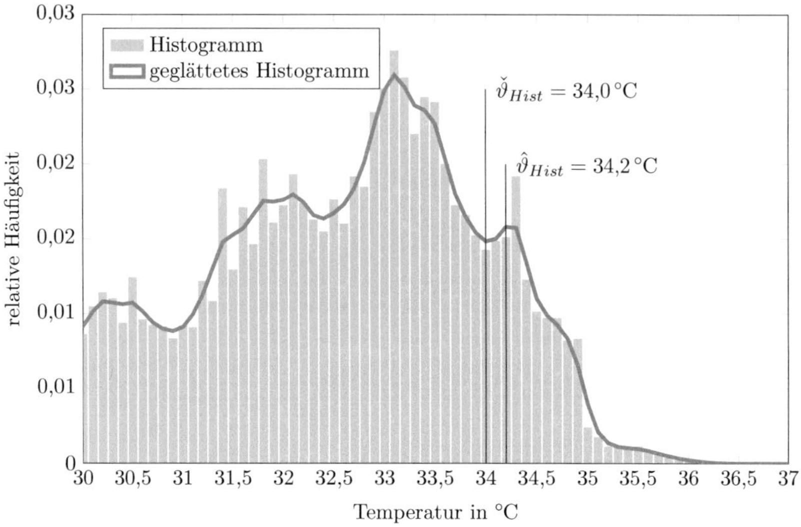

Abbildung 3.4: Definition der Maxima und Minima des geglätteten Histogramms

isotropie M_{Ani} eingeführt:

$$M_{\text{Ent}} = -{h_n}^{\mathsf{T}} \cdot \log_2 h_n, \tag{3.22}$$

$$M_{\text{Ani}} = \frac{1}{M_{\text{Ent}}} \sum_{i=\check{T}}^{\hat{T}_{50\%}} h_n(i) \cdot \log_2 h_n(i). \tag{3.23}$$

Diese können als Informationsgehalt bzw. Verteilung des Informationsgehalts über dem Temperaturbereich interpretiert werden [115].

Für die vorliegende Untersuchung wurden auf Basis der Temperaturniveaus der anatomischen Bereiche Rektum, Euter und Klauen zweckmäßige Werte für d und T_d gewählt. Es wurden folgende Merkmale untersucht:

- für $\hat{T}_d$ ist $d = [2\,\%; 5\,\%]$,
- für f_d ist $d = [0{,}75; 0{,}8; 0{,}85; 0{,}9; 0{,}95]$ und
- für f_{ϑ_d} ist $\vartheta_d = [22{,}5\,°C; 25\,°C; 27{,}5\,°C; 30\,°C; 31\,°C; 32\,°C; 33\,°C; 34\,°C; 36\,°C]$.

3.1.2 Texturbasierte Merkmale

Texturbasierte Merkmale, auch HARALICK*'sche Texturmerkmale* genannt [88, 115], basieren auf der Häufigkeit, mit der benachbarte Bildpunkte eine bestimmte Temperaturwertkombination aufweisen. Das so entstandene zweidimensionale Histogramm wird als Co-Occurrence-Matrix $\mathbf{C}_\eta$ bezeichnet:

$$C_\eta(x_c, y_c) = \frac{1}{k} \sum_{x,y \in \mathcal{R}} \delta_D \left(b\left(x,y\right) - x_c\right) \cdot \delta_D \left(b\left(x + d_x, y + d_y\right) - y_c\right) \tag{3.24}$$

mit

$$\begin{aligned} d_x &= d_0 \cdot \cos(\eta), \\ d_y &= d_0 \cdot \sin(\eta), \\ \delta_D(z) &= \begin{cases} 1 & \text{für } z = 0, \\ 0 & \text{sonst.} \end{cases} \end{aligned}$$

Die Definition der Co-Occurrence-Matrix $\mathbf{C}_\eta$ enthält zudem die Richtung η, in der die benachbarten Pixel ausgewertet werden.

Tabelle 3.1 stellt die aus der Co-Occurrence-Matrix $\mathbf{C}_\eta$ abgeleiteten richtungsabhängigen Merkmale zusammen.

Tabelle 3.1: Definition der Texturbasierten Bildmerkmale auf Basis der Co-Occurrence-Matrix $\mathbf{C}_\eta$

Merkmal	Definition
Energie	$M_{\mathrm{En},\eta} = \sum_{(x_c)} \sum_{(y_c)} C_\eta^2(x_c, y_c)$
Korrelation	$M_{\mathrm{Kor},\eta} = \frac{\sum_{(x_c)} \sum_{(y_c)} (x_c - \mu_x) \cdot (y_c - \mu_y) \cdot C_\eta(x_c, y_c)}{\sigma_x^2 \cdot \sigma_y^2}$ $\mu_x = \frac{1}{k} \sum_{(x_c)} x_c \sum_{(y_c)} C_\eta(x_c, y_c)$ $\mu_y = \frac{1}{k} \sum_{(y_c)} y_c \sum_{(x_c)} C_\eta(x_c, y_c)$ $\sigma_x^2 = \frac{1}{k} \sum_{(x_c)} (x_c - \mu_x)^2 \sum_{(y_c)} C_\eta(x_c, y_c)$ $\sigma_y^2 = \frac{1}{k} \sum_{(y_c)} (y_c - \mu_y)^2 \sum_{(x_c)} C_\eta(x_c, y_c)$
Kontrast	$M_{\mathrm{Kon},\eta} = \sum_{(x_c)} \sum_{(y_c)} (x_c - y_c)^2 \cdot C_\eta(x_c, y_c)$
Homogenität	$M_{\mathrm{Hom},\eta} = \sum_{(x_c)} \sum_{(y_c)} \frac{C_\eta(x_c, y_c)}{1 + \lvert x_c - y_c \rvert}$

Für die vorliegende Arbeit wurden für η die beiden Hauptrichtungen 0° und 90° gewählt.

3.1.3 Grauwertverlauf

Um den Grauwertverlauf in der Bildregion auszubilden, wurden die Ebenenkoeffizienten α und β eingeführt. Diese sind durch:

$$\sum_{(\mathcal{R})} \Big(b - \big(T_0 + \alpha \cdot (y - y_0) + \beta \cdot (x - x_0) \big) \Big)^2 \rightarrow \min \tag{3.25}$$

definiert. Die Lösung ergibt die Koeffizienten α und β, die Stützstellen x_0 und y_0 sowie die Temperatur $T_0 = \bar{T}$.

3.2 Robustheit der Bildmerkmale

Für die Analyse der Robustheit werden die Einflussfaktoren in tierbedingte, umgebungsbedingte und analysebedingte Einflüsse unterteilt. Da die Bildmerkmale für einzelne Regionen berechnet werden, ist bei der Analyse der Robustheit zu berücksichtigen, dass sich die Einflussfaktoren unterschiedlich auf die einzelnen Regionen auswirken können.

3.2.1 Tierbedingte Einflüsse

Als tierbedingte Einflussfaktoren werden der Rhythmus der Körpertemperatur, Unterschiede in Fellfarbe, -struktur und -länge, Verschmutzung sowie anatomische Unterschiede zusammengefasst. Fellstruktur und Verschmutzung unterliegen kurzfristigen Änderungen, wogegen sich die Fellfarbe und bestimmte anatomische Unterschiede nicht oder nur langsam ändern (Sommer-/Winterfell, Wachstum).

Eine Untersuchung zum Tagesverlauf der Körpertemperatur hat ergeben, dass die Tiere einen ausgeprägten Tagesrhythmus aufweisen. Die Ausprägung des Tagesrhythmus ist jedoch zwischen den Tieren stark verschieden. Dies steht im Widerspruch zu der bisher vorherrschenden Annahme, dass sich ein verallgemeinerter Tagesrhythmus bestimmen lässt. Für die Ableitung des Korrekturmodells zum Einfluss des Tagesrhythmus auf die Merkmale sind daher weitere Untersuchungen notwendig. Aufgrund der gewählten Messkonfiguration erfolgt die Aufzeichnung der Bildsequenzen jeweils während der fest definierten Zeiten, die sich aus dem betrieblichen Ablauf mit festen Melkzeiten ergeben. Die Aufnahmezeitpunkte schwanken von Tag zu Tag damit um höchstens 30 min. Die im folgenden vorgestellten Ergebnisse beziehen sich ausschließlich auf die Vormittagsmelkzeit.

Ein relevanter Einfluss der Fellfarbe konnte weder in der Voruntersuchung [205] noch in der vorliegenden Arbeit nachgewiesen werden. In [195] zeigten sich zwar für einzelne Merkmale statistisch signifikante Unterschiede zwischen den Temperaturmesswerten bei verschiedenen Fellfarben, jedoch waren die Mittelwertunterschiede so klein, dass sie messtechnisch nicht relevant sind. Dies bestätigt die in der Literatur verbreitete These, dass die Fellfarbe nur bei direkter Sonneneinstrahlung eine Rolle spielt. In den Versuchsbetrieben der praktischen Untersuchung kann dies sicher ausgeschlossen werden.

Für die Bewertung der Verschmutzung wurde eine manuelle Einstufung in vier Verschmutzungs- und zwei Feuchtigkeitsklassen durchgeführt[1]. In diesen Gruppen wurde geprüft, ob sich die Merkmalsmittelwerte signifikant unterscheiden. Als Bezugsklasse wurden jeweils die am häufigsten auftretenden Klassen festgelegt („trocken“ und „mittlere“ Verschmutzung). Ein signifikanter Unterschied liegt dann vor, wenn die Mittelwerte und die Streuungen der einzelnen Klassen mit hoher Wahrscheinlichkeit aus unterschiedlichen Verteilungen stammen. Dazu wird ein Zweistichproben-t-Test verwendet. In Tabelle 3.2 sind die Ergebnisse für ausgewählte Merkmale am Euter zusammengestellt.

Die Klassen „sauber“ und „feucht“ zeigen am häufigsten signifikante Abweichungen. Für die Klasse „sauber“ kann aufgrund der geringen Probenzahl ($N = 11$) keine statistisch gesicherte Aussage getroffen werden. Bis auf die Merkmale f_ϑ sind die Mittelwertunterschiede kleiner als 5 %. Höhere Abweichungen kommen für die Merkmale $f_{27{,}5\,°\mathrm{C}}$ bis $f_{34\,°\mathrm{C}}$ vor. Das Absinken der Flächenanteile deckt sich mit der Erwartung, dass Feuchtigkeit aufgrund der Verdunstungskälte zu einer Abkühlung führt.

Tendenziell sind die Mittelwertunterschiede für die Maximaltemperaturen $\hat{\vartheta}$, $\hat{\vartheta}_{2\%}$ und $\hat{\vartheta}_{5\%}$ kleiner als die der Temperaturmittelwerte $\bar{\vartheta}$. Stärkeren Einfluss hat die Feuchtigkeit auf die mittlere Streuung $\mathrm{s}(\vartheta)$ (ca. 3 %). Weitere Analysen sowie Details zur Festlegung der Klassen können der Arbeit des veterinären Partners [136] entnommen werden. Dort ist festgestellt, dass die Verschmutzung der einzelnen Tiere über den Versuchszeitraum nahezu konstant ist. Der Einfluss von Verschmutzung und Feuchtigkeit wird daher für die vorliegende Messung als nicht für die Diagnose relevant eingeschätzt.

Für die Modellierung und Korrektur von Verschmutzung und Feuchtigkeit sind weitere Untersuchungen notwendig. Dazu wäre perspektivisch der Einsatz zusätzlicher Messtechnik zur automatischen quantitativen Erfassung denkbar.

1 Die Versuchsdaten wurden durch Passarge aufgenommen [136].

Tabelle 3.2: Einfluss von Verschmutzung und Feuchtigkeit der Klauen. Statistisch signifikante Unterschiede zu der mit ⋆ markierten Vergleichsklasse sind fett dargestellt.

Merkmal	Verschmutzung				Feuchtigkeit	
	sauber	**leicht**	**mittel⋆**	**stark**	**trocken⋆**	**feucht**
	$n = 11$	$n = 915$	$n = 2655$	$n = 433$	$n = 3686$	$n = 328$
	$\bar{M}$ in °C ± s (M)	$\bar{M}$ ± s (M)	$\bar{M}$ ± s (M)	$\bar{M}$ ± s (M)	$\bar{M}$ ± s (M)	$\bar{M}$ ± s (M)
$\bar{\vartheta}$ in °C	23,2 ± 1,7	23,0 ± 1,4	23,0 ± 1,4	22,9 ± 1,4	23,0 ± 1,4	22,8 ± 1,4
$s(\vartheta)$ in °C	**6,4 ± 0,6**	5,5 ± 0,7	5,5 ± 0,7	5,5 ± 0,7	5,5 ± 0,7	**5,4 ± 0,7**
$\hat{\vartheta}$ in °C	**33,0 ± 1,1**	32,2 ± 1,3	32,3 ± 1,3	32,4 ± 1,2	32,3 ± 1,2	32,1 ± 1,3
$\hat{\vartheta}_{2\%}$ in °C	**32,0 ± 1,2**	31,1 ± 1,4	31,1 ± 1,4	31,2 ± 1,3	31,1 ± 1,4	30,9 ± 1,4
$\hat{\vartheta}_{5\%}$ in °C	**31,5 ± 1,2**	30,6 ± 1,5	30,5 ± 1,4	30,6 ± 1,3	30,5 ± 1,4	**30,3 ± 1,4**
$f_{22,5\,°C}$	0,53 ± 0,06	0,51 ± 0,07	0,52 ± 0,07	**0,51 ± 0,07**	0,52 ± 0,07	**0,51 ± 0,07**
$f_{25\,°C}$	0,46 ± 0,06	0,43 ± 0,08	0,43 ± 0,08	**0,42 ± 0,07**	0,43 ± 0,08	**0,42 ± 0,09**
$f_{27,5\,°C}$	**0,38 ± 0,08**	0,31 ± 0,12	0,31 ± 0,11	0,30 ± 0,11	0,31 ± 0,11	**0,29 ± 0,12**
$f_{30\,°C}$	0,21 ± 0,13	0,13 ± 0,11	0,13 ± 0,11	0,13 ± 0,10	0,13 ± 0,11	**0,11 ± 0,10**
$f_{33\,°C}$	0,02 ± 0,05	0,00 ± 0,02	0,00 ± 0,01	0,00 ± 0,01	0,00 ± 0,01	**0,00 ± 0,01**
$f_{34\,°C}$	0,00 ± 0,01	0,00 ± 0,00	0,00 ± 0,00	0,00 ± 0,00	0,00 ± 0,00	0,00 ± 0,00
α	-4,4 ± 5,2	-2,1 ± 4,2	-2,2 ± 4,0	-1,9 ± 4,0	-2,2 ± 4,1	-1,9 ± 3,8
β	14,2 ± 3,4	14,4 ± 4,0	14,4 ± 4,0	**13,7 ± 3,8**	14,4 ± 4,0	13,9 ± 4,0
$\check{\vartheta}_{\mathrm{Hist}}$ in °C	23,8 ± 2,2	23,1 ± 2,0	23,0 ± 2,0	23,1 ± 1,8	23,1 ± 2,0	23,0 ± 2,0
$\hat{\vartheta}_{\mathrm{Hist}}$ in °C	**30,2 ± 1,3**	28,9 ± 1,8	29,0 ± 1,7	29,0 ± 1,6	29,0 ± 1,7	**28,7 ± 1,7**

Für die weiterführende Bewertung der tierbedingten Einflussfaktoren, etwa der anatomischen Unterschiede, sind weitere Langzeituntersuchungen erforderlich. Erschwerend ist, dass die Referenzdaten der tierbedingten Einflussfaktoren nur durch zusätzlichen personellen bzw. technischen Aufwand erhoben werden können. Eine Korrektur auf Basis leicht messbarer Einflussgrößen ist damit derzeit praktisch nicht möglich. Die phänomenologische Bestimmung tierindividueller Besonderheiten ist für Langzeitmessungen allerdings mit statistischen Mitteln praktisch durchführbar.

3.2.2 Umgebungsbedingte Einflüsse

Als umgebungsbedingte Einflüsse werden Messwinkel, Messentfernung, die klimatischen Bedingungen sowie die Akklimatisierung der Tiere zusammengefasst.

Der Einfluss von Messentfernung und -winkel wurde bereits in [205] analysiert. Es zeigte sich, dass ein komplexer Zusammenhang zwischen Winkel, Entfernung und den berechneten Merkmalen besteht. Die aus der Literatur bekannten Ansätze zur Korrektur [93] setzten eine aufwendige dreidimensionale Erfassung der Messfläche voraus und sind damit derzeit für den veterinären Einsatz nicht geeignet. Aus diesem Grund wurde die Messsituation im Vergleich zur Voruntersuchung dahingehend optimiert, dass Entfernung und Winkel möglichst konstant sind. Dazu wurden die Kameras in einem definierten Abstand so am Melkkarussell ausgerichtet, dass die Rückseite der Tiere orthogonal abgebildet wird. Durch die gewählte Messkonfiguration am Melkkarussell (siehe Abschnitt 4.1.3) ist die Bewegungsfreiheit der Tiere zudem deutlich eingeschränkt. Schwankungen aufgrund der Tierbewegungen werden damit zusätzlich reduziert.

In [205] war eine Abhängigkeit der Bildmerkmale von der Bildkoordinate festgestellt worden. Die Bildkoordinate steht dabei indirekt für den Einfluss von Entfernung und Winkel. Eine Untersuchung der Maximaltemperatur am Rektum ergab dabei eine mittlere Abweichung von 1,9 % vom Mittelwert des Merkmals (max. ca. 3 %) über der normierten horizontalen Bildposition [205, S. 50]. Abbildung 3.5 zeigt den ermittelten Zusammenhang für die Maximaltemperatur $\hat{T}$ mit optimierter Kameraposition. Die normierte quadratische Abweichung

$$\delta_{d,\alpha} = \frac{\sqrt{\frac{1}{n}\sum_{(n)}\left(M\left(\mathcal{R},x_n\right) - \bar{M}\left(\mathcal{R},x_n\right)\right)^2}}{\bar{M}\left(\mathcal{R},x_n\right)} \tag{3.26}$$

liegt bei 0,2 % (das Maximum bei 0,75 %). Für mehr als 72 % der Daten liegt die mittlere Abweichung unter 0,1 %. Der Einfluss von Entfernung und Winkel konnte damit deutlich reduziert werden.

Tabelle 3.3: Normierte Merkmalsabweichung $\delta_{d,\alpha}$ in Abhängigkeit von Messentfernung und -winkel. Höhere Abweichungen sind durch dunklere Schattierung hervorgehoben.

Merkmal	**Klaue li. grob** N=167583	**Klaue li. klein** $N = 167591$	**Klaue li. Umriss** $N = 167522$	**Klaue re. grob** $N = 215736$	**Klaue re. klein** $N = 216656$	**Klaue re. Umriss** $N = 216804$	**Euter li.** $N = 198117$	**Schenkelspalt li.** $N = 200629$	**Euter re.** $N = 198581$	**Schenkelspalt re.** $N = 199572$	**Euter ges.** $N = 201428$	**Rektum grob** $N = 291041$	**Vergleichsflächen** $N = 160569$	**Vergleichsfläche** $N = 160314$	**Kuh grob** $N = 291474$	**Maximum aller Regionen**	**gew. quad. Mittel aller Regionen**
$\bar{\vartheta}$	0,006	0,004	0,005	0,007	0,004	0,005	0,003	0,004	0,003	0,003	0,003	0,002	0,004	0,004	0,005	0,007	0,004
$s(T)$	0,009	0,02	0,01	0,01	0,02	0,01	0,05	0,04	0,04	0,05	0,01	0,03	0,02	0,04	0,02	0,05	0,03
$\hat{\vartheta}$	0,002	0,002	0,002	0,003	0,004	0,003	0,001	0,002	0,002	0,002	0,001	0,002	0,004	0,003	0,002	0,004	0,002
$\hat{\vartheta}_{2\%}$	0,002	0,002	0,002	0,004	0,004	0,004	0,001	0,002	0,002	0,002	0,001	0,002	0,004	0,003	0,002	0,004	0,003
$\hat{\vartheta}_{5\%}$	0,003	0,003	0,002	0,004	0,004	0,004	0,002	0,003	0,002	0,002	0,002	0,002	0,004	0,003	0,003	0,004	0,003
$\hat{\vartheta}_{Hist}$	0,007	0,008	0,008	0,01	0,02	0,02	0,004	0,006	0,006	0,005	0,005	0,02	0,01	0,005	0,01	0,02	0,01
$\check{\vartheta}_{Hist}$	0,004	0,004	0,004	0,006	0,005	0,006	0,002	0,003	0,003	0,003	0,002	0,003	0,004	0,004	0,003	0,006	0,004
F	0	0,03	0,07	0	0,01	0,02	0,04	0,01	0,06	0,01	0,02	0,01	0,001	0	0,008	0,07	0,03
$f_{22,5\,°C}$	0,02	0,006	0,01	0,01	0,005	0,01	0,0008	0,003	0,0008	0,001	0,002	0,003	0,0004	0,0006	0,004	0,02	0,007
$f_{25\,°C}$	0,02	0,01	0,01	0,01	0,008	0,01	0,001	0,004	0,0009	0,001	0,002	0,003	0,003	0,003	0,007	0,02	0,008
$f_{27,5\,°C}$	0,03	0,02	0,02	0,02	0,01	0,02	0,002	0,005	0,001	0,003	0,003	0,003	0,01	0,01	0,01	0,03	0,01
$f_{30\,°C}$	0,05	0,04	0,04	0,05	0,04	0,04	0,004	0,01	0,005	0,01	0,005	0,009	0,04	0,03	0,02	0,05	0,03
$f_{31\,°C}$	0,06	0,05	0,05	0,07	0,06	0,06	0,008	0,02	0,01	0,02	0,01	0,02	0,06	0,05	0,03	0,07	0,04
$f_{32\,°C}$	0,07	0,06	0,06	0,1	0,09	0,09	0,02	0,03	0,02	0,04	0,02	0,03	0,1	0,08	0,05	0,1	0,06
$f_{33\,°C}$	0,09	0,09	0,08	0,1	0,1	0,1	0,04	0,04	0,05	0,05	0,04	0,06	0,2	0,2	0,08	0,2	0,1
$f_{34\,°C}$	0,2	0,2	0,2	0,2	0,1	0,2	0,09	0,06	0,09	0,06	0,07	0,1	0,3	0,3	0,1	0,3	0,2
$f_{36\,°C}$	2,01	2,3	2,15	4,04	–	3,62	0,2	0,2	0,2	0,1	0,1	0,4	1,18	2,34	0,2	4,04	1,87
$f_{0,75}$	0,01	0,004	0,008	0,01	0,005	0,01	0,0008	0,004	0,0009	0,002	0,002	0,003	0,0003	0,0003	0,009	0,01	0,007
$f_{0,8}$	0,02	0,005	0,01	0,02	0,007	0,01	0,001	0,005	0,001	0,003	0,003	0,003	0,001	0,0009	0,02	0,02	0,009
$f_{0,85}$	0,02	0,01	0,02	0,02	0,007	0,02	0,002	0,009	0,003	0,009	0,005	0,006	0,004	0,003	0,03	0,03	0,01
$f_{0,9}$	0,04	0,02	0,04	0,03	0,01	0,02	0,008	0,03	0,01	0,04	0,02	0,02	0,01	0,01	0,05	0,05	0,03
$f_{0,95}$	0,05	0,03	0,07	0,06	0,03	0,04	0,04	0,04	0,04	0,08	0,07	0,04	0,03	0,03	0,09	0,09	0,05
α	0,06	0,2	0,2	0,05	0,08	0,07	0,1	1,79	0,1	1,45	0,06	0,2	0,2	0,4	0,03	1,79	0,6
β	0,1	0,7	0,5	0,2	0,9	0,3	0,1	0,1	0,2	0,1	0,4	0,6	38,7	0,1	0,4	38,7	8,89
M_{Ent}	0,004	0,007	0,006	0,007	0,004	0,003	0,01	0,008	0,01	0,02	0,004	0,004	0,004	0,01	0,004	0,02	0,008
M_{Ani}	0,01	0,003	0,003	0,02	0,002	0,003	0,002	0,004	0,001	0,005	0,002	0,001	0,001	0,002	0,002	0,02	0,005
$M_{En,0°}$	0,1	0,05	0,09	0,2	0,02	0,09	0,06	0,04	0,08	0,05	0,02	0,07	0,03	0,04	0,03	0,2	0,08
$M_{En,90°}$	0,1	0,04	0,09	0,2	0,02	0,1	0,06	0,04	0,09	0,04	0,02	0,06	0,03	0,03	0,03	0,2	0,08
$M_{Kor,0°}$	0,0009	0,004	0,0006	0,0007	0,007	0,003	0,005	0,002	0,01	0,005	0,0007	0,001	0,002	0,007	0,0008	0,01	0,005
$M_{Kor,90°}$	0,0006	0,007	0,002	0,0008	0,01	0,002	0,003	0,001	0,006	0,004	0,0008	0,0005	0,001	0,007	0,0004	0,01	0,004
$M_{Hom,0°}$	0,03	0,02	0,02	0,04	0,02	0,02	0,02	0,02	0,02	0,03	0,01	0,01	0,02	0,02	0,01	0,04	0,02
$M_{Hom,90°}$	0,02	0,02	0,01	0,03	0,01	0,009	0,01	0,008	0,01	0,006	0,008	0,007	0,01	0,01	0,009	0,03	0,01
$M_{Kon,0°}$	0,03	0,04	0,03	0,03	0,03	0,04	0,1	0,1	0,1	0,08	0,03	0,04	0,07	0,05	0,03	0,1	0,06
$M_{Kon,90°}$	0,03	0,04	0,04	0,04	0,03	0,03	0,1	0,1	0,08	0,06	0,04	0,04	0,06	0,07	0,03	0,1	0,06

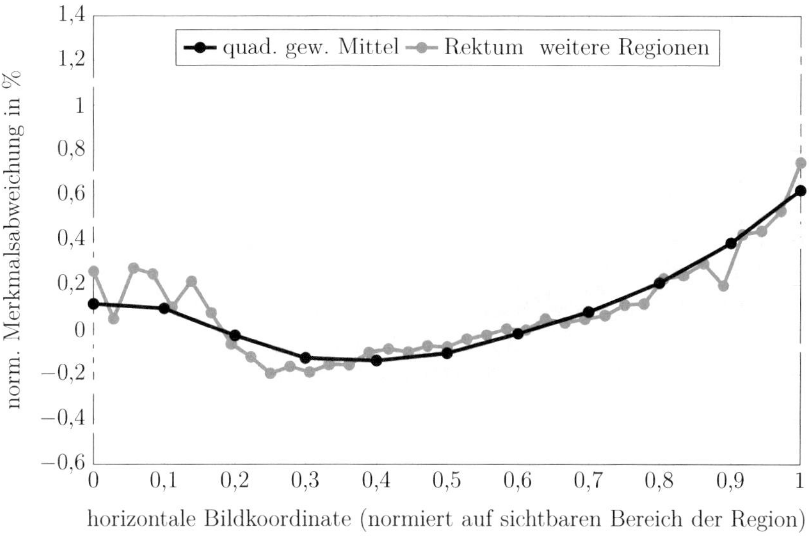

Abbildung 3.5: Normierte Abweichung der Maximaltemperatur $\hat{\vartheta}$ in Abhängigkeit von der normierten Bildkoordinate (Entfernung und Winkel)

Für die optimierte Kameraposition wurde der Einfluss der normierten Bildkoordinate für alle Regionen und Merkmale untersucht (Tabelle 3.3). Dabei zeigen sich deutliche Unterschiede zwischen den einzelnen Merkmalen. Besonders geringe Abweichungen (maximal und quadratisches Mittel $\leq 1\,\%$) zeigen die Maximaltemperaturen $\hat{\vartheta}$, $\vartheta_{2\%}$ und $\vartheta_{5\%}$, die mittlere Temperatur $\bar{\vartheta}$ sowie die Korrelationen $M_{\mathrm{Kor},0°}$ und $M_{\mathrm{Kor},90°}$.

Bei der Betrachtung der unterschiedlichen Regionen fallen die im Vergleich zu den Klauen deutlich geringeren Abweichungen der Regionen Euter, Schenkelspalten und Rektum auf. Begründet ist dies vermutlich in den unterschiedlichen Temperaturniveaus der Regionen (die Klauen sind vergleichsweise kalt), was durch den Trend innerhalb einer Region bestätigt wird. Für Regionen mit hohem Temperaturniveau sind demnach auch die Flächenanteile als günstige Merkmale in Betracht zu ziehen.

Auffällig sind die hohen Abweichungen für die Ebenenkoeffizienten α und β sowie die tendenziell größeren Abweichungen der Flächenanteile höherer Temperaturen (z. B. $f_{36\,°\mathrm{C}}$ und $f_{0,95}$). Für die Vergleichsflächen sind die Abweichungen von α und β in der Definition der Region begründet. Für die Flächenanteile der Klauen ist die große Abweichung im Temperaturniveau und der Größe der Messfläche begründet. Die Merkmale $f_{36\,°\mathrm{C}}$ und $f_{0,95}$ sind für die Klauen nicht anwendbar. Die Abweichung ist daher praktisch nicht relevant. Der Trend, dass mit steigender Bezugstemperatur des Flächenanteils auch die Abweichung zunimmt, kann jedoch verallgemeinert werden.

Aufgrund des hohen Datenumfangs (160.000 bis 291.000 Datensätze) und des vergleichsweise langen Messzeitraums (Mai-Juli 2010) können diese Aussagen erstmals mit hoher statistischer Sicherheit abgeleitet werden.

Bei den Messungen wurden parallel die Klimadaten aufgezeichnet, um über eine Korrelationsanalyse deren Einfluss auf die IR-Merkmale zu bestimmen (siehe Abschnitt 4.1.3). Soweit nicht anders angegeben, beziehen sich alle folgenden Ergebnisse auf die Messkampagne in Großdrebnitz (Abschnitt 1.4), da diese den größten Datenumfang aufweist. Es werden zunächst über i Einzelbilder für jede Region $\mathcal{R}$ die Einzelkorrelationen zwischen den Merkmalen $M_{\mathcal{R}}$ und den Einflussgrößen x bestimmt:

$$r_{M,x}(\mathcal{R}) = \frac{\sum_{(i)} (x_i - \bar{x}) \left(M_{\mathcal{R},i} - \bar{M}_{\mathcal{R}} \right)}{\sqrt{\sum_{(i)} (x_i - \bar{x})^2 \cdot \sum_{(i)} \left(M_{\mathcal{R},i} - \bar{M}_{\mathcal{R}} \right)^2}}. \tag{3.27}$$

Die Einzelkorrelationen aller Regionen werden zu einem Korrelationsmaß

$$\hat{r}_{M,x} = \operatorname{sign} \left(\frac{1}{n} \sum_{(\mathcal{R})} r_{M,x}(\mathcal{R}) \right) \sqrt{\frac{1}{n} \sum_{(\mathcal{R})} r_{M,x}^2(\mathcal{R})}. \tag{3.28}$$

zusammengefasst. Der Zahlenwert von $r_{M,x,rms}$ wird als quadratischer Mittelwert berechnet, da die größten Korrelationskoeffizienten besonders relevant sind. Da auch das Vorzeichen einer Korrelation wichtige Informationen enthält, wird dieses über den Korrelationsmittelwert bestimmt. Als Eingangsgrößen werden die gemessenen klimatischen Bedingungen, Umgebungstemperatur $T_{\mathrm{amb,M}}$, relative Luftfeuchte φ_{M}, Luftdruck p_{M} und Luftgeschwindigkeit v_{M} genutzt. Zusätzlich werden die Referenzstrahlertemperatur $T_{\mathrm{ref,M}}$ sowie der, in der veterinären Literatur übliche, Temperatur-Feuchte-Index $\mathbb{I}_{T,\varphi}$ nach Gleichung (1.1) untersucht. Die Temperatur des passiven Referenzstrahlers $T_{\mathrm{ref,M}}$ spiegelt die Umgebungstemperatur wider, wird jedoch im Gegensatz zur Umgebungstemperatur $T_{\mathrm{amb,M}}$ direkt neben dem Tier ermittelt (siehe Anhang C.3).

Die Ergebnisse für das Modell erster Ordnung sind in den Tabellen 3.4 zusammengestellt. Diese Korrelationsanalyse wurde bis zur vierten Potenz der Eingangsgrößen durchgeführt. Die Korrelationsmaße für höhere Potenzen sind jedoch geringer bzw. nahezu gleich (vgl. Tabelle 3.5).

Aufgrund der offenen Bauweise in den Versuchsbetrieben herrschten in Stall und Melkkarussell nahezu gleiche klimatische Bedingungen. Um etwaige Einflüsse durch den Zutrieb zum Karussell zu vermeiden, wurde die Messtechnik zudem im hinteren Teil des Melkkarussels platziert. Die Tiere waren damit mindestens 5 min vor der Messung in relativer Ruhe (in der Box auf dem Melkkarussell). Die Annahme, dass etwaige Akklimatierungsvorgänge abgeschlossen sind und auf die Messung keinen Einfluss haben, konnte durch

Tabelle 3.4: Korrelationsanalyse der Bildmerkmale zur Bestimmung der klimatischen Einflussfaktoren. Betragsmäßig große Korrelationen sind durch dunklere Schattierungen hervorgehoben.

Merkmal	**Einflussgröße**						$\hat{\mathbf{r}}_{\mathrm{M}}$
N=745550	T_{amb}	φ	p	v	$\mathbb{I}_{T,\varphi}$	T_{ref}	
$\bar{T}$	0,36	-0,13	-0,02	-0,05	0,37	0,45	0,45
$\mathrm{s}\,(T)$	-0,10	0,02	0,05	-0,03	-0,11	-0,15	-0,15
$\hat{T}$	0,31	-0,12	0,01	-0,06	0,32	0,39	0,39
$\hat{T}_{2\%}$	0,34	-0,13	0,01	-0,06	0,34	0,42	0,42
$\hat{T}_{5\%}$	0,34	-0,13	0,00	-0,06	0,35	0,43	0,43
$\check{T}$	0,31	-0,10	-0,06	-0,01	0,33	0,42	0,42
$\hat{T}_{\mathrm{Hist}}$	0,24	-0,09	0,00	-0,05	0,24	0,30	0,30
$\check{T}_{\mathrm{Hist}}$	0,32	-0,11	-0,01	-0,06	0,32	0,41	0,41
F	-0,00	0,00	0,00	0,00	-0,00	-0,00	-0,00
$f_{22,5\,°\mathrm{C}}$	0,31	-0,11	-0,02	-0,04	0,31	0,39	0,39
$f_{25\,°\mathrm{C}}$	0,32	-0,12	-0,01	-0,05	0,32	0,40	0,40
$f_{27,5\,°\mathrm{C}}$	0,29	-0,12	-0,00	-0,04	0,30	0,36	0,36
$f_{30\,°\mathrm{C}}$	0,28	-0,14	-0,01	-0,03	0,29	0,35	0,35
$f_{31\,°\mathrm{C}}$	0,29	-0,14	-0,01	-0,03	0,31	0,37	0,37
$f_{32\,°\mathrm{C}}$	0,27	-0,13	-0,02	-0,02	0,29	0,35	0,35
$f_{33\,°\mathrm{C}}$	0,22	-0,10	-0,01	-0,01	0,24	0,29	0,29
$f_{34\,°\mathrm{C}}$	0,15	-0,06	-0,01	-0,01	0,16	0,19	0,19
$f_{36\,°\mathrm{C}}$	0,02	-0,01	0,00	-0,00	0,02	0,02	0,02
$f_{0,75}$	0,20	-0,07	-0,04	-0,02	0,21	0,26	0,26
$f_{0,8}$	0,21	-0,07	-0,04	-0,02	0,22	0,27	0,27
$f_{0,85}$	0,22	-0,08	-0,04	-0,02	0,23	0,29	0,29
$f_{0,9}$	0,23	-0,09	-0,04	-0,02	0,24	0,30	0,30
$f_{0,95}$	0,21	-0,10	-0,03	-0,01	0,22	0,28	0,28
α	0,18	-0,13	-0,01	-0,04	0,17	0,17	0,18
β	-0,00	0,00	0,00	-0,01	-0,01	-0,01	-0,01
M_{Ent}	0,18	-0,05	-0,01	-0,04	0,17	0,21	0,21
M_{Ani}	-0,32	0,11	0,05	0,04	-0,33	-0,41	-0,41
$M_{\mathrm{En},0°}$	-0,27	0,10	0,02	0,05	-0,27	-0,33	-0,33
$M_{\mathrm{En},90°}$	-0,27	0,09	0,02	0,05	-0,27	-0,33	-0,33
$M_{\mathrm{Kor},0°}$	0,13	-0,04	-0,01	-0,02	0,13	0,17	0,17
$M_{\mathrm{Kor},90°}$	0,12	-0,04	-0,01	-0,02	0,12	0,15	0,15
$M_{\mathrm{Hom},0°}$	-0,17	0,05	0,00	0,05	-0,16	-0,20	-0,20
$M_{\mathrm{Hom},90°}$	-0,14	0,03	0,00	0,04	-0,14	-0,17	-0,17
$M_{\mathrm{Kon},0°}$	-0,09	0,02	0,07	-0,04	-0,11	-0,15	-0,15
$M_{\mathrm{Kon},90°}$	-0,07	0,03	0,05	-0,04	-0,08	-0,10	-0,10
$\hat{r}_x$	0,36	-0,14	0,07	-0,06	0,37	0,45	

Tabelle 3.5: Korrelationsanalyse der Bildmerkmale zur Bestimmung der klimatischen Einflussfaktoren (quadratisch). Betragsmäßig große Korrelationen sind durch dunklere Schattierungen hervorgehoben.

Merkmal	**Exponent der Einflussgröße**			
N=745550	1	2	3	4
$\bar{T}$	0,46	0,44	0,41	0,38
$\mathrm{s}(T)$	-0,15	-0,16	-0,16	-0,16
$\hat{T}$	0,395	0,36	0,33	0,30
$\hat{T}_{2\%}$	0,42	0,39	0,36	0,33
$\hat{T}_{5\%}$	0,43	0,40	0,37	0,34
$\check{T}$	0,42	0,41	0,39	0,37
$\hat{T}_{\mathrm{Hist}}$	0,30	0,29	0,26	0,23
$\check{T}_{\mathrm{Hist}}$	0,41	0,38	0,35	0,32
F	-0,01	-0,00	-0,00	-0,00
$f_{22,5\,°\mathrm{C}}$	0,39	0,37	0,34	0,31
$f_{25\,°\mathrm{C}}$	0,40	0,39	0,356	0,33
$f_{27,5\,°\mathrm{C}}$	0,36	0,35	0,34	0,32
$f_{30\,°\mathrm{C}}$	0,35	0,35	0,34	0,32
$f_{31\,°\mathrm{C}}$	0,37	0,37	0,37	0,35
$f_{32\,°\mathrm{C}}$	0,35	0,36	0,36	0,36
$f_{33\,°\mathrm{C}}$	0,29	0,30	0,31	0,32
$f_{34\,°\mathrm{C}}$	0,19	0,21	0,22	0,22
$f_{36\,°\mathrm{C}}$	0,02	0,02	0,03	0,03
$f_{0,75}$	0,26	0,25	0,24	0,22
$f_{0,8}$	0,27	0,27	0,25	0,24
$f_{0,85}$	0,29	0,29	0,27	0,26
$f_{0,9}$	0,30	0,30	0,29	0,27
$f_{0,95}$	0,28	0,28	0,28	0,27
α	0,18	0,17	0,16	0,16
β	-0,01	-0,01	-0,02	-0,02
M_{Ent}	0,21	0,18	0,16	0,14
M_{Ani}	-0,41	-0,38	-0,36	-0,32
$M_{\mathrm{En},0°}$	-0,34	-0,31	-0,27	-0,24
$M_{\mathrm{En},90°}$	-0,33	-0,30	-0,27	-0,24
$M_{\mathrm{Kor},0°}$	0,17	0,16	0,14	0,13
$M_{\mathrm{Kor},90°}$	0,15	0,14	0,12	0,11
$M_{\mathrm{Hom},0°}$	-0,20	-0,17	-0,14	-0,12
$M_{\mathrm{Hom},90°}$	-0,17	-0,14	-0,11	-0,10
$M_{\mathrm{Kon},0°}$	-0,15	-0,16	-0,17	-0,17
$M_{\mathrm{Kon},90°}$	-0,10	-0,12	-0,13	-0,13

Tabelle 3.6: Zusammenstellung der größten Korrelation zwischen den Merkmalen und den Einflussgrößen nach untersuchten Regionen aufgeschlüsselt. Betragsmäßig große Korrelationen sind durch dunklere Schattierungen hervorgehoben.

Merkmal	**Klaue li. groß**	**Klaue li. klein**	**Klaue li. Umriss**	**Klaue re. groß**	**Klaue re. klein**	**Klaue re. Umriss**	**Euter li.**	**Schenkelspalt li.**	**Euter re.**	**Schenkelspalt re.**	**Euter ges.**	**Rektum grob**	**Vergleichsflächen**	**Vergleichsfläche**	**Kuh grob**
Datensätze	49693	49579	50157	48993	48083	50157	49891	50157	49886	50157	50155	50157	48844	49484	50157
$\bar{T}$	0,84	0,68	0,73	0,83	0,66	0,75	0,65	0,63	0,65	0,59	0,57	0,75	0,77	0,76	0,85
$s(T)$	-0,16	0,09	-0,37	-0,17	-0,18	-0,29	-0,34	-0,34	-0,32	-0,27	-0,20	-0,56	-0,48	-0,53	-0,65
$\hat{T}$	0,51	0,62	0,51	0,52	0,57	0,55	0,61	0,52	0,61	0,55	0,60	0,59	0,70	0,73	0,57
$\hat{T}_{2\%}$	0,55	0,63	0,54	0,57	0,58	0,59	0,63	0,53	0,62	0,57	0,64	0,66	0,73	0,74	0,69
$\hat{T}_{5\%}$	0,57	0,64	0,55	0,59	0,60	0,60	0,64	0,54	0,63	0,58	0,66	0,67	0,73	0,74	0,71
$\check{T}$	0,92	0,70	0,87	0,91	0,69	0,87	0,58	0,60	0,51	0,58	0,59	0,83	0,86	0,78	0,51
$\hat{T}_{\mathrm{Hist}}$	0,40	0,54	0,28	0,44	0,44	0,37	0,36	0,07	0,30	0,31	0,53	0,40	0,54	0,73	-0,07
$\check{T}_{\mathrm{Hist}}$	0,46	0,60	0,46	0,47	0,54	0,53	0,65	0,54	0,64	0,60	0,66	0,67	0,72	0,73	0,62
F	–	-0,06	0,07	–	-0,05	-0,11	0,09	0,14	-0,05	0,05	-0,09	-0,07	-0,12	–	-0,07
$f_{22,5\,°C}$	0,72	0,61	0,67	0,71	0,60	0,68	0,30	0,46	0,34	0,43	0,29	0,55	0,56	0,56	0,81
$f_{25\,°C}$	0,67	0,60	0,64	0,66	0,60	0,65	0,37	0,54	0,40	0,52	0,30	0,64	0,67	0,65	0,82
$f_{27,5\,°C}$	0,53	0,51	0,52	0,52	0,50	0,53	0,45	0,61	0,48	0,57	0,39	0,72	0,74	0,70	0,81
$f_{30\,°C}$	0,27	0,24	0,27	0,23	0,21	0,24	0,65	0,63	0,64	0,55	0,62	0,75	0,69	0,56	0,78
$f_{31\,°C}$	0,15	0,12	0,15	0,09	0,09	0,11	0,70	0,59	0,68	0,52	0,68	0,72	0,59	0,43	0,75
$f_{32\,°C}$	0,05	0,03	0,04	0,02	0,02	0,03	0,63	0,52	0,63	0,45	0,65	0,63	0,44	0,26	0,66
$f_{33\,°C}$	0,02	0,01	0,01	0,01	0,01	0,01	0,47	0,45	0,50	0,37	0,53	0,49	0,25	0,12	0,52
$f_{34\,°C}$	0,01	0,01	0,01	0,01	0,01	0,01	0,27	0,36	0,32	0,26	0,37	0,29	0,09	0,04	0,34
$f_{36\,°C}$	–	–	–	–	–	–	0,03	0,05	0,03	0,02	0,05	0,03	0,01	0,01	0,05
$f_{0,75}$	0,68	0,32	0,65	0,66	0,38	0,63	0,24	0,40	0,29	0,24	0,15	0,59	0,48	0,33	0,79
$f_{0,8}$	0,67	0,34	0,63	0,65	0,41	0,63	0,27	0,47	0,31	0,29	0,19	0,63	0,54	0,43	0,77
$f_{0,85}$	0,64	0,37	0,59	0,62	0,44	0,60	0,33	0,54	0,35	0,39	0,29	0,66	0,58	0,52	0,74
$f_{0,9}$	0,56	0,40	0,51	0,53	0,47	0,53	0,44	0,56	0,43	0,47	0,47	0,64	0,60	0,58	0,67
$f_{0,95}$	0,41	0,40	0,37	0,38	0,45	0,41	0,47	0,48	0,43	0,50	0,45	0,50	0,62	0,60	0,48
α	0,25	0,31	0,37	0,30	0,30	0,39	0,05	0,15	0,07	0,09	0,06	-0,06	0,08	-0,11	0,32
β	-0,21	0,07	-0,09	0,13	-0,10	-0,11	-0,02	-0,14	-0,05	0,11	-0,05	-0,10	-0,06	-0,28	0,11
M_{Ent}	0,79	0,48	0,53	0,78	0,39	0,57	-0,38	-0,27	-0,32	0,04	0,26	-0,56	-0,52	-0,52	0,27
M_{Ani}	-0,85	-0,58	-0,65	-0,84	-0,54	-0,68	-0,13	-0,31	-0,12	-0,41	-0,56	-0,46	-0,29	-0,29	-0,71
$M_{\mathrm{En},0°}$	-0,72	-0,54	-0,50	-0,69	-0,47	-0,54	-0,06	-0,18	-0,03	-0,34	-0,46	-0,06	0,11	0,07	-0,41
$M_{\mathrm{En},90°}$	-0,71	-0,53	-0,49	-0,69	-0,45	-0,53	-0,07	-0,16	0,04	-0,34	-0,46	-0,05	0,12	0,07	-0,41
$M_{\mathrm{Kor},0°}$	0,23	0,47	0,22	0,22	0,32	0,26	-0,07	0,14	-0,05	0,23	0,19	0,40	0,32	0,20	0,34
$M_{\mathrm{Kor},90°}$	0,27	0,49	0,27	0,27	0,37	0,32	-0,08	0,12	0,07	0,14	0,14	-0,55	-0,37	0,09	-0,31
$M_{\mathrm{Hom},0°}$	-0,79	-0,48	-0,57	-0,77	-0,40	-0,60	0,46	0,24	0,42	-0,05	-0,18	0,62	0,63	0,59	-0,19
$M_{\mathrm{Hom},90°}$	-0,79	-0,49	-0,55	-0,77	-0,41	-0,60	0,55	0,40	0,52	0,15	0,07	0,60	0,65	0,57	-0,24
$M_{\mathrm{Kon},0°}$	-0,14	0,09	0,14	-0,16	0,11	-0,14	-0,26	-0,35	-0,26	-0,23	-0,30	-0,61	-0,42	-0,46	-0,53
$M_{\mathrm{Kon},90°}$	-0,17	-0,10	-0,24	-0,15	-0,19	-0,16	-0,21	-0,23	-0,13	-0,27	-0,40	0,12	0,21	-0,39	-0,20

eine Beobachtung im Versuchsbetrieb Methau bestätigt werden. Durch eine betriebliche Störung verweilte ein Tier ca. 30 min in der Aufnahmeposition. Dabei konnte keine Akklimatisierung beobachtet werden. Für andere bauliche und betriebliche Gegebenheiten ist dies erneut zu prüfen.

3.2.3 Analysebedingte Abweichungen

Als analysebedingte Abweichungen werden alle Einflüsse, die sich aus der Verarbeitung der Daten ergeben, zusammengefasst. Wesentlichen Einfluss hat dabei die Segmentierung. Die Merkmalsberechnung selbst wirkt indirekt, da sie die Empfindlichkeit gegen andere Einflüsse bestimmt. Die Auswirkung der Merkmalsberechnung kann hier nicht direkt quantifiziert werden. Eine Bewertung erfolgt daher im Rahmen der Messunsicherheitsanalyse im Kapitel 4.

Auch der Einfluss der Segmentierung lässt sich nicht direkt aus den Verfahren ableiten. Die für die Bewertung und Optimierung der Bildverarbeitung genutzten Qualitätskenngrößen sind ebenfalls nicht geeignet, da die Wirkung der Segmentierung auf die errechneten Merkmale von folgenden Einflüssen abhängt:

- Verteilung der Temperaturwerte innerhalb der Segmentierung,
- Lage und Position der Segmentierungsabweichung (Rand, Löcher, etc.) und
- Größe der Segmentierungsabweichung im Vergleich zur Größe der Region.

Da diese Einflüsse für jedes Bild und jede Region $\mathcal{R}$ unterschiedlich sind, wird eine statistische Modellierung vorgeschlagen. Für die Entwicklung der Diagnosealgorithmen von Passarge [136] wurden manuelle Segmentierungen für mehr als 10.000 IR-Aufnahmen erstellt. Diese werden als manuelle Referenzsegmentierung $\mathcal{R}_{\text{man}}$ genutzt. Die manuell erstellten Regionen stimmen nicht exakt mit den automatischen Segmentierungen überein, da diese nicht speziell für diesen Zweck erstellt wurden. Bei der Erstellung der manuellen Segmentierungen wurde jedoch berücksichtigt, dass auch manuelle Segmentierungen Schwankungen (bei Wiederholung bzw. für unterschiedliche Personen) unterworfen sind. Um diese individuellen Einflüsse zu minimieren, wurden mehr als zehn Personen beteiligt und vor der manuellen Segmentierung in gleicher Weise eingewiesen. Die Erstellung mehrerer manueller Segmentierungen durch verschiedene Personen war aufgrund des hohen Aufwands jedoch nicht möglich.

Die Erstellung der automatisch segmentierten Regionen erfolgt in Anlehnung an die manuell definierten Flächen. Sie können jedoch prozessbedingt nicht in gleicher Weise definiert werden. So werden z. B. Sicherheitsabstände zur Vermeidung von Fehlsegmentierungen nötig. Dies führt dazu, dass die automatisch bestimmten Regionen von Euter und Vergleichsflächen kleiner sind als die manuell bestimmten. Die automatische Segmentierung ermöglicht die Erstellung mehrerer unterschiedlicher Regionen eines anatomischen Objekts, so wurden von den Klauen zwei unterschiedlich große Regionen erzeugt.

Für die Bewertung des Segmentierungseinflusses werden die Merkmale der manuellen und automatischen Segmentierung verglichen. Die Quantifizierung erfolgt anhand der relativen Bildmerkmalsdifferenz $\delta_{M,\mathcal{R}}$:

$$\delta_{M,\mathcal{R}} = \frac{M\left(\mathcal{R}\right) - M\left(\mathcal{R}_{\mathrm{man}}\right)}{\left|\bar{M}\left(\mathcal{R}_{\mathrm{man}}\right)\right|}. \tag{3.29}$$

Zur Charakterisierung der Segmentierungsabweichung werden für n Bildsequenzen der Mittelwert $\bar{\delta}_{M,\mathcal{R}}$ und die Streuung $\mathrm{s}\left(\delta_{M,\mathcal{R}}\right)$ berechnet.

In den Tabellen 3.7 und 3.8 sind die Mittelwerte und die Streuungen der relativen Segmentierungsabweichung für ausgewählte Regionen zusammengestellt. Es zeigt sich, dass die Temperaturmerkmale $\bar{T}$, $\hat{T}$, $\hat{T}_{2\%}$, $\hat{T}_{5\%}$, $\hat{T}_{\mathrm{Hist}}$ und $\check{T}_{\mathrm{Hist}}$ geringe mittlere Abweichungen und Streuungen von weniger als 1,2 % aufweisen und damit besonders robust gegen Segmentierungsabweichungen sind. Die deutlichen Abweichungen der Temperaturstreuung $\mathrm{s}\left(T\right)$ sind durch die unterschiedlichen Größen der Segmentierungen (vgl. Merkmale F in Tabelle 3.7) erklärbar. Ebenfalls vergleichsweise niedrige Abweichungen und Streuungen liefern die Anisotropie M_{Ani} und für das Euter und die Vergleichsfläche die Homogenität M_{Hom}, die Korrelation M_{Kor} sowie die relativen Flächenanteile $f_{0,75} \ldots f_{0,9}$.

Anmerkung: Die hier angeführte Untersuchung beschreibt den Einfluss von Segmentierungsänderungen im Rahmen visuell als gültig bewerteter Segmentierungen. Die Auswirkung von Fehlsegmentierungen werden damit nicht beschrieben.

3.3 Zusammenfassung

Aus der Literatur bekannte Arbeiten nutzen in der Regel zwei IR-Merkmale, die mittlere Temperatur $\bar{T}$ und die Maximaltemperatur $\hat{T}$. Weitere Merkmale werden nur vereinzelt verwendet. Ein systematischer Vergleich verschiedener Merkmale ist nicht bekannt. Aus früheren Veröffentlichungen geht hervor, dass es zahlreiche Einflussgrößen auf die IR-Merkmale gibt. Eine Quantisierung oder Korrektur ist ausschließlich für die Hintergrundstrahlung, durch Berücksichtigung von Umgebungstemperatur und Emissionsgrad, bekannt. Einflüsse, wie die Umgebungstemperatur und der Rhythmus der Körpertemperatur, werden benannt und z. T. durch Gruppenbildung bei der Diagnose berücksichtigt.

Tabelle 3.7: Mittelwert der relativen Segmentierungsabweichung $\bar{\delta}_{M,\mathcal{R}}$; N_s Sequenzanzahl, $N_{m/a}$ Anzahl manueller/automatischer Segmentierungen, dunkle Schattierung bei größeren Mittelwerten.

Merkmal	**Klaue li. klein** $N_s = 1842$ $N_{m/a} = 9190/28742$	**Klaue li. Umriss** $N_s = 1842$ $N_{m/a} = 9190/28742$	**Klaue re. klein** $N_s = 1951$ $N_{m/a} = 9735/37699$	**Klaue re. Umriss** $N_s = 1951$ $N_{m/a} = 9735/37699$	**Euter li.** $N_s = 1428$ $N_{m/a} = 7118/25186$	**Euter re.** $N_s = 1414$ $N_{m/a} = 7043/24931$	**Vergleichsfläche** $N_s = 2092$ $N_{m/a} = 10441/29963$
$\bar{T}$	−0,003	−0,007	−0,004	−0,008	−0,001	−0,002	0,001
$\mathrm{s}\,(T)$	1,0	2,31	1,2	2,44	0,6	1,0	−0,13
$\hat{T}$	0,001	0,002	0,000	0,002	−0,000	−0,000	−0,000
$\hat{T}_{2\%}$	0,000	0,001	0,000	0,001	−0,000	−0,000	−0,000
$\hat{T}_{5\%}$	0,000	0,000	−0,000	0,000	−0,000	−0,000	0,000
$\check{T}$	0,001	0,003	0,001	0,003	0,001	0,001	0,001
$\check{T}_{2\%}$	0,001	0,001	0,001	0,001	0,001	0,001	0,001
$\check{T}_{5\%}$	0,001	0,001	0,001	0,001	0,001	0,001	0,001
$\hat{T}_{\mathrm{Hist}}$	0,010	0,017	0,012	0,019	0,003	0,006	0,002
$\check{T}_{\mathrm{Hist}}$	0,000	−0,000	−0,000	−0,000	−0,000	−0,000	0,001
F	0,33	4,4	0,16	4,6	−0,37	−0,28	−0,44
$f_{22,5\,°\mathrm{C}}$	−0,05	−0,10	−0,06	−0,12	−0,017	−0,025	0,004
$f_{25\,°\mathrm{C}}$	−0,07	−0,16	−0,09	−0,18	−0,022	−0,036	0,012
$f_{27,5\,°\mathrm{C}}$	−0,10	−0,25	−0,13	−0,27	−0,030	−0,05	0,02
$f_{30\,°\mathrm{C}}$	−0,11	−0,33	−0,14	−0,34	−0,04	−0,07	0,04
$f_{31\,°\mathrm{C}}$	−0,10	−0,35	−0,14	−0,36	−0,05	−0,08	0,08
$f_{32\,°\mathrm{C}}$	−0,08	−0,37	−0,13	−0,37	−0,04	−0,09	0,09
$f_{33\,°\mathrm{C}}$	−0,04	−0,4	−0,11	−0,34	−0,03	−0,10	0,0
$f_{34\,°\mathrm{C}}$	0,0	−0,3	−0,1	−0,3	−0,00	−0,07	0,1
$f_{0,75}$	−0,06	−0,17	−0,09	−0,19	−0,024	−0,039	0,004
$f_{0,8}$	−0,10	−0,24	−0,12	−0,27	−0,029	−0,05	0,010
$f_{0,85}$	−0,12	−0,32	−0,15	−0,35	−0,037	−0,06	0,022
$f_{0,9}$	−0,15	−0,42	−0,17	−0,44	−0,06	−0,09	0,05
$f_{0,95}$	−0,16	−0,60	−0,19	−0,61	−0,01	−0,07	0,22
α	6	4,6	16	5	−3,1	−2,9	−0,6
β	1,1	1,0	−1,2	−0,9	−0,0	−0,0	2,0
M_{Ent}	0,11	0,34	0,10	0,35	0,00	0,02	−0,056
M_{Ani}	−0,008	−0,016	−0,000	−0,011	−0,003	−0,008	−0,015
$M_{\mathrm{En},0°}$	−0,30	−0,74	−0,2	−0,7	0,5	0,7	0,3
$M_{\mathrm{En},90°}$	−0,33	−0,73	−0,2	−0,7	0,5	0,7	0,32
$M_{\mathrm{Kor},0°}$	0,06	0,125	0,061	0,120	−0,006	−0,01	−0,029
$M_{\mathrm{Kor},90°}$	0,11	0,26	0,15	0,32	−0,007	−0,002	−0,014
$M_{\mathrm{Hom},0°}$	−0,05	−0,20	−0,08	−0,23	−0,021	−0,07	0,04
$M_{\mathrm{Hom},90°}$	−0,04	−0,10	−0,08	−0,13	−0,015	−0,05	0,04
$M_{\mathrm{Kon},0°}$	1,0	2,2	1,6	2,5	1,1	1,8	−0,1
$M_{\mathrm{Kon},90°}$	1,2	1,2	1,2	0,9	0,9	1,4	−0,3

Tabelle 3.8: Streuung der relativen Segmentierungsabweichung $\mathrm{s}(\delta_{M,\mathcal{R}})$; N_s Sequenzanzahl, $N_{m/a}$ Anzahl manueller/automatischer Segmentierungen, dunkle Schattierung bei größerer Streuung.

Merkmal	**Klaue li. klein** $N_s = 1842$ $N_{m/a} = 9190/28742$	**Klaue li. Umriss** $N_s = 1842$ $N_{m/a} = 9190/28742$	**Klaue re. klein** $N_s = 1951$ $N_{m/a} = 9735/37699$	**Klaue re. Umriss** $N_s = 1951$ $N_{m/a} = 9735/37699$	**Euter li.** $N_s = 1428$ $N_{m/a} = 7118/25186$	**Euter re.** $N_s = 1414$ $N_{m/a} = 7043/24931$	**Vergleichsfläche** $N_s = 2092$ $N_{m/a} = 10441/29963$
$\bar{T}$	0,0049	0,0045	0,0059	0,0050	0,0040	0,0051	0,0025
$\mathrm{s}(T)$	1,06	0,837	1,21	0,876	1,44	1,53	0,408
$\hat{T}$	0,0030	0,0031	0,0032	0,0031	0,0020	0,0024	0,0023
$\hat{T}_{2\%}$	0,0030	0,0028	0,0032	0,0029	0,0017	0,0022	0,0023
$\hat{T}_{5\%}$	0,0030	0,0027	0,0032	0,0029	0,0016	0,0022	0,0022
$\breve{T}$	0,0028	0,0029	0,0032	0,0032	0,0024	0,0025	0,0028
$\breve{T}_{2\%}$	0,0027	0,0026	0,0031	0,0030	0,0021	0,0023	0,0028
$\breve{T}_{5\%}$	0,0027	0,0025	0,0032	0,0030	0,0019	0,0021	0,0027
$\hat{T}_{Hist}$	0,0117	0,0111	0,0117	0,0109	0,0066	0,0082	0,0048
$\breve{T}_{Hist}$	0,0040	0,0030	0,0044	0,0041	0,0017	0,0020	0,0025
F	0,517	1,36	0,466	1,31	0,394	0,448	0,244
$f_{22,5\,°\mathrm{C}}$	0,124	0,139	0,143	0,149	0,0566	0,0737	0,0383
$f_{25\,°\mathrm{C}}$	0,153	0,168	0,177	0,178	0,0687	0,0892	0,0681
$f_{27,5\,°\mathrm{C}}$	0,187	0,187	0,218	0,204	0,0844	0,110	0,117
$f_{30\,°\mathrm{C}}$	0,241	0,277	0,280	0,292	0,114	0,140	0,190
$f_{31\,°\mathrm{C}}$	0,292	0,373	0,330	0,381	0,128	0,158	0,296
$f_{32\,°\mathrm{C}}$	0,412	0,564	0,445	0,542	0,159	0,189	0,566
$f_{33\,°\mathrm{C}}$	0,747	1,04	0,753	0,953	0,227	0,262	1,17
$f_{34\,°\mathrm{C}}$	2,16	2,82	2,05	2,28	0,405	0,494	2,78
$f_{0,75}$	0,115	0,130	0,140	0,141	0,0685	0,0882	0,0287
$f_{0,8}$	0,138	0,128	0,161	0,132	0,0776	0,101	0,0573
$f_{0,85}$	0,161	0,138	0,183	0,138	0,0919	0,117	0,0939
$f_{0,9}$	0,196	0,165	0,219	0,175	0,131	0,154	0,152
$f_{0,95}$	0,312	0,310	0,335	0,319	0,371	0,365	0,358
α	12,4	7,30	27,3	14,4	9,59	6,65	6,45
β	2,62	2,22	4,17	2,66	1,83	3,14	3,84
M_{Ent}	0,129	0,104	0,131	0,107	0,105	0,127	0,0940
M_{Ani}	0,0583	0,0636	0,0633	0,0673	0,0622	0,0728	0,0579
$M_{En,0°}$	0,641	0,698	1,75	1,48	1,84	2,95	1,36
$M_{En,90°}$	0,630	0,723	1,95	1,63	1,87	2,85	0,473
$M_{Kor,0°}$	0,108	0,0987	0,0990	0,0867	0,0817	0,117	0,0799
$M_{Kor,90°}$	0,195	0,161	0,231	0,190	0,0844	0,0986	0,0596
$M_{Hom,0°}$	0,179	0,213	0,189	0,213	0,0968	0,133	0,134
$M_{Hom,90°}$	0,197	0,225	0,222	0,243	0,0970	0,126	0,120
$M_{Kon,0°}$	1,68	1,62	2,22	1,76	3,15	3,34	1,07
$M_{Kon,90°}$	1,69	1,29	1,66	1,07	2,39	2,57	1,10

In der vorliegenden Arbeit werden IR-Bildmerkmale systematisch zusammengestellt und um neue Merkmale, wie die Flächenanteile f_{T_d} und f_d, erweitert. Dieser Satz von IR-Merkmalen wird von der Bildverarbeitung für jede untersuchte Region automatisch berechnet. Damit ist erstmals eine vergleichbare, systematische Bewertung einer Vielzahl von IR-Merkmalen hinsichtlich der diagnostischen Eignung möglich, auch wenn diese nicht Kern der vorliegenden Arbeit ist.

Darüber hinaus liefert die Arbeit erstmals eine systematische Analyse der Einflussfaktoren. Diese werden in tier-, umgebungs- und analysebedingte Einflüsse eingeteilt.

Die tierbedingten Einflussfaktoren können nur teilweise quantifiziert werden. Offen ist vor allem der Einfluss des Rhythmus der Körpertemperatur. Die durchgeführten Analysen zeigen eine starke tierindividuelle Ausprägung des Tagesrhythmus. Für eine Modellierung und Aussagen über längerfristige Rhythmen (z. B. Laktation) sind weitere Untersuchungen notwendig. Um die Auswirkungen des nachgewiesenen Effekts zu reduzieren, werden die Tiere zu definierten Tageszeiten vermessen. Die Ergebnisse nicht vergleichbarer Melkzeiten (früh/spät) wurden getrennt analysiert.

Unter den umgebungsbedingten Einflüssen konnten die klimatischen Bedingungen als wesentlich identifiziert werden. Eine eingehende Analyse zeigt, dass der Einfluss spezifisch für die verschiedenen Merkmale und anatomischen Regionen ist. Entsprechend wird eine separate Modellierung der Merkmale verschiedener Regionen vorgeschlagen. Das Modell nutzt einen linearen Ansatz und bezieht die korrigierten Größen auf klimatische Vergleichsbedingungen. Modelle höherer Ordnungen erzielen keine nennenswerte Verbesserung. Für den praktischen Einsatz wird ein lineares Modell unter Nutzung der Umgebungstemperatur und des Temperatur-Feuchte-Index empfohlen. Dieses deckt mehr als 95 % der klimabedingten Einflüsse ab (Tabelle A.4). Der Einfluss von Entfernung und Winkel konnte durch eine optimierte Messkonfiguration deutlich gesenkt werden (Abschnitt 4.1). Der in der Literatur diskutierte Einfluss der Fellfarbe und der Akklimatisierung konnte in der vorliegenden Untersuchung nicht bestätigt werden. Es wird aber angenommen, dass sich nachweisbare Unterschiede ergeben, wenn die Tiere starken Strahlungsquellen (z. B. direkter Sonneneinstrahlung) ausgesetzt sind.

Die Segmentierung als analysebedingter Einfluss wirkt sich sehr unterschiedlich auf die einzelnen Merkmale aus. Die Temperaturmerkmale (dazu zählen auch die gängigen Merkmale $\bar{T}$ und $\hat{T}$) zeigen nur geringe segmentierungsbedingte Abweichungen.

Für eine abschließende Bewertung der Merkmale werden diese heuristisch nach Einflussstärke in drei Bewertungsstufen unterteilt (Tabelle 3.9). Die Ergebnisse der Einflussanalyse sind in Tabelle 3.10 zusammengefasst. Aus der Wertungssumme der Merkmale lässt sich eine Rangfolge der Merkmale hinsichtlich ihrer Robustheit ableiten. Es wird daher vorgeschlagen, dies bei der Prüfung der diagnostischen Eignung zu berücksichtigen. Als besonders robust werden $\bar{T}$, $\hat{T}$, $\hat{T}_{2\%}$, $\hat{T}_{Hist}$, $\check{T}_{Hist}$, $M_{Kor,0°}$ und $M_{Kor,90°}$, gefolgt von $\mathrm{s}(T)$, $\hat{T}_{5\%}$, $f_{0,75}$, $f_{0,8}$, $f_{0,85}$ und M_{Ent} bewertet. Verallgemeinert wird festgestellt:

- Die Temperaturmerkmale (als Teil der histogrammbasierten Merkmale) weisen eine vergleichsweise hohe Robustheit auf.
- Die relativen Flächenanteile sind robuster als die isothermen Flächenanteile.

Die in der Literatur vorherrschende Meinung, dass bildrelative Merkmale, wie Temperaturdifferenzen oder -muster, nicht von den bekannten Einflussfaktoren abhängig sind, kann nicht bestätigt werden. Der nachgewiesene Einfluss der Umgebungsbedingungen wirkt sich unterschiedlich auf die verschiedenen Regionen aus. Es wird empfohlen, diese Abhängigkeit durch ein geeignetes Korrekturmodell zu berücksichtigen oder quantitative Vergleiche auf gleiche anatomische Objekte zu beschränken.

Durch den Einsatz der automatischen Bildverarbeitung konnte erstmals eine große Datenbasis einbezogen werden[2]. Zudem wurden die Untersuchungen unter praktischen Einsatzbedingungen in zwei unabhängigen Versuchsbetrieben durchgeführt. Es wird daher angenommen, dass die bei der Einflussanalyse aufgezeigten Trends verallgemeinert werden können.

Tabelle 3.9: Bewertungsstufen für die Zusammenfassung der Einflussanalysen

Einfluss / bewertete Größe	**Bewertungsstufe**			**Bezug**
Bewertung	$\oplus$	$\odot$	$\ominus$	
Einfluss der Störgröße ist	gering	mittel	stark	
Signifikante Unterschiede bei Verschmutzung und Feuchte	keine	eins	beide	Tabelle 3.2
Entfernung und Winkel / $\delta_{d,\alpha}$	$[0; 5\,\%)$	$[5\,\%; 10\,\%)$	$[10\,\%; \infty]$	Tabelle 3.3
klimatische Einflüsse / $\hat{r}_M$	$[0; 0{,}15)$	$[0{,}15; 0{,}3)$	$[0{,}3; \infty]$	Tabelle 3.4
Segmentierungseinflüsse / $\mathrm{s}(\delta_{M,\mathcal{R}})$	$[0; 1\,\%)$	$[1\,\%; 15\,\%)$	$[15\,\%; \infty]$	Tabelle 3.8

2 Bisherige veterinäre IRT-Untersuchungen basierten auf wenigen hundert Datensätzen.

Tabelle 3.10: Zusammenfassung der einzelnen Einflussanalysen für die IR-Bildmerkmale. Bewertung des Einflüsse $\oplus$ ... gering, $\odot$ ... mittel, $\ominus$ ... stark, geklammerte Werte sind nur bedingt vergleichbar.

Merkmal	**Einflussgröße**				**Summe**
	Klimatische Einflüsse	Entfernung und Winkel	Verschmutzung und Feuchte	Segmentierungs-abweichung	
$\bar{T}$	$\ominus$	$\oplus$	$\oplus$	$\oplus$	$\oplus\oplus$
$\mathrm{s}(T)$	$\oplus$	$\odot$	$\odot$	$(\ominus)$	$\oplus$ bzw. $(\odot)$
$\hat{T}$	$\ominus$	$\oplus$	$\oplus$	$\oplus$	$\oplus\oplus$
$\hat{T}_{2\%}$	$\ominus$	$\oplus$	$\oplus$	$\oplus$	$\oplus\oplus$
$\hat{T}_{5\%}$	$\ominus$	$\oplus$	$\odot$	$\oplus$	$\oplus$
$\check{T}$	$\ominus$	$\oplus$			$\odot$
$\hat{T}_{\mathrm{Hist}}$	$\odot$	$\oplus$	$\odot$	$\oplus$	$\oplus\oplus$
$\check{T}_{\mathrm{Hist}}$	$\ominus$	$\oplus$	$\oplus$	$\oplus$	$\oplus\oplus$
F	$\oplus$	$\odot$		$\ominus$	$\odot$
$f_{22,5\,°\mathrm{C}}$	$\ominus$	$\oplus$	$\ominus$	$\odot$	$\ominus$
$f_{25\,°\mathrm{C}}$	$\ominus$	$\oplus$	$\ominus$	$\odot$	$\ominus$
$f_{27,5\,°\mathrm{C}}$	$\ominus$	$\oplus$	$\odot$	$\ominus$	$\ominus$
$f_{30\,°\mathrm{C}}$	$\ominus$	$\odot$	$\odot$	$\ominus$	$\ominus\ominus$
$f_{31\,°\mathrm{C}}$	$\ominus$	$\odot$		$\ominus$	$\ominus\ominus$
$f_{32\,°\mathrm{C}}$	$\ominus$	$\ominus$		$\ominus$	$\ominus\ominus\ominus$
$f_{33\,°\mathrm{C}}$	$(\odot)$	$\ominus$	$\odot$	$\ominus$	$\ominus\ominus$
$f_{34\,°\mathrm{C}}$	$(\odot)$	$\ominus$	$\odot$	$\ominus$	$\ominus\ominus$
$f_{36\,°\mathrm{C}}$	$(\oplus)$	$\ominus$			$\ominus$ bzw. $(\odot)$
$f_{0,75}$	$\odot$	$\oplus$		$\odot$	$\oplus$
$f_{0,8}$	$\odot$	$\oplus$		$\odot$	$\oplus$
$f_{0,85}$	$\odot$	$\oplus$		$\odot$	$\oplus$
$f_{0,9}$	$\ominus$	$\odot$		$\ominus$	$\ominus\ominus$
$f_{0,95}$	$\odot$	$\odot$		$\ominus$	$\ominus$
α	$\odot$	$\ominus$	$\oplus$	$\ominus$	$\ominus$
β	$\oplus$	$\ominus$	$\odot$	$\ominus$	$\ominus$
M_{Ent}	$\odot$	$\oplus$		$\odot$	$\oplus$
M_{Ani}	$\ominus$	$\oplus$		$\odot$	$\odot$
$M_{\mathrm{En},0°}$	$\ominus$	$\ominus$		$\ominus$	$\ominus\ominus\ominus$
$M_{\mathrm{En},90°}$	$\ominus$	$\ominus$		$\ominus$	$\ominus\ominus\ominus$
$M_{\mathrm{Kor},0°}$	$\oplus$	$\oplus$		$\odot$	$\oplus\oplus$
$M_{\mathrm{Kor},90°}$	$\oplus$	$\oplus$		$\odot$	$\oplus\oplus$
$M_{\mathrm{Hom},0°}$	$\odot$	$\odot$		$\ominus$	$\ominus$
$M_{\mathrm{Hom},90°}$	$\odot$	$\oplus$		$\ominus$	$\odot$
$M_{\mathrm{Kon},0°}$	$\oplus$	$\ominus$		$\ominus$	$\ominus$
$M_{\mathrm{Kon},90°}$	$\oplus$	$\ominus$		$\ominus$	$\ominus$

4 Infrarotkamerabasierte Temperaturmessung

Wie in den Ausführungen zum Stand der Technik in Abschnitt 1.2 bereits erläutert wurde, sind bisher keine quantitativen Aussagen zur Messunsicherheit von veterinären IRT-Messungen bekannt. Entsprechende Aussagen wären jedoch relevant, denn die aus den Temperaturbildern ermittelten (Temperatur-)Merkmale sollen für diagnostische Zwecke genutzt werden.

Diagnostisch relevante Temperaturdifferenzen werden in der Literatur mit (0,5 ... 1,5) K angegeben. Diese Temperaturdifferenzen liegen jedoch bereits im Bereich typischer Messunsicherheiten von unter Laborbedingungen eingesetzten, ungekühlten, kalibrierten IR-Kameras ((1,5 ... 2) K, vgl. Tabelle 1.2, Seite 5).

Im folgenden Kapitel wird deshalb die infrarotkamerabasierte Temperaturmessung unter praktischen Einsatzbedingungen messtechnisch analysiert. Darauf aufbauend werden Optimierungsmaßnahmen vorgeschlagen, nach deren Realisierung, eine für diagnostische Zwecke erforderliche Messgenauigkeit erreicht wird.

Die systematische Analyse der Messunsicherheit der infrarotkamerabasierten Temperaturmessung wird nach dem international standardisierten Schema gemäß DIN 1319[1] durchgeführt [123–125]. Das Schema umfasst folgende Teilschritte:

- Aufstellen des Messmodells mit allen Eingangsgrößen (Abschnitt 4.2),
- Bestimmung der Eingangsgrößen (Abschnitt 4.3) und
- Berechnung des vollständigen Messergebnisses (Abschnitte 4.4 bis 4.7).

Das vollständige Messergebnis setzt sich aus einem Messergebnis y und dessen Messunsicherheit $u(y)$ zusammen. Für die Ermittlung der Messgröße y, aus den Eingangsgrößen $x_1, \ldots, x_m$, kann hier eine explizite Modellfunktionen [124] der Form

$$y = g(x_1, \ldots, x_m) \tag{4.1}$$

1 Analog wird im englischen Sprachraum der *Guide to the Expression of Uncertainty in Measurement – GUM* [167] genutzt.

verwendet werden. Die Messunsicherheit wird gemäß [124] aus den partiellen Ableitungen der Modellfunktion und den einzelnen Unsicherheiten der Eingangsgrößen ermittelt:

$$u(y)^2 = \sum_{i=1}^{m} \sum_{k=1}^{m} \frac{\partial g(x_1, \ldots, x_m)}{\partial x_i} \frac{\partial g(x_1, \ldots, x_m)}{\partial x_k} u\,(x_i, x_k). \tag{4.2}$$

Im Abschnitt 4.2 werden zunächst die Modellfunktionen für die unreferenzierte und die referenzierte Messung aufgestellt. Dabei werden neben der Strahlungstemperaturmessung erstmals weitere Einflussfaktoren auf die Oberflächentemperatur und die Segmentierung berücksichtigt. Die Berechnungen werden exemplarisch für typische Bedingungen durchgeführt. Die Zahlenwerte der zugehörigen Eingangsgrößen sind in Abschnitt 4.3 zusammengestellt. In den Abschnitten 4.4 bis 4.7 werden die Messergebnisse für die Beispielrechnungen bestimmt. Zusätzlich werden die wesentlichen Einflussfaktoren untersucht und eine optimierte Messkonfiguration ermittelt.

Vor der eigentlichen messtechnischen Analyse werden im Abschnitt 4.1 zunächst die Randbedingungen der veterinären Infrarotthermographie erläutert und daraus die Messkonfiguration abgeleitet.

4.1 Randbedingungen und Messkonfiguration

Eine wesentliche Zielstellung der vorliegenden Arbeit ist die Entwicklung eines automatischen IRT-Messsystems für den Einsatz in der betrieblichen Praxis. Dabei sind zum einen die Randbedingungen der betrieblichen Gegebenheiten zu berücksichtigen. Zum anderen sind die im Stand der Technik als kritisch bewerteten Einflussgrößen, wie die wechselnden klimatischen Bedingungen, die Messentfernung und der Messwinkel, zu berücksichtigen. Im Folgenden werden diese Randbedingungen zunächst erläutert. Anschließend werden geeignete Messkonfigurationen diskutiert.

Es ist erklärter Wunsch, dass die Messung keine Eingriffe in den betrieblichen Ablauf erfordert, die mit einer Beeinträchtigung der Tiere oder der Bindung von Arbeitskraft verbunden sind. Als besonders sensibel gelten das Melken, die Fütterung und das Zutreiben der Tiere zum Melken, da sich Eingriffe hier mit hoher Wahrscheinlichkeit negativ auswirken. Die in der Literatur beschriebene Fixierungen der Tiere und die manuelle Zuführung der Tiere zu den Messungen sind damit ausgeschlossen. Die Infrarotthermographie bietet als kontaktloses und rückwirkungsfreies Messprinzip jedoch die Möglichkeit, auch in diesen sensiblen Phasen zu messen.

Die Einflussgrößen der veterinäre IRT-Messung wurden in Abschnitt 3.2 bereits untersucht. Zum Zweck der Analyse wurden die klimatischen Einflussgrößen (Umgebungstemperatur T_{amb}, relative Luftfeuchte φ, Luftdruck p und Luftgeschwindigkeit v) messtechnisch erfasst. Für die Referenzierung wurde zusätzlich ein Vergleichsstrahler im Bildbereich der IR-Kamera platziert, dessen Temperatur T_{ref} gemessen wird. Die Details zur verwendeten Messtechnik sind im Abschnitt 4.1.3 zusammengestellt. Die Modellierung des Einflusses von Messentfernung und Messwinkel setzt komplexe 3D-Modelle voraus. Sie in der Praxis zu erfassen, bedeutet einen erheblichen technischen Aufwand. Zweckmäßiger ist es, die Messentfernung und den Messwinkel konstant zuhalten.

Als IR-Kameras kommen ungekühlte kalibrierte Industriekameras zum Einsatz. Sie sind für den Dauerbetrieb in rauer Umgebung geeignet und die verfügbaren Softwareschnittstellen ermöglichen eine automatische Aufzeichnung. Die typische Messunsicherheit dieser IR-Kameras beträgt $\pm 2\,\mathrm{K}$ [2]. Die IR-Kamera sollte freie Sicht auf die relevanten Messflächen und den Referenzstrahler haben.

Ausgehend von diesen Anforderungen wurden zwei mögliche Messkonfigurationen entwickelt.

4.1.1 Messkonfiguration 1: Melkkarussell

Die Messung erfolgt, wie in Abbildung 4.1 dargestellt, während des Melkens an einem Außenmelkerkarussell. Die Tiere stehen dabei in den Karussellboxen und bewegen sich durch die Karusselldrehung an der ortsfesten Messtechnik vorbei. Diese Variante bietet folgende Vorteile:

- hohe Reproduzierbarkeit und annähernd gleicher Messabstand und -winkel,
- Positionierung mehrerer Kameras leicht möglich,
- reduzierte Tierbewegung (durch enge Box begrenzt),
- Tieridentifikation des Melkstands nutzbar,
- einfache mechanische Integration (geringer Umbauaufwand, Bauraum meist verfügbar),
- die Karussellrotation ist gleichförmig langsam und
- die Mindestmesszeit ist durch Karussellrotation sichergestellt.

Der wesentliche Nachteil des Szenarios ist zunächst die Beschränkung auf Betriebe mit Außenmelkerkarussell. Hinzu kommt eine eingeschränkte Sicht auf die Tiere, wodurch nur die Ober- und Rückseiten der Tiere zugänglich sind. Die Messkonfiguration lässt sich nur eingeschränkt auf andere Melkstandstypen übertragen (etwa Side-by-Side-Melkstand).

2 Es sind gekühlte IR-Kameras mit geringerer Unsicherheit verfügbar, diese sind jedoch wesentlich teurer und damit für die hier untersuchte Anwendung nicht einsetzbar.

Um dieser Einschränkung zukünftig zu begegnen, wurde eine Durchgangsportallösung erarbeitet.

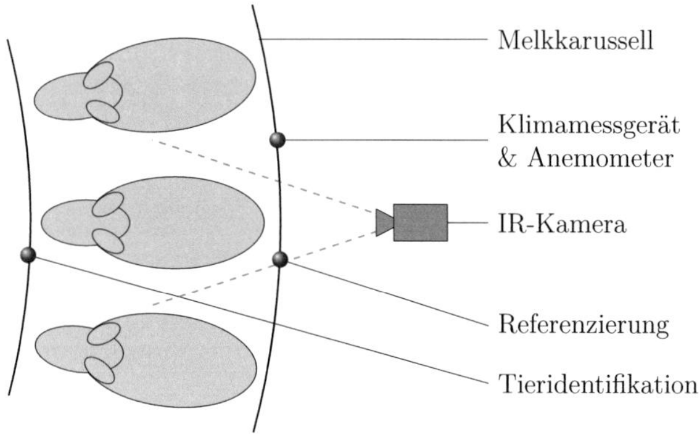

Abbildung 4.1: Messkonfiguration 1: Messaufbau am Melkkarussell

4.1.2 Messkonfiguration 2: Durchgangsportal

Abbildung 4.2 zeigt schematisch den Aufbau des Messportals. Zentrales Element ist das Durchgangsportal, an dem ein Teil der Messtechnik verbaut ist und das wiederum ähnliche Messabstände und -winkel gewährleistet. Ein wesentlicher Vorteil ist die Unabhängigkeit vom Melkstand. Für Milchkühe könnte das Portal in den Abtrieb vom Melkstand integriert werden. Eine Störung des betrieblichen Ablaufs durch das Anhalten der Tiere ist nicht zu erwarten, da heute bereits Selektions- und Stopp-Tore eingesetzt werden. Das System ließe sich auf andere Einsatzgebiete wie Zucht- oder Mastbetriebe und Tierarten wie Ziegen, Schafe und Schweine übertragen. Vorteilhaft ist, dass die Tiere von allen Seiten optisch zugänglich sind.

Wesentlicher Nachteil ist, dass die Integration in den Betrieb in der Regel eine bauliche Veränderungen des Abtriebs erfordert. Dies ist in Bestandsbetrieben nicht immer möglich. Weiterhin ist die Messposition durch die größere Bewegungsfreiheit schlechter reproduzierbar und es treten stärkere Tierbewegungen auf.

4.1.3 Realisierte Messkonfiguration

Für die vorliegende Arbeit wurde die Messkonfiguration 1 ausgewählt. Die Beschränkung auf Außenmelkerkarusselle und die optische Zugänglichkeit sind für die durchgeführten Untersuchungen nicht relevant. Die Vorteile einer hohen Reproduzierbarkeit

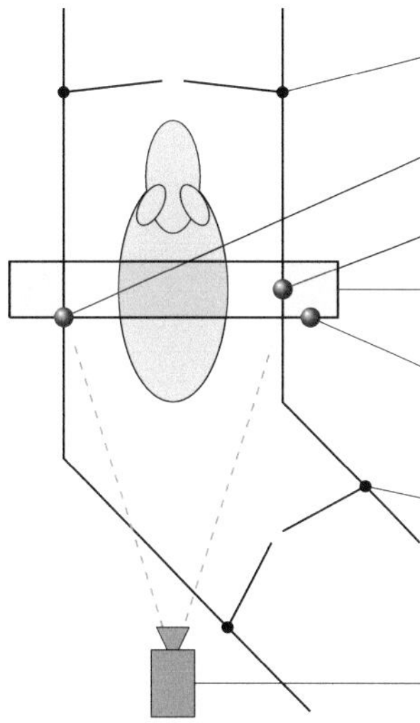

Abbildung 4.2: Messkonfiguration 2: Messaufbau als Durchgangsportal

und einer vergleichsweise einfachen mechanischen Integration der Messtechnik überwiegen.

Die Tiere betreten das Karussell über den links dargestellten Zutrieb und werden dabei identifiziert. Die Tiere tragen dazu Transponder an der Ohrmarke, an einem Fußband oder an einem Halsband. Eine separate Tieridentifikation wie in Abbildung 4.1 ist damit überflüssig. Als Messpositionen wurde für die Messkampagne in Methau zunächst die Karussellmitte gewählt (Abbildung 4.3, Methau Pos. 1), da die Tiere hier Beobachtungen zufolge besonders ruhig stehen. Die Auswertung der Messung ergab jedoch, dass die linke Klaue häufig durch das Melkzeug bzw. den Milchschlauch verdeckt wird. Daher wurde in der zweiten Methau-Messkampagne eine zweite IR-Kamera kurz vor dem Abtrieb des Melkkarussells positioniert (Abbildung 4.3, Methau Pos. 2), um Nahaufnahmen der Klauen zu erstellen. An dieser Position sind die Melkzeuge in der Regel bereits abgefallen. Die Messflächen werden daher nur selten verdeckt. Für die Messungen in Großdrebnitz wurden beide IR-Kameras (Gesamtansicht und Klauendetail) an dieser Position installiert.

Abbildung 4.3 zeigt den schematischen Aufbau eines Außenmelkerkarussells. Die Installation der Messtechnik erfolgt nach dem Schema von Abbildung 4.1. Die verwendeten Messgeräte für die Aufzeichnung der IR-Bilder $\mathcal{I}$, die Klimamessung (T_{amb}, φ und p), die Messung der Referenzstrahlertemperatur T_{ref} und der Luftgeschwindigkeit v sind in Tabelle 4.1 zusammengestellt.

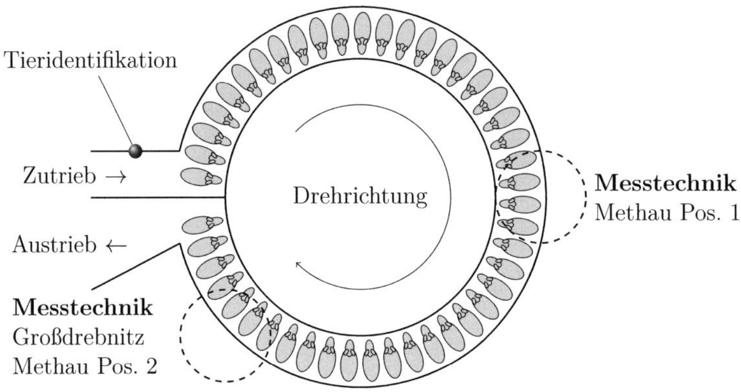

Abbildung 4.3: Positionierung der Messtechnik am Melkkarussell

Tabelle 4.1: Verwendete Messtechnik

Messgrößen	**Hersteller und Typenbezeichnung**	**Datenblatt**
IR-Bilder $\mathcal{I}$	DIAS Infrared GmbH PYROVIEW 640L compact	[42]
T_{amb}, φ, p	Wiesemann & Theis Interfaces Web-Thermo-Hygrobarograph PoE	[184]
T_{ref}	Wiesemann & Theis Interfaces Web-Thermograph Pt100 / Pt1000	[185]
v	zum Ultraschall-Anemometer umgebauter FLOWSIC 600 Ultraschall-Kompaktgaszähler von SICK MAIHAK (nur Schallköpfe und Messwandler)	[164]

4.2 Messtechnische Modellierung

Die Berechnung der Messunsicherheit erfordert eine mathematische Beschreibung für den Zusammenhang zwischen den Eingangs- und Einflussgrößen und den Ergebnisgrößen der Messung. Aufgrund der zahlreichen Einflussgrößen und der vielen Verarbeitungsschritte (in der IR-Kamera, Segmentierung und Merkmalsberechnung) ist dies eine komplexe Aufgabenstellung. Dem physikalischen Ablauf der Messung folgend, wird die Messung daher in drei Modellierungsschritte gegliedert (Abbildung 4.4).

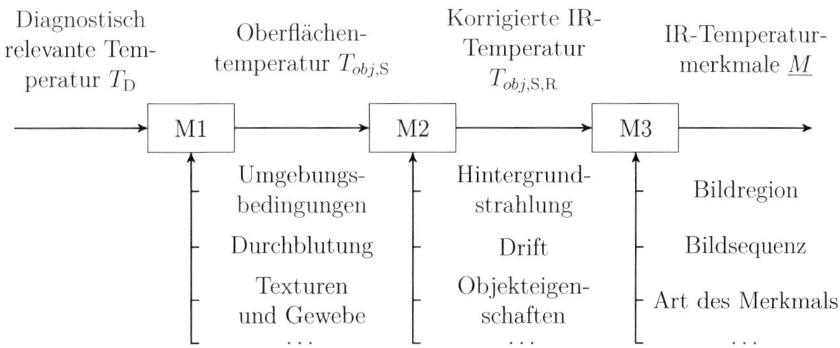

Abbildung 4.4: Modellierung einer infrarotkamerabasierten Temperaturmessung

Ausgangspunkt ist die diagnostisch relevante Temperatur T_D einer anatomischen Struktur. Dabei können mögliche Erkrankungen oder Symptome von Erkrankungen direkt auf die Temperatur T_D wirken (z. B. Fieber, Entzündung) oder indirekt durch eine Begleiterscheinung beeinflusst werden (z. B. Durchblutungsänderung oder Schwellung). Zusätzlich kann die Temperatur T_D einer anatomischen Struktur aber auch durch die Umgebungstemperatur oder den circadianen Rhythmus überlagert sein. Die Körperoberfläche weist die mittels IRT messbare Oberflächentemperatur $T_{obj,S}$ auf. Dieser Zusammenhang wird als Modell **M1** zusammengefasst.

Dem schließt sich der Übergang von der Oberflächentemperatur $T_{obj,S}$ zu der von der Kamera gemessenen, korrigierten Temperatur $T_{obj,S,R}$ an. Dieses Modell beinhaltet u. a. die Hintergrundstrahlungskorrektur. Dabei gehen in das Modell **M2** u. a. die Emissionseigenschaften des Messobjekts, die Transmission der Atmosphäre sowie die Kameraeigenschaften ein.

Anschließend werden im Modell **M3** mittels automatischer Bildverarbeitung aus dem Temperaturbild anatomische Strukturen, wie beispielsweise das Euter, die Klauen oder das Rektum ermittelt und aus den erkannten Bildregionen die IR-Temperaturmerkmale

$\underline{M}$ bestimmt. Die IR-Merkmale $\underline{M}$ sind die Eingangsgrößen für eine nachfolgende Diagnose.

In den folgenden Abschnitten 4.2.1 bis 4.2.3 werden die Modellgleichungen der Teilmodelle abgeleitet.

4.2.1 Oberflächentemperaturkorrektur

Die Untersuchungen zur Robustheit der Bildmerkmale gegenüber umgebungsbedingten Einflüssen (Abschnitt 3.2.2) zeigen z. T. sehr hohe Korrelationen. In der praktischen Durchführung bedeutet das, dass etwa eine Änderung der Umgebungstemperatur auch eine Änderung der Oberflächentemperatur bewirkt, auch wenn die diagnostisch relevante Temperatur gleich bleibt. Aufgrund der veränderlichen klimatischen Bedingungen ist dies gerade bei Langzeitmessungen unvermeidbar. Eine Modellierung der umgebungsbedingten Einflüsse würde eine Korrektur ermöglichen.

Das Modell **M1** beschreibt den Zusammenhang zwischen der diagnostisch relevanten Temperatur T_{D}, etwa der mittleren Temperatur der Milchdrüse, und der Oberflächentemperatur $T_{\mathrm{obj,S}}$. Bekannt ist, dass neben den physiologischen Einflüssen, wie die Perfusion, der Ausbau des Unterhautgewebes, Brunst und die Aktivität des sympathischen Nervensystems [53], auch die Messbedingungen, wie Umgebungstemperatur, Luftfeuchte, elektromagnetische Strahlung usw., eine Rolle spielen. Besonders deutlich treten diese bei Körperteilen ohne eigene Thermoregulationsmechanismen, wie den Augen [5] oder dem Horn der Klauen, in Erscheinung. Physikalisch-physiologische Modelle zur Beschreibung dieser Zusammenhänge sind für veterinäre Anwendungen bisher nicht bekannt. Erste Ansätze im humanmedizinischen Bereich liefern noch keine befriedigende Modellierung [89]. Eine direkte physikalisch-physiologische Modellierung ist daher vorerst nicht möglich.

Zur Modellierung wesentlicher Einflüsse auf das Messergebnis werden externe (physikalische) und interne (physiologische) Einflussgrößen getrennt. In der Arbeit werden ausschließlich externe Einflussgrößen (Umgebungstemperatur, Luftfeuchte usw.) untersucht. Der Einfluss interner Größen, wie Brunst, Laktation oder tierindividuelle Kondition, ist durch veterinäre Untersuchungen zu quantifizieren.

Um ein physikalisches Modell auf Basis der Temperaturen abzuleiten, wird der Wärmeübergang von der diagnostisch relevanten anatomischen Struktur zur Oberfläche vereinfacht als Schichtmodell angenommen (Abbildung 4.5 a). Die Modellierung erfolgt für den thermisch eingeschwungenen Zustand. Dieser liegt vor, wenn weder die Umgebungstemperatur noch die diagnostisch relevante Temperatur T_{D} eine relevante Dynamik besitzen.

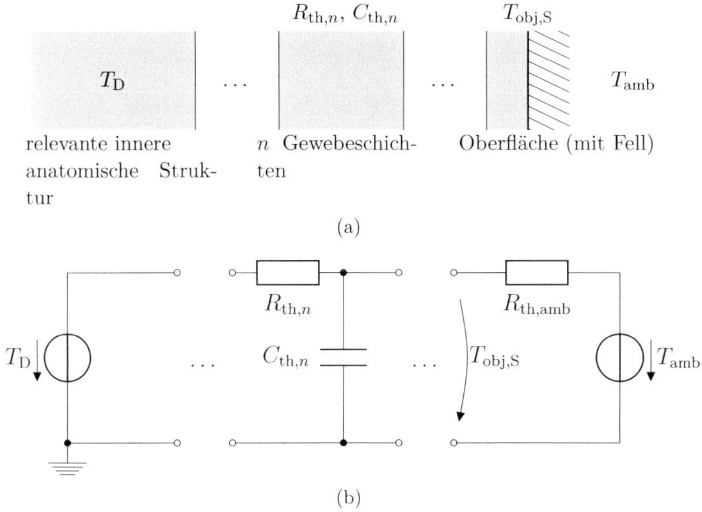

Abbildung 4.5: Physikalische Modellierung der Oberflächentemperatur $T_{obj,S}$, dargestellt als (a) physikalisch motiviertes Schichtmodell und (b) thermisches Ersatzschaltbild

Aus dem thermischen Ersatzschaltbild in Abbildung 4.5 a wird mittels Spannungsteilerregel folgender Zusammenhang abgeleitet:

$$\frac{T_{obj,S} - T_{amb}}{T_D - T_{amb}} = \underbrace{\frac{R_{th,amb}}{R_{th,amb} + \sum_{(n)} R_{th,n}}}_{\frac{1}{F_{th}}}. \tag{4.3}$$

Es ergibt sich damit ein linearer Zusammenhang zwischen der Temperatur T_D, der Oberflächentemperatur $T_{obj,S}$ sowie der Einflussgröße T_{amb}:

$$T_D = F_{th} T_{obj,S} + (1 - F_{th})\, T_{amb}. \tag{4.4}$$

Die Einflüsse von Messwinkel und Entfernung wurden in einer Vorarbeit untersucht [205]. Dabei zeigte sich, dass sich aufgrund der stark tierindividuellen Fellstruktur und unvermeidbaren Tierbewegungen keine genauigkeitssteigernde Modellierung ableiten lässt. Es wird empfohlen, Entfernung und Winkel durch die Wahl der Messkonfiguration nahezu konstant zu halten.

Viele Einflussgrößen, wie die Luftfeuchte φ, die Bewegung der Umgebungsluft v, die Fellstruktur und -dichte, wirken sich auf den thermischen Widerstand $R_{th,amb}$ aus. Sowohl $R_{th,amb}$ als auch $R_{th,n}$ sind für die verschiedenen Körperteile unterschiedlich. Das heißt, dass die Parameter für jedes anatomisches Objekt separat ermittelt werden müssen.

Es wird vorgeschlagen, die Korrektur der Umgebungsbedingungen auf Ebene der Bildmerkmale mithilfe eines Regressionsmodells durchzuführen. Die Bildmerkmale werden anhand von anatomisch begründeten Segmentierungen berechnet, sodass von annähernd gleichen anatomischen Bedingungen ausgegangen werden kann. Zudem handelt es sich großteils um Temperaturen bzw. temperaturäquivalente Größen, sodass für den Einfluss der Umgebungstemperatur ebenfalls ein lineares Korrekturmodell genutzt werden kann.

Im Gegensatz zum physikalischen Modell nach Gleichung (4.4), bei dem die Einflussfaktoren nichtlinear verkoppelt sind, werden die Einflussfaktoren im Weiteren als Komponenten einer linearen Regression untersucht. Diese ist für die Ergebnisinterpretation günstig, da in diesem Fall die Gewichtung der einzelnen Einflussfaktoren direkt aus den Regressionsparametern abgelesen werden kann. Zudem ist die genaue Verkopplung der Einflussgrößen innerhalb von F_{th} nicht bekannt. Im Folgenden werden die allgemeinen Regressionsmodelle $R^{\star}(x_1, \ldots, x_k)$ für ein Bildmerkmal M in Abhängigkeit von den Eingangsgrößen $x_1, \ldots, x_k$ defininiert:

$$R^{\star 1}(x_1, \ldots, x_k) = C_0 + \sum_{i=1}^{k} C_{1,x_i} x_i \ , \tag{4.5}$$

$$R^{\star 2r}(x_1, \ldots, x_k) = C_0 + \sum_{i=1}^{k} C_{1,x_i} x_i + \sum_{i=1}^{k} C_{2,x_i} x_i^2 \tag{4.6}$$

und

$$R^{\star 2}(x_1, \ldots, x_k) = C_0 + \sum_{i=1}^{k} C_{1,x_i} x_i + \sum_{i=1}^{k} \sum_{j=i+1}^{k} C_{2,x_i,x_j} x_i x_j + \sum_{i=1}^{k} C_{2,x_i} x_i^2 \ . \tag{4.7}$$

Der in der Veterinärmedizin zur Beurteilung der physiologischen Wirkung gebräuchliche Temperatur-Feuchte-Index $\mathbb{I}_{T,\varphi}$ nach Gleichung (1.1) wird als zusätzliche Einflussgröße eingeführt. Dieser ist implizit auch im physikalischen Modell enthalten, da $R_{th,\text{amb}} = \mathrm{f}(\varphi, \ldots)$ ist. Für Regressionsmodelle zweiter Ordnung $R^{\star 2}(T_{\text{amb}}, \varphi, \ldots)$ ist zusätzlich der gemischte Term $C_{2,T_{\text{amb}},\varphi} \cdot T_{\text{amb}} \cdot \varphi$ enthalten.

Die Regressionsparameter $\underline{C}$ werden auf Grundlage der Methode der kleinsten Fehlerquadrate (MKQ) geschätzt. Um den Einfluss von Ausreißern klein zu halten, wurde die Methode der gewichteten kleinsten Fehlerquadrate (MGKQ) [77, 105] verwendet. In Anlehnung an die klassische MKQ ergibt sich mit den Wichtungsfaktoren $\underline{w}$ das Optimierungskriterium der MGKQ:

$$\sum_{(i)} \left(w_i \left(M_i - R^{\star 1} \left(T_{\text{amb},i}, \varphi_i \right) \right)^2 \right) \to \min . \tag{4.8}$$

Bei der iterativen Parameterschätzung werden die Residuen der außerhalb liegenden Datenpunkte weniger stark gewichtet.

Für die Ermittlung der korrigierten Merkmale werden sie auf einen Arbeitspunkt $\mathbb{A}$ bezogen. Für ein Model $R^1(\underline{x})$ ergibt sich:

$$\begin{aligned} M &= R^{\star 1}(\underline{x}) = C_0 + \sum_{(i)} C_{1,x_i} x_i \\ M_{\mathbb{A}} &= R^{\star 1}(\underline{x}_{\mathbb{A}}) = C_0 + \sum_{(i)} C_{1,x_i} x_{i,\mathbb{A}} \\ M - M_{\mathbb{A}} &= \sum_{(i)} C_{1,x_i} (x_i - x_{i,\mathbb{A}}) \\ M_{\mathbb{A}} &= M - \sum_{(i)} C_{1,x_i} (x_i - x_{i,\mathbb{A}}). \end{aligned} \tag{4.9}$$

In der Nomenklatur des Messmodells ergibt sich allgemein für ein Merkmal M ein Korrekturmodell $d$ter Ordnung:

$$M_{\mathbb{A}} = g_{\mathbf{M1},d}\left(M, \underline{x}, \underline{x}_{\mathbb{A}}, \underline{C}\right)\Big|_{\mathcal{R}} \tag{4.10}$$

und für ein Modell $R^{\star 1}$:

$$\begin{aligned} M_{k,\mathbb{A}} &= g_{\mathbf{M1},1}\left(M, \underline{x}, \underline{x}_{\mathbb{A}}, \underline{C}\right)\Big|_{\mathcal{R}} \\ &= M_k - \sum_{(i)} C_{M,1,x_i} (x_i - x_{i,\mathbb{A}}) \\ &= M_k + R^1_M(\underline{x}). \end{aligned} \tag{4.11}$$

Die Terme werden zu $R^1_M(\underline{x})$ zusammengefasst und als Korrekturmodell bezeichnet. Die untersuchten Korrekturmodelle und die Ergebnisse für ausgewählte Bildmerkmale sind im Anhang A.3 zusammengestellt. Für die Beispielrechnung und die praktischen Untersuchungen wird das Korrekturmodell $R^1_M(T_{\text{amb}}, \mathbb{I}_{T,\varphi})$ verwendet:

$$\begin{aligned} M_{\mathbb{A}} &= M + R^1_M\left(T_{\text{amb}}, \mathbb{I}_{T,\varphi}\right) \\ &= g_{\mathbf{M1}}\Big(M, T_{\text{amb}}, \mathbb{I}_{T,\varphi}, T_{\text{amb},\mathbb{A}}, \mathbb{I}_{T,\varphi\,\mathbb{A}}, C_{1,T_{\text{amb}}}, C_{1,\mathbb{I}_{T,\varphi}}\Big) \\ &= M - C_{1,T_{\text{amb}}}\left(T_{\text{amb}} - T_{\text{amb},\mathbb{A}}\right) - C_{1,\mathbb{I}_{T,\varphi}}\left(\mathbb{I}_{T,\varphi} - \mathbb{I}_{T,\varphi\,\mathbb{A}}\right). \end{aligned} \tag{4.12}$$

Es kann angenommen werden, dass die hier nicht näher untersuchten internen Einflussgrößen, insbesondere der Einfluss des circadianen Rhythmus und der Laktation, in gleicher Weise berücksichtigt werden können, wenn eine statistische Modellierung der Einflüsse gelingt.

4.2.2 Strahlungstemperaturmessung

Die Strahlungstemperaturmessung ist das Kernstück der IRT. Die vom Messobjekt abgegebene thermische Strahlung wird von der Kamera detektiert und kann mithilfe einer Kalibrierkurve in eine scheinbare Oberflächentemperatur $T_{\mathrm{obj},A}$ überführt werden. Um die wahre Oberflächentemperatur zu erhalten, sind zusätzlich der Emissionsgrad $\varepsilon_{\mathrm{obj}}$ und die Umgebungstemperatur T_{amb} zu berücksichtigen. Nachfolgend wird ausgehend von den physikalischen Grundlagen ein Modell für die Strahlungstemperaturmessung aufgestellt. Zur Verringerung der Messunsicherheit wird zudem ein Vergleichsstrahler in die Messung einbezogen.

Grundlage der Strahlungstemperaturmessung ist die Tatsache, dass alle Körper mit einer Temperatur über dem absoluten Nullpunkt von 0 K Strahlung aussenden (STEFAN-BOLTZMANN-Gesetz). Diese Strahlung wird vom Bildsensor der Kamera erfasst. Bei bekannten Strahlungseigenschaften des Körpers lässt sich unter Nutzung des PLANCKschen Gesetzes:

$$M_{\mathrm{S},\lambda} = \frac{C_1}{\left(\mathrm{e}^{\frac{C_2}{T}} - 1\right)} \tag{4.13}$$

und des KIRCHHOFFschen Strahlungsgesetzes (für thermodynamisches Gleichgewicht):

$$\alpha = \varepsilon \tag{4.14}$$

auf dessen Temperatur schließen [12, 20, 157, 179].

Ausgehend vom PLANCKschen Gesetz (4.13) und dem spektralen Transmissionsverhalten der Atmosphäre ist zunächst ein geeigneter Spektralbereich für die Messung zu wählen. Die Atmosphäre besitzt in bestimmten Spektralbereichen eine hohe Transmission (atmosphärische Fenster). Im Infrarotbereich sind dies die Spektralbereiche $< 1{,}2\,\mu\mathrm{m}$, $(3\ldots5)\,\mu\mathrm{m}$ und $(8\ldots14)\,\mu\mathrm{m}$. Für den hier relevanten Temperaturbereich nahe der Umgebungstemperatur ($(0\ldots45)\,°\mathrm{C}$) ist der langwellige Bereich $(8\ldots14)\,\mu\mathrm{m}$ vorteilhaft, denn hier liegt gemäß dem WIENschen Verschiebungsgesetz das Maximum der spezifischen spektralen Ausstrahlung.

Zur Modellierung des Strahlungsflusses werden folgende Annahmen getroffen (Abbildung 4.6):

- Die Messung findet in einer homogenen Umgebung der Temperatur T_{amb} statt.
- Das Messobjekt ist nicht transparent ($\tau_{\mathrm{obj}} = 0$; $\varepsilon_{\mathrm{obj}} + \rho_{\mathrm{obj}} = 1$).
- Das Messobjekt wird als grauer Strahler betrachtet ($\varepsilon_{\mathrm{obj}}$ ist konstant und entspricht dem Bandemissionsgrad für den Spektralbereich $(8 \ldots 14)\,\mu\mathrm{m}$).
- Die Atmosphäre ist nicht reflektierend ($\rho_{\mathrm{atm}} = 0$; $\alpha_{\mathrm{atm}} + \tau_{\mathrm{atm}} = 1$).

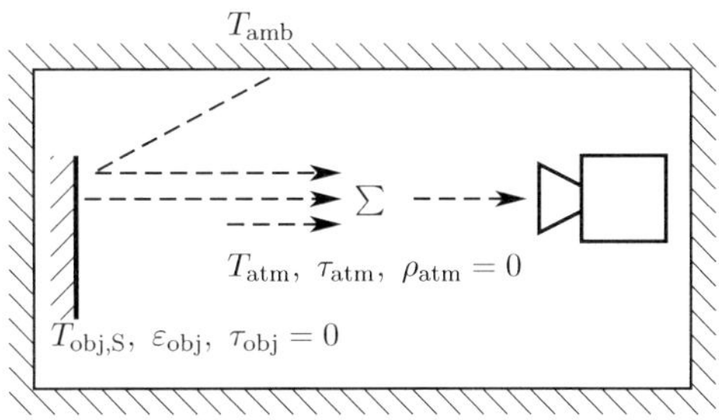

Abbildung 4.6: Modellierung des Strahlungsflusses einer IR-Temperaturmessung

Die Eigenschaften des Messobjekts ($\varepsilon_{\mathrm{obj}}$, $T_{\mathrm{obj,S}}$), der Übertragungsstrecke durch die Atmosphäre (τ_{atm}, T_{atm}) sowie des Hintergrunds (T_{amb}) bestimmen dabei den von der Kamera detektierten Strahlungsfluss Φ_{A}. Dieser ergibt sich als Summe der auftretenden Strahlungsflusskomponenten [114, 179]:

$$\Phi_{\mathrm{obj,A}} = \varepsilon_{\mathrm{obj}}\tau_{\mathrm{atm}}\Phi_{\mathrm{obj,S}} + (1-\varepsilon_{\mathrm{obj}})\tau_{\mathrm{atm}}\Phi_{\mathrm{amb,S}} + (1-\tau_{\mathrm{atm}})\Phi_{\mathrm{atm,S}}.$$

Unter der Annahme, dass die Umgebungstemperatur gleich der Temperatur der Atmosphäre ist ($T_{\mathrm{atm}} = T_{\mathrm{amb}}$), ergibt sich:

$$\Phi_{\mathrm{obj,A}} = \varepsilon_{\mathrm{obj}}\tau_{\mathrm{atm}}\Phi_{\mathrm{obj,S}} + (1-\varepsilon_{\mathrm{obj}}\tau_{\mathrm{atm}})\Phi_{\mathrm{amb,S}}. \tag{4.15}$$

Die Wärmebildkamera vollzieht den Übergang vom detektierten Strahlungsfluss Φ_{A} zu Temperaturwerten T basierend auf der Kalibrierung der Kamera, worauf nicht weiter eingegangen wird (Details siehe [20]). Es wird aber davon ausgegangen, dass die strahlungsäquivalenten Messwerte X_{A} der Kamera zugänglich sind. Für die Modellierung der Kamerakennlinie und mithin der Kalibrierung wird eine Ansatzfunktion in Analogie zum Planckschen Gesetz verwendet [20, 178]. Im Gegensatz zu [114] verfügt der hier verwendete Ansatz zusätzlich über einen Offset K_4 und damit insgesamt über vier Parameter.

Diese werden bei der Kalibrierung bestimmt:

$$\Phi \propto X\left(T\right) = f(T) = \frac{K_1}{\mathrm{e}^{\frac{K_2}{T}} - K_3} + K_4 \tag{4.16}$$

$$\tag{4.17}$$

sowie

$$T = f^{-1}(X) = K_2 \left(\ln\left(\frac{K_1}{X - K_4} + K_3\right)\right)^{-1}. \tag{4.18}$$

Die Parameter $K_1 \dots K_4$ werden über die Anpassung an die kameraspezifische Kalibrierung ermittelt. Dieses Modell bietet neben den Kalibrierparametern $K_1 \dots K_4$ nur eine Eingangsgröße X.

Es wird vorgeschlagen, den Ansatz von [178] um die kamerabasierten Unsicherheiten zu erweitern. Die Eingangsgröße X_{A} wird dazu in eine Schätzung des wahren Werts $\tilde{X}_{\mathrm{A}}$ und drei Terme X_{Δ} zur Modellierung der Unsicherheitskomponenten aufgespaltet:

$$X_{\mathrm{A}} = \tilde{X}_{\mathrm{A}} + X_{\Delta(t)} + X_{\Delta(j)} + X_{\Delta(t,j)}. \tag{4.19}$$

Wie sich später zeigen wird, ist dabei eine Auftrennung der Unsicherheit nach den zeitlichen und räumlichen Abhängigkeiten günstig. $X_{\Delta(t)}$ ist nur von der Zeit t abhängig und wirkt homogen auf den gesamten Bildbereich. Diese Komponente kann näherungsweise als die Drift, z. B. aufgrund der Eigenerwärmung, interpretiert werden. $X_{\Delta(j)}$ ist nur von der Bildposition j abhängig und zeitlich konstant. Dies trifft näherungsweise auf die Bildinhomogenität zu. $X_{\Delta(t,j)}$ ist sowohl zeit- als auch ortsabhängig und fasst das Rauschen und die Modellierungsfehler zusammen.

Ausgehend von diesen Grundlagen kann aus dem detektierten Strahlungsfluss $\Phi_{\mathrm{obj,A}}$ die Objekttemperatur $T_{\mathrm{obj,S}}$ (Abbildung 4.7) ermittelt werden:

$$\begin{aligned}\Phi_{\mathrm{obj,S}} &= \frac{1}{\varepsilon_{\mathrm{obj}}\mathcal{T}}\Phi_{\mathrm{obj,A}} + \left(1 - \frac{1}{\varepsilon_{\mathrm{obj}}\mathcal{T}}\right)\Phi_{\mathrm{amb,S}}\\ T_{\mathrm{obj,S}} &= f^{-1}\left(\frac{1}{\varepsilon_{\mathrm{obj}}\mathcal{T}}X_{\mathrm{obj,A}} + \left(1 - \frac{1}{\varepsilon_{\mathrm{obj}}\mathcal{T}}\right)f\left(T_{\mathrm{amb,M}}\right)\right).\end{aligned} \tag{4.20}$$

Das geschieht unter der Annahme, dass die Atmosphäre und die Umgebung die gleiche Temperatur aufweisen und diese als $T_{\mathrm{amb,M}}$ gemessen wurde.

Durch die Hinzunahme eines Vergleichstrahlers mit separat ermittelter Temperatur $T_{\mathrm{ref,M}}$ (kontaktiv gemessen) wird eine referenzierte Messung realisiert. Die Messung wird dabei

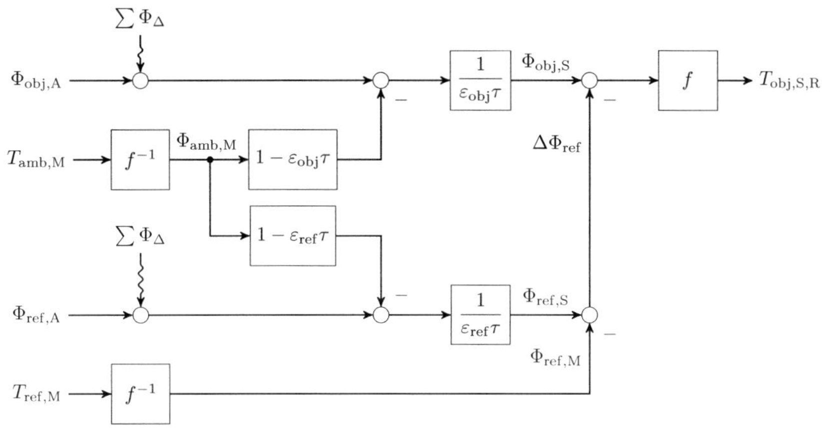

Abbildung 4.7: Messkette der referenzierten IR-Temperaturmessung (die Messkette der unreferenzierten Messung ist dunkel hinterlegt)

um die Differenz $\Delta\Phi_{\text{ref}} = \Phi_{\text{ref,S}} - \Phi_{\text{ref,M}}$ korrigiert (Abbildung 4.7):

$$\begin{aligned}\Phi_{\text{obj,S,R}} &= \frac{1}{\varepsilon_{\text{obj}}\tau}\Phi_{\text{obj,A}} + \Phi_{\text{ref,M}} - \frac{1}{\varepsilon_{\text{ref}}\tau}\Phi_{\text{ref,A}} - \left(\frac{1}{\varepsilon_{\text{obj}}\tau} - \frac{1}{\varepsilon_{\text{ref}}\tau}\right)\Phi_{\text{amb},M} \\ T_{\text{obj,S,R}} &= f^{-1}\left(\frac{1}{\varepsilon_{\text{obj}}\tau}X_{\text{obj,A}} + f\left(T_{\text{ref,M}}\right) - \frac{1}{\varepsilon_{\text{ref}}\tau}X_{\text{ref,A}} - \left(\frac{1}{\varepsilon_{\text{obj}}\tau} - \frac{1}{\varepsilon_{\text{ref}}\tau}\right) f\left(T_{\text{amb,M}}\right)\right).\end{aligned} \tag{4.21}$$

Wird das in die Nomenklatur des Messmodells übertragen, ergibt sich als Modellgleichung des Teilmodells **M2**:

$$T_{\text{obj,S,R}} = g_{\mathbf{M2}}\Big(X_{\text{obj,A}}, X_{\text{ref,A}}, T_{\text{amb,M}}, T_{\text{ref,M}}, \underbrace{\varepsilon_{\text{obj}}, \varepsilon_{\text{ref}}, \tau, K_1, \ldots, K_4}_{\underline{x}_{\text{konst},2}}\Big). \tag{4.22}$$

Für eine Messung ohne Referenzstrahler ergibt sich die Modellgleichung $g_{\mathbf{M2},\text{U}}$ durch Umstellen von Gleichung (4.15) nach $\Phi_{\text{obj},S}$:

$$T_{\text{obj,S}} = f^{-1}\left(\frac{1}{\varepsilon_{\text{obj}}\tau}X_{\text{obj,A}} - \frac{1-\varepsilon_{\text{obj}}\tau}{\varepsilon_{\text{obj}}\tau} f\left(T_{\text{amb},M}\right)\right) \tag{4.23}$$

$$= g_{\mathbf{M2},\text{U}}\Big(X_{\text{obj,A}}, T_{\text{amb,M}}, \underbrace{\varepsilon_{\text{obj}}, \tau, K_1, \ldots, K_4}_{\underline{x}_{\text{konst},2,\text{U}}}\Big). \tag{4.24}$$

4.2.3 Bildverarbeitung und Merkmalsberechnung

Das Modell **M3** fasst die beiden wesentlichen Schritte der Bildverarbeitung, Segmentierung und Merkmalsberechnung, hinsichtlich ihrer Wirkung zusammen. Bei der Segmentierung werden die Bildpunkte einer Region $\mathcal{R} = \{j\}$, mit $\mathcal{R} \subset \mathcal{I}$, ausgewählt. Wie diese Auswahl konkret vollzogen wird und wie genau diese ist, hängt wesentlich vom verwendeten Segmentierungsverfahren ab. Die Arbeitsweise der Segmentierungsverfahren ist vom konkreten Bildinhalt abhängig und lässt sich daher nicht analytisch beschreiben. Die Unsicherheit der Segmentierung wird durch die Schätzung $\tilde{u}_M(\mathcal{R})$ abgebildet. Sie wird anhand von manuellen Vergleichssegmentierungen abgeschätzt. Die Unsicherheit $\tilde{u}_M(\mathcal{R})$ wird analog zu den Kameraunsicherheiten durch eine Größe $M_{\Delta(M,\mathcal{R})} = 0$ berücksichtigt (Abbildung 4.8). Die Unsicherheit der Segmentierung $\tilde{u}(\mathcal{R})$ ist für die einzelnen anatomischen Strukturen und für jedes einzelne Bildmerkmal spezifisch.

Die Merkmalsberechnung bildet die Temperaturwerte und die Segmentierung $\mathcal{R}$ in einem sogenannten Bildmerkmal ab (Abbildung 4.8). Für ausgewählte Merkmale kann eine analytische Beschreibung in Form von

$$M^\star = h\left(\mathcal{R}\left(T_{\mathrm{S,R}}\right)\right) \tag{4.25}$$

vorgenommen werden. Sie ist für den Großteil der Merkmale ebenfalls vom konkreten Bildinhalt abhängig.

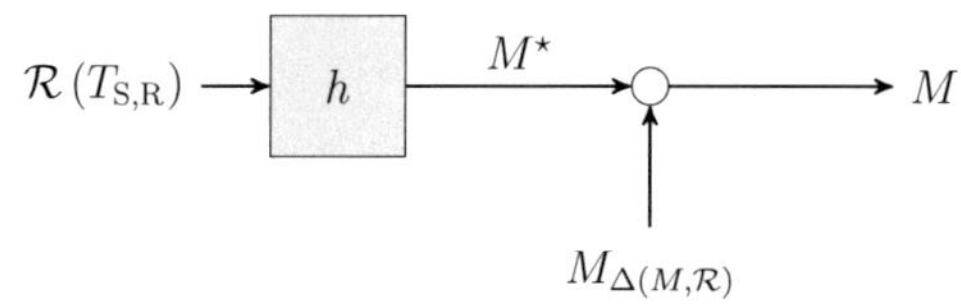

Abbildung 4.8: Modellierungsschritt M3

Für die Modellfunktion $g_{\mathbf{M3}}$ ergibt sich allgemein:

$$\begin{aligned} M &= g_{\mathbf{M3}}\Big(\underline{T}_{\mathrm{S,R}}\Big|_{\in\mathcal{R}}, \underbrace{M_{\Delta(\mathrm{M},\mathcal{R})}}_{\underline{x}_{\mathrm{konst},3}}\Big) \\ &= h_M\left(\underline{T}_{\mathrm{S,R}}\Big|_{\in\mathcal{R}}\right) + M_{\Delta(M,\mathcal{R})}, \end{aligned} \tag{4.26}$$

wobei der Vektor $\underline{x}_{\mathrm{konst},3}$ hier nur die merkmals- und regionenspezifischen Segmentierungsunsicherheiten enthält.

Für das Aufstellen der Modellfunktion $g_{\mathbf{M3}}$ werden die in Abschnitt 3.1 eingeführten Bildungsvorschriften der Merkmale genutzt. Die Untersuchung wird exemplarisch für den

Temperaturmittelwert $\bar{T}$ nach Gleichung (3.8):

$$h_{\bar{T}}(\mathcal{R}) = \bar{T} = \frac{1}{N_{\mathcal{R}}} \sum_{(\mathcal{R})} T, \tag{4.27}$$

die Streuung der Temperatur $\mathrm{s}(T)$ nach Gleichung (3.9):

$$h_{\mathrm{s}(T)}(\mathcal{R}) = \mathrm{s}(T) = \sqrt{\frac{1}{N_{\mathcal{R}}} \sum_{(R)} \left(T - \bar{T}\right)^2} \tag{4.28}$$

und die Maximaltemperatur $\hat{T}$ nach Gleichung (3.11):

$$h_{\hat{T}}(\mathcal{R}) = \hat{T} = \max(T)|_{\mathcal{R}} \tag{4.29}$$

durchgeführt. Eine Modellierung der verbleibenden Merkmale erfordert weiterführende Analysen zur Abbildung der Unsicherheiten in histogrammbasierten Größen und ist nicht Gegenstand dieser Arbeit.

4.2.4 Gesamtmodell

Für die Berechnung des Gesamtmodells g werden alle drei Teilschritte zusammengeführt (Abbildung 4.9). Da die Korrektur der Oberflächentempertur auf Basis der Bildmerkmale erfolgt, verschiebt sich das Modell **M1** ans Ende der Verarbeitungskette. Für das Gesamtmodell ergibt sich folgende Gleichung:

$$\begin{aligned} M_{\mathbb{A}} &= g_{\mathbf{M1}}\left(g_{\mathbf{M3}}\left(g_{\mathbf{M2}}\left(X_{\mathrm{obj,A}}, X_{\mathrm{ref,A}}, T_{\mathrm{amb}}, T_{\mathrm{ref}}, \underline{x}_{\mathrm{konst,2}}\right), \underline{x}_{\mathrm{konst,3}}\right), T_{\mathrm{amb}}, \varphi, \underline{x}_{\mathrm{konst,1}}\right) \\ &= g_{\mathbf{M}}\left(X_{\mathrm{obj,A}}, X_{\mathrm{ref,A}}, T_{\mathrm{amb}}, T_{\mathrm{ref}}, \underline{x}_{\mathrm{konst,1}}, \underline{x}_{\mathrm{konst,2}}, \underline{x}_{\mathrm{konst,3}}\right). \end{aligned} \tag{4.30}$$

Für die unreferenzierte Messung ergibt sich entsprechend:

$$\begin{aligned} M_{\mathbb{A},\mathrm{U}} &= g_{\mathbf{M1}}\left(g_{\mathbf{M3}}\left(g_{\mathbf{M2},\mathrm{U}}\left(X_{\mathrm{obj,A}}, T_{\mathrm{amb}}, \underline{x}_{\mathrm{konst,2,U}}\right), \underline{x}_{\mathrm{konst,3}}\right), T_{\mathrm{amb}}, \varphi, \underline{x}_{\mathrm{konst,1}}\right) \\ &= g_{\mathbf{M},\mathrm{U}}\left(X_{\mathrm{obj,A}}, T_{\mathrm{amb}}, \underline{x}_{\mathrm{konst,1}}, \underline{x}_{\mathrm{konst,2,U}}, \underline{x}_{\mathrm{konst,3}}\right). \end{aligned} \tag{4.31}$$

Bevor mit dieser Modellgleichung die einzelnen Merkmale mit zugehöriger Unsicherheit berechnet werden können, werden im folgenden Abschnitt zunächst alle Eingangsgrößen bestimmt.

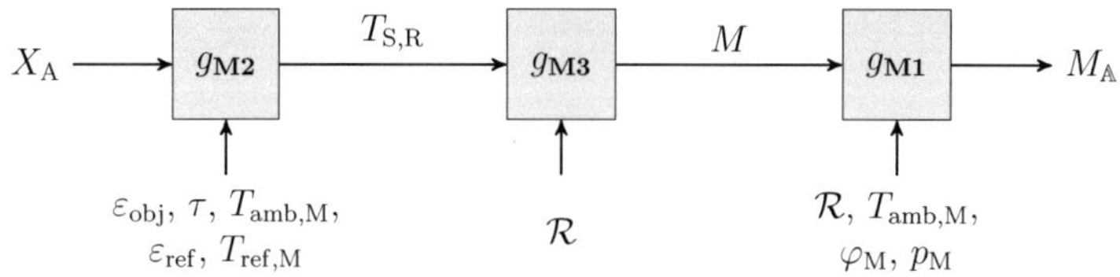

Abbildung 4.9: Gesamtmodell für die veterinäre Messung von Temperaturmerkmalen

4.3 Bestimmung der Eingangsgrößen

Bei der Berechung des Messergebnisses sind die typischen Randbedingungen der veterinären IR-Messung zu berücksichtigen. Dies betrifft insbesondere die relevanten Objekt- und Umgebungstemperaturbereiche. Neben den möglichen Schwankungsbereichen sind in Tabelle 4.2 auch typische Werte für exemplarische Berechnungen zusammengestellt. Die Objekttemperatur wird mit $\vartheta_{obj,A} = 30\,°C$, einem typischen Wert im Bereich des Euters, angenommen. Für die Vergleichsstrahlertemperatur wird der für Laborstrahler gängige Wert von $\vartheta_{ref} = 40\,°C$ angenommen. Sie liegt über der Umgebungstemperatur, wodurch sich die Öffnung des Vergleichsstrahlers mit gutem Kontrast im Temperaturbild abzeichnet. Deutlich höhere Temperaturen wären aufgrund der Verbrennungsgefahr nicht zulässig.

Tabelle 4.2: Typische Randbedingungen der veterinären IR-Messung am Beispiel von Milchkühen

Eingangsgröße	Schwankungsbreite	Beispielwert
Temperatur des Messobjekts $\vartheta_{obj,A}$	$(15\ldots45)\,°C$	$30\,°C$
Umgebungstemperatur $\vartheta_{amb,M}$	$(-5\ldots30)\,°C$	$15\,°C$
Vergleichsstrahlertemperatur $\vartheta_{ref,M}$	$(-5\ldots45)\,°C$	$40\,°C$
relative Luftfeuchte φ	$(0\ldots100)\,\%$	$60\,\%$

Für eine Berechnung des Messergebnisses müssen die Eingangsgrößen dieses Modells ermittelt werden. Die Eingangsgrößen werden nach Referenz- und Umweltgrößen, Größen der Strahlungstemperaturmessung und Korrektur- und Bildverarbeitungsgrößen gruppiert.

4.3.1 Referenz- und Umweltgrößen

Die Referenz- und Umweltgrößen werden durch drei separate Messgeräte erfasst (siehe Tabelle 4.1). Jedem aufgezeichneten IR-Bild ist ein Datensatz aus Referenz- und Umweltgrößen zugeordnet.

Temperatur des Referenzstrahlers T_{ref}**:** Das Widerstandsthermometer der Firma Wiesemann & Theis Interfaces in Kombination mit einem Pt100 (Klasse A) besitzt eine Messunsicherheit von [185]:

$$u\left(T_{\mathrm{ref}}\right) = \pm\left(0{,}15 + \left|0{,}2\,\% \cdot \frac{\vartheta_{\mathrm{ref,M}}}{{}^\circ\mathrm{C}}\right|\right)\mathrm{K}. \tag{4.32}$$

Umgebungstemperatur T_{amb}**:** Das Web-Thermo-Hygrobarograph PoE weist folgende, für die Umgebungstemperaturmessung im veterinären Umfeld typische, Messunsicherheit auf [184]:

$$u\left(T_{\mathrm{amb}}\right) = \pm 2\,\mathrm{K} \text{ für } T_{\mathrm{amb}} = [-40\,{}^\circ\mathrm{C}; 85\,{}^\circ\mathrm{C}]. \tag{4.33}$$

Relative Luftfeuchte φ**:** Das hier ebenfalls verwendete Web-Thermo-Hygrobarograph PoE weist folgende Messunsicherheit auf [184]:

$$u\left(p\right) = \pm 2\,\%\,\mathrm{r.\,F.} \text{ für } \varphi = [0\,\%\,\mathrm{r.\,F.}; 100\,\%\,\mathrm{r.\,F.}]. \tag{4.34}$$

Luftdruck p**:** Das „Web-Thermo-Hygrobarograph PoE“ weist für die Luftdruckmessung folgende Messunsicherheit auf [184]:

$$u\left(\varphi\right) = \pm 2\,\mathrm{hPa} \text{ für } \varphi = [10\,\mathrm{hPa}; 1100\,\mathrm{hPa}]. \tag{4.35}$$

Luftgeschwindigkeit v**:** Für das Ultraschallanemometer SICKFLOW 600 der Firma Sick Makhay [164] wurde auf Basis von Vergleichsmessungen mit einem Hitzdrahtanemometer die Messunsicherheit abgeschätzt auf:

$$u\left(v\right) = \pm 0{,}3\,\mathrm{m\,s^{-1}}. \tag{4.36}$$

Korrelation der Referenz- und Umweltdaten $\mathrm{R}_{\mathrm{amb}}$**:** Die gemessenen Eingangsgrößen sind physikalisch bedingt und aufgrund der verwendeten Sensorik korreliert. Für die parallel erfassten Messwerte wird die Korrelation berechnet (Abschnitt C). Es ergibt sich die Korrelationsmatrix $\mathbf{R}_{\text{amb}}$:

$$\mathbf{R}_{\text{amb}} \begin{pmatrix} \vartheta_{\text{amb}} \\ \varphi \\ p \\ v \\ \mathbb{I}_{T,\varphi} \\ \vartheta_{\text{ref}} \end{pmatrix} = \begin{pmatrix} 1 & -0{,}57 & 0{,}02 & -0{,}17 & 0{,}65 & 0{,}74 \\ -0{,}57 & 1 & -0{,}21 & -0{,}02 & -0{,}10 & -0{,}13 \\ 0{,}02 & -0{,}21 & 1 & -0{,}09 & -0{,}14 & -0{,}18 \\ -0{,}17 & -0{,}02 & -0{,}09 & 1 & -0{,}06 & -0{,}05 \\ 0{,}65 & -0{,}10 & -0{,}14 & -0{,}06 & 1 & 0{,}90 \\ 0{,}74 & -0{,}13 & -0{,}18 & -0{,}05 & 0{,}90 & 1 \end{pmatrix} \tag{4.37}$$

4.3.2 Größen der Strahlungstemperaturmessung

Für die Strahlungstemperaturmessung sind entsprechend Abbildung 4.6 Größen zur Charakterisierung der Messobjekte, der Messstrecke und der Kameraeigenschaften erforderlich.

Emissionsgrad ε_{obj} des Messobjekts: Die Messfläche am Tier kann entweder aus Fell oder Haut bestehen. Da die Übergänge besonders an Euter und Klauen fließend sind, ist eine Unterscheidung nicht zweckmäßig. Da die in der Literatur (siehe Anhang A.1) angegebenen Emissionskoeffizienten in einem engen Bereich von 0,93 ... 0,98 liegen, wird als Emissionsgrad die Intervallmitte gewählt. Die Unsicherheit ergibt sich unter Annahme einer Gleichverteilung aus dem Intervall nach [124] zu:

$$\varepsilon_{\text{obj}} = (0{,}955 \pm 0{,}009). \tag{4.38}$$

Emissionsgrad ε_{ref} des Referenzstrahlers: Der Emissionsgrad des Referenzstrahlers wurde experimentell ermittelt [190]:

$$\varepsilon_{\text{ref}} = (0{,}98 \pm 0{,}01). \tag{4.39}$$

Transmissionsgrad τ der Atmosphäre: Der Transmissionsgrad der Atmosphäre kann für den relevanten Spektralbereich modellbasiert ermittelt werden [157]. Die zugehörige Berechnung für den Spektralbereich von (8 ... 14) µm kann dem Anhang A.2 entnommen werden. Ergebnis dieser Berechnung ist ein Transmissionsgrad von:

$$\tau = (0{,}999 \pm 0{,}001). \tag{4.40}$$

Messgröße X_{A} des Kamerasensors: Die Messgrößen X_{A} der Kamera werden Gleichung (4.19) entsprechend aus vier Termen zusammen gesetzt. Der angezeigte Wert $\tilde{X}_{\text{A}}$

besitzt keine Unsicherheit, es ergibt sich:

$$\tilde{X}_\mathrm{A} = f(T_\mathrm{obj,A}) \tag{4.41}$$

$$u\left(\tilde{X}_\mathrm{A}\right) = \pm 0\ \mathrm{LSB}. \tag{4.42}$$

Die Unsicherheit wird gemäß Gleichung (4.19) in die drei Terme aufgeteilt. Für die Unsicherheit durch die Drift wird die vom Hersteller spezifizierte Unsicherheit[3] [42] angenommen, da die Drift die wesentliche Unsicherheitskomponente darstellt:

$$u\left(X_{\Delta(t)}\right) = f\left(\pm 2{,}0\,\mathrm{K}\right). \tag{4.43}$$

Die ortsabhängige Unsicherheit beträgt laut Herstellerangaben [189]:

$$u\left(X_{\Delta(j)}\right) = f\left(\pm 0{,}1\,\mathrm{K}\right). \tag{4.44}$$

Für die verbleibende Unsicherheit wird angenommen, dass das Rauschen des Sensors den dominierenden Einfluss darstellt. Zur Abschätzung wird daher die rauschäquivalente Temperaturdifferenz (noise equivalent temperture difference, NETD) des Sensors verwendet [42]:

$$u\left(X_{\Delta(t,j)}\right) = f\left(\pm 0{,}08\,\mathrm{K}\right). \tag{4.45}$$

Die oben getroffenen Annahmen konnten anhand von exemplarisch für die verwendeten IR-Kameras durchgeführten Untersuchungen bestätigt werden.

Parameter der Kamerakennlinie $K_1 \ldots K_4$: Die Parameter der Kamerakennlinie werden als Approximation der Kalibrierung des Herstellers festgelegt. Dazu wird die Kamerakennlinie nach den Gleichungen (4.16) bzw. (4.18) mit einem nichtlinearen Optimierungsverfahren [106] und Stützstellen über den Kalibrierbereich der Kamera angepasst. Der gewählte Algorithmus liefert direkt eine Unsicherheit für die bestimmten Parameter. Diese unterscheiden sich zwischen den verwendeten Kameras, obwohl zwei baugleiche Kameras vom selben Hersteller verwendet wurden. Werden die Unsicherheiten auf die Parameter normiert, ergeben sich vergleichbare relative

3 Die Angabe bezieht sich auf eine Objekttemperatur von 25 °C und wird für diese Temperatur in eine strahlungsäquivalente Unsicherheit $u(X)$ überführt.

Messunsicherheiten u_{rel} für die Parameter $K_1 \ldots K_4$:

$$u_{\mathrm{rel}}\,(K_1) = 0{,}0034, \tag{4.46}$$

$$u_{\mathrm{rel}}\,(K_2) = 0{,}0007, \tag{4.47}$$

$$u_{\mathrm{rel}}\,(K_3) = 0{,}0139, \tag{4.48}$$

$$u_{\mathrm{rel}}\,(K_4) = 0{,}0001. \tag{4.49}$$

Auf diesem Weg ließe sich auch die Gesamtmessunsicherheit der Kalibrierung abbilden, wenn die dazu benötigten Daten durch den Hersteller verfügbar gemacht würden. Die Korrelationsmatrix der Kameraparameter $\mathbf{R}_K$ ergibt sich zu:

$$\mathbf{R}_K \begin{pmatrix} K_1 \\ K_2 \\ K_3 \\ K_4 \end{pmatrix} = \begin{pmatrix} 1 & 1{,}00 & -0{,}99 & 0{,}97 \\ 1{,}00 & 1 & -0{,}99 & 0{,}98 \\ -0{,}99 & -0{,}99 & 1 & -0{,}94 \\ 0{,}97 & 0{,}98 & -0{,}94 & 1 \end{pmatrix} \tag{4.50}$$

4.3.3 Korrektur- und Bildverarbeitungsgrößen

Arbeitspunkt der Einflussgrößen $\underline{x}_{\mathbb{A}}$: Die Berechnung der Bezugsbedingungen (Arbeitspunkt) erfolgt in Abschnitt C.4. Für die Messkampagne in Großdrebnitz wurden folgende Werte ermittelt:

$$\vartheta_{\mathrm{amb},\mathbb{A}} = (17{,}65 \pm 0{,}01)\,°\mathrm{C}, \tag{4.51}$$

$$\varphi_{\mathbb{A}} = (63{,}51 \pm 0{,}01)\,\%\,\mathrm{r.\,F.}, \tag{4.52}$$

$$p_{\mathbb{A}} = (986{,}9 \pm 0{,}1)\,\mathrm{hPa}, \tag{4.53}$$

$$v_{\mathbb{A}} = (0{,}15 \pm 0{,}01)\,\mathrm{m\,s^{-1}}, \tag{4.54}$$

$$\mathbb{I}_{T,\varphi\,\mathbb{A}} = (38{,}72 \pm 0{,}02), \tag{4.55}$$

$$\vartheta_{\mathrm{ref},\mathbb{A}} = (12{,}35 \pm 0{,}01)\,°\mathrm{C}. \tag{4.56}$$

Die Korrelation der Eingangsgrößenarbeitspunkte entspricht der Korrelation der gemessenen Klimagrößen, es gilt:

$$\mathbf{R}_{\mathbb{A}}\Big(\vartheta_{\mathrm{amb},\mathbb{A}}, \varphi_{\mathbb{A}}, p_{\mathbb{A}}, v_{\mathbb{A}}, \mathbb{I}_{T,\varphi\,\mathbb{A}}, \vartheta_{\mathrm{ref},\mathbb{A}}\Big)^{\mathsf{T}} = \mathbf{R}_{\mathrm{amb}}(\vartheta_{\mathrm{amb}}, \varphi, p, v, \mathbb{I}_{T,\varphi}, \vartheta_{\mathrm{ref}})^{\mathsf{T}}. \tag{4.57}$$

Regressionskoeffizienten $\underline{C}$: Die Regressionsparameter $\underline{C} = \Big(C_{1,T_{\mathrm{amb}}}, C_{1,\mathbb{I}_{T,\varphi}}\Big)^{\mathsf{T}}$ von Gleichung (4.12) und deren Messunsicherheit $u^2(\underline{C})$ wurden mit dem MGKQ-Verfahren

[105] berechnet. Sie sind spezifisch für jede Region und jedes Merkmal. Die Parameter der Beispielrechnung sind in Tabelle 4.3 zusammengestellt[4].

Tabelle 4.3: Regressionskoeffizienten $C_{1,T_{\mathrm{amb}}}$ und $C_{1,\mathbb{I}_{T,\varphi}}$ sowie deren Messunsicherheit für ausgewählte Merkmale und Regionen

Region	Merkmal	$C_{T_{ref}}$	C_{THI}	$u\,(\underline{C})$	$\mathbf{R}\,(\underline{C})$
Klaue klein	$\bar{T}$	1,88	-0,153	$\begin{pmatrix}0{,}0115\\0{,}0022\end{pmatrix}$	$\begin{pmatrix}1{,}0 & -0{,}94\\-0{,}94 & 1{,}00\end{pmatrix}$
	$\mathrm{s}\,(T)$	0,035	-0,015	$\begin{pmatrix}0{,}0031\\0{,}0006\end{pmatrix}$	$\begin{pmatrix}1{,}00 & -0{,}94\\-0{,}94 & 1{,}00\end{pmatrix}$
	$\hat{T}$	1,14	-0,096	$\begin{pmatrix}0{,}0089\\0{,}0017\end{pmatrix}$	$\begin{pmatrix}1{,}0 & -0{,}94\\-0{,}94 & 1{,}00\end{pmatrix}$
Klaue groß	$\bar{T}$	1,26	-0,080	$\begin{pmatrix}0{,}0049\\0{,}0009\end{pmatrix}$	$\begin{pmatrix}1{,}00 & -0{,}94\\-0{,}94 & 1{,}00\end{pmatrix}$
	$\mathrm{s}\,(T)$	0,052	-0,019	$\begin{pmatrix}0{,}0031\\0{,}0006\end{pmatrix}$	$\begin{pmatrix}1{,}00 & -0{,}94\\-0{,}94 & 1{,}00\end{pmatrix}$
	$\hat{T}$	0,804	-0,072	$\begin{pmatrix}0{,}0066\\0{,}0012\end{pmatrix}$	$\begin{pmatrix}1{,}00 & -0{,}94\\-0{,}94 & 1{,}00\end{pmatrix}$
Euter	$\bar{T}$	0,524	-0,020	$\begin{pmatrix}0{,}0044\\0{,}0008\end{pmatrix}$	$\begin{pmatrix}1{,}0 & -0{,}94\\-0{,}94 & 1{,}0\end{pmatrix}$
	$\mathrm{s}\,(T)$	-0,068	0,001	$\begin{pmatrix}0{,}0016\\0{,}0003\end{pmatrix}$	$\begin{pmatrix}1{,}00 & -0{,}94\\-0{,}94 & 1{,}0\end{pmatrix}$
	$\hat{T}$	0,396	-0,017	$\begin{pmatrix}0{,}0036\\0{,}0007\end{pmatrix}$	$\begin{pmatrix}1{,}00 & -0{,}94\\-0{,}94 & 1{,}0\end{pmatrix}$
Vergleichsfläche	$\bar{T}$	1,08	-0,055	$\begin{pmatrix}0{,}0093\\0{,}0018\end{pmatrix}$	$\begin{pmatrix}1{,}00 & -0{,}94\\-0{,}94 & 1{,}0\end{pmatrix}$
	$\mathrm{s}\,(T)$	-0,039	-0,005	$\begin{pmatrix}0{,}0014\\0{,}0003\end{pmatrix}$	$\begin{pmatrix}1{,}00 & -0{,}94\\-0{,}94 & 1{,}00\end{pmatrix}$
	$\hat{T}$	0,948	-0,062	$\begin{pmatrix}0{,}0078\\0{,}0015\end{pmatrix}$	$\begin{pmatrix}1{,}0 & -0{,}94\\-0{,}94 & 1{,}00\end{pmatrix}$

Messunsicherheit $M_{\Delta(M_m,\mathcal{R})}$ der Segmentierung: Die Unsicherheit der Segmentierung lässt sich nicht direkt aus den Verfahren ableiten. Als Schätzung für die Unsicherheit wird die in Abschnitt 3.2.3 bestimmte Segmentierungsabweichung nach Gleichung (3.29) genutzt:

$$\tilde{u}(M) = \delta_{\mathcal{R}} \bar{M}\left(\mathcal{R}_{\mathrm{man}}\right).$$

Die entsprechenden Werte sind in den Tabellen 3.7 und 3.8 zusammengestellt.

4 Für die Messungen in Großdrebnitz wurde für die Umgebungstemperatur T_{amb} die Referenzstrahlertemperatur $T_{\mathrm{ref},M}$ genutzt.

4.4 Unreferenzierte Strahlungstemperaturmessung

Aufgrund der verketteten Modellstruktur des Gesamtmodells gemäß Gleichung (4.31) werden die Modelle schrittweise berechnet. Zunächst wird nur das Teilmodell der unreferenzierten Strahlungstemperaturmessung $g_{\mathbf{M2},\mathrm{U}}$ betrachtet. Das Messergebnis für die unreferenzierte Strahlungstemperaturmessung wird mit der Modellgleichung der unreferenzierten Messung:

$$\begin{aligned} T_{\mathrm{obj,S}} &= g_{\mathbf{M2},\mathrm{U}}\Big(X_{\mathrm{obj,A}}, T_{\mathrm{amb,M}}, \varepsilon_{\mathrm{obj}}, \tau, K_1, \dots, K_4\Big) \\ &= f^{-1}\left(\frac{1}{\varepsilon_{\mathrm{obj}}\tau} X_{\mathrm{obj,A}} - \frac{1-\varepsilon_{\mathrm{obj}}\tau}{\varepsilon_{\mathrm{obj}}\tau} f\left(T_{\mathrm{amb,M}}\right)\right) \end{aligned} \tag{4.58}$$

mit

$$X = f(T) = \frac{K_1}{\mathrm{e}^{\frac{K_2}{T}} - K_3} + K_4 \tag{4.59}$$

und

$$T = f^{-1}(X) = K_2\left(\ln\left(\frac{K_1}{X - K_4} + K_3\right)\right)^{-1} \tag{4.60}$$

berechnet. Dazu werden gemäß Gleichung (4.2) zunächst alle partiellen Ableitungen der Modellfunktion $g_{\mathbf{M2},u}$ ermittelt (siehe Abschnitt A.4.1).

4.4.1 Berechnung des vollständigen Messergebnisses

Für die Berechnung der Temperatur $T_{\mathrm{obj,S}}$ werden die in Abschnitt 4.3 ermittelten Eingangsgrößen gemäß Gleichung (4.1) in die Funktionen $g_{\mathbf{M2},\mathrm{U}}$ eingesetzt. Die Unsicherheit wird nach Gleichung (4.2) ermittelt. Für die Modellfunktion $g_{\mathbf{M2},\mathrm{U}}$ ergibt sich somit:

$$\begin{aligned} u\left(T_{\mathrm{obj,S}}\right)^2 = &\left(\frac{\partial g_{\mathbf{M2},\mathrm{U}}}{\partial X_{\mathrm{obj},A}}\right)^2 \left(u(\tilde{X}_{\mathrm{obj,A}})^2 + u(X_{\Delta(t)})^2 + u(X_{\Delta(j)})^2 + u(X_{\Delta(j,t)})^2\right) \\ &+ \left(\frac{\partial g_{\mathbf{M2},\mathrm{U}}}{\partial T_{\mathrm{amb}}}\right)^2 u(T_{\mathrm{amb,M}})^2 + \left(\frac{\partial g_{\mathbf{M2},\mathrm{U}}}{\partial \varepsilon_{\mathrm{obj}}}\right)^2 u\left(\varepsilon_{\mathrm{obj}}\right)^2 + \left(\frac{\partial g_{\mathbf{M2},\mathrm{U}}}{\partial \tau}\right)^2 u\left(\tau\right)^2 \\ &+ \sum_{i=1}^{4}\sum_{j=1}^{4}\left(\frac{\partial g_{\mathbf{M2},\mathrm{U}}}{\partial K_i}\right)\left(\frac{\partial g_{\mathbf{M2},\mathrm{U}}}{\partial K_j}\right) u\left(K_i, K_j\right). \end{aligned} \tag{4.61}$$

Die Werte der Beispielrechnung sind in Tabelle 4.4 zusammengestellt.

Die Objekttemperatur beträgt damit $\vartheta_{\text{obj,S}} = (30{,}7 \pm 2{,}2)\,°\text{C}$. Die Unsicherheit des Messergebnisses $u(T_{\text{obj,S}})$ wird von der Drift $X_{\Delta(t)}$ dominiert. $u(X_{\Delta(t)})$ hat einen Anteil von 98,37 % an $u(T_{\text{obj,S}})^2$. Alle weiteren Eingangsgrößen wirken sich nur geringfügig auf die Ergebnisunsicherheit aus.

4.4.2 Untersuchung der Einflussfaktoren

Für eine Abschätzung der im praktischen Betrieb auftretenden Messunsicherheiten werden Eingangsgrößen in den Intervallen nach Tabelle 4.2 mit einer Schrittweite von 1 K variiert. Abbildung 4.10 zeigt die resultierende Verteilung der Gesamtunsicherheit $u(T_{\text{obj,S}})$ für die relevanten Temperaturbereiche von $\vartheta_{\text{obj,A}}$ und $\vartheta_{\text{amb,M}}$. Es wird deutlich, dass die Objekttemperatur $\vartheta_{\text{obj,A}}$ den dominierenden Einfluss auf die resultierende Gesamtunsicherheit hat. Mit steigender Objekttemperatur $\vartheta_{\text{obj,A}}$ sinkt die Ergebnisunsicherheit $u\,(T_{\text{obj,S}})$. Die Umgebungstemperatur spielt eine untergeordneter Rolle. Überraschend ist, dass die Ergebnisunsicherheit $u\,(T_{\text{obj,S}})$ für Objekttemperaturen von unter 35 °C kleiner als die Unsicherheit der Kamera werden kann. Für Objekttemperaturen im Bereich bis 35 °C ist die Ergebnisunsicherheit mit $u(T_{\text{obj,A}}) \approx \pm 2{,}0\,\text{K}$ gerade im Bereich der Kameraunsicherheit. Selbst im physiologischen Grenzbereich $\vartheta_{\text{obj}} > 40\,°\text{C}$ ist die Ergebnisunsicherheit noch höher als die diagnostisch relevanten Temperaturdifferenzen.

4.5 Referenzierte Strahlungstemperaturmessung

Zur Kompensation der Drift wird in der Thermographie üblicherweise ein Referenzstrahler (auch Vergleichsstrahler genannt) eingesetzt. Dessen Temperatur und Strahlungseigenschaften sind bekannt bzw. messbar und werden zur Korrektur der IR-Messung genutzt. Die Berechnung des Messergebnisses erfolgt analog zu Abschnitt 4.4 mit der bereits eingeführten Modellgleichung (4.21) für die referenzierte Messung:

$$\begin{aligned} T_{\text{obj},S,k} &= g_{\mathbf{M2}}\Big(X_{\text{obj},A}, X_{\text{ref},A}, T_{\text{amb}}, T_{\text{ref}}, \varepsilon_{\text{obj}}, \varepsilon_{\text{ref}}, \tau, K_1, \ldots, K_4\Big) \\ &= f^{-1}\left(\frac{1}{\varepsilon_{\text{obj}}\tau} X_{\text{obj},A} + f\left(T_{\text{ref}}\right) - \frac{1}{\varepsilon_{\text{ref}}\tau} X_{\text{ref},A} - \left(\frac{1}{\varepsilon_{\text{obj}}\tau} - \frac{1}{\varepsilon_{\text{ref}}\tau}\right) f\left(T_{\text{amb}}\right)\right). \end{aligned} \tag{4.62}$$

Dabei sind T_{ref} und ε_{ref} zunächst frei wählbar. Üblich ist die Wahl eines möglichst hohen Emissionskoeffizienten ε_{ref} und einer Referenzstrahlertemperatur deutlich über der Umgebungstemperatur. Dies bietet den Vorteil, dass die Referenzmessfläche im Bild gut erkennbar ist. Wie diese Größen aus messtechnischer Sicht optimal gewählt werden, ist Gegenstand der weiteren Untersuchung.

Tabelle 4.4: Werte und Messunsicherheiten für die Beispielrechnung der unreferenzierten Strahlungstemperaturmessung gemäß Gleichung (4.23)

Größe	**Wert**	**Unsicherheit**	**Einheit**	**Anteil u^2** in %
K_1	$1{,}53486 \cdot 10^6$	5276	LSB	−0,01
K_2	1668	2	K	0,01
K_3	−5,48	0,08		0,00
K_4	22840	3	LSB	0,00
$T_{\text{amb,M}}$	288,2	2,0	K	0,15
$X_{\Delta(t)}$	0	217,4	LSB	98,38
$\tilde{X}_{\text{obj,A}}$	28949,4	0	LSB	0,00
$X_{\text{obj},\Delta(j,t)}$	0	8,7	LSB	0,16
$X_{\text{obj},\Delta(j)}$	0	10,9	LSB	0,25
ε_{obj}	0,955	0,015		1,07
τ	0,999	0,001		0,00
$T_{\text{obj,S}}$	303,8	2,2	K	100,00

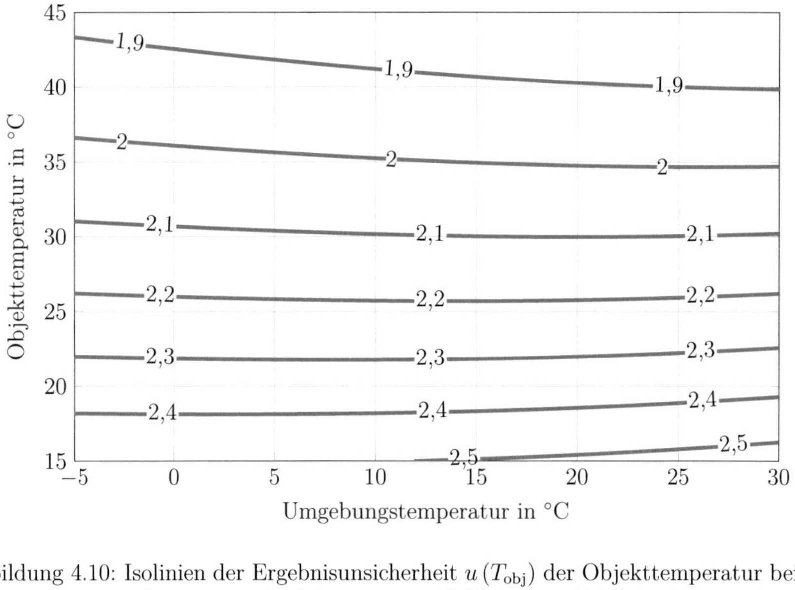

Abbildung 4.10: Isolinien der Ergebnisunsicherheit $u\,(T_{\text{obj}})$ der Objekttemperatur bei unreferenzierten IR-Messung gemäß Gleichung (4.23) in Abhängigkeit von der Umgebungstemperatur ϑ_{amb} und der Objekttemperatur ϑ_{obj}. Die Zahlenwerte sind in K angegeben.

4.5.1 Berechnung des vollständigen Messergebnisses

Analog dem Vorgehen bei der unreferenzierten Messung werden für die Berechnung der Temperatur $T_{\mathrm{obj,S,R}}$ die in Abschnitt 4.3 ermittelten Eingangsgrößen in die Funktionen $g_{\mathbf{M2}}$ von Gleichung (4.21) eingesetzt. Die Gesamtunsicherheit $u(T_{\mathrm{obj,S,R}})$ ergibt sich dann gemäß Gleichung (4.2) zu:

$$\begin{aligned} u\left(T_{\mathrm{obj,S,R}}\right)^2 = & \left(\frac{\partial g_{\mathbf{M2}}}{\partial X_{\mathrm{obj,A}}}\right)^2 \left(u(\tilde{X}_{\mathrm{obj,A}})^2 + u(X_{\mathrm{obj},\Delta(j)})^2 + u(X_{\mathrm{obj},\Delta(j,t)})^2\right) \\ & + \left(\frac{\partial g_{\mathbf{M2}}}{\partial X_{\mathrm{ref,A}}}\right)^2 \left(u(\tilde{X}_{\mathrm{ref,A}})^2 + u(X_{\mathrm{ref},\Delta(j)})^2 + u(X_{\mathrm{ref},\Delta(j,t)})^2\right) \\ & + \left(\frac{\partial g_{\mathbf{M2}}}{\partial X_{\Delta(t)}}\right)^2 u(X_{\Delta(t)})^2 \\ & + 2\left(\frac{\partial g_{\mathbf{M2}}}{\partial T_{\mathrm{amb}}}\right)^2 u(T_{\mathrm{amb,M}})^2 + \left(\frac{\partial g_{\mathbf{M2}}}{\partial T_{\mathrm{ref}}}\right)^2 u(T_{\mathrm{ref,M}})^2 \\ & + \left(\frac{\partial g_{\mathbf{M2}}}{\partial T_{\mathrm{amb}}}\right)\left(\frac{\partial g_{\mathbf{M2}}}{\partial T_{\mathrm{ref}}}\right) u(T_{\mathrm{amb,M}}, T_{\mathrm{ref,M}}) \\ & + \left(\frac{\partial g_{\mathbf{M2}}}{\partial \varepsilon_{\mathrm{obj}}}\right)^2 u\left(\varepsilon_{\mathrm{obj}}\right)^2 + \left(\frac{\partial g_{\mathbf{M2}}}{\partial \varepsilon_{\mathrm{ref}}}\right)^2 u\left(\varepsilon_{\mathrm{ref}}\right)^2 + \left(\frac{\partial g_{\mathbf{M2}}}{\partial \tau}\right)^2 u\left(\tau\right)^2 \\ & + \sum_{i=1}^{4}\sum_{j=1}^{4}\left(\frac{\partial g_{\mathbf{M2},\mathrm{U}}}{\partial K_i}\right)\left(\frac{\partial g_{\mathbf{M2},\mathrm{U}}}{\partial K_j}\right) u\left(K_i, K_j\right). \end{aligned} \tag{4.63}$$

Die Werte der Beispielrechnung sind in Tabelle 4.5 zusammengestellt.

Die Objekttemperatur beträgt damit $\vartheta_{\mathrm{obj,S,R}} = (29{,}0 \pm 0{,}5)\,°\mathrm{C}$. Es zeigt sich, dass die driftbedingte Abweichung von $T_{\mathrm{obj,S}}$ korrigiert wurde und die Ergebnisunsicherheit mit $u(T_{\mathrm{obj,S,R}}) = 0{,}5\,\mathrm{K}$ deutlich geringer ist als bei der unreferenzierten Messung mit $u(T_{\mathrm{obj,S}}) = 2{,}2\,\mathrm{K}$. Die zuvor dominierende Unsicherheit $u(X_{\Delta(t)})$ wird auf einen Anteil an u^2 von 1,4 % reduziert, da die partielle Ableitung von $g_{\mathbf{M2}}$ nach $X_{\Delta(t)}$ (Gleichung (A.30)) für $\varepsilon_{\mathrm{ref}} \approx \varepsilon_{\mathrm{obj}}$ gegen Null geht. Dominiert wird die Ergebnisunsicherheit von den Messunsicherheiten für $\varepsilon_{\mathrm{ref}}$ (34 %), $\varepsilon_{\mathrm{obj}}$ (23 %) und $T_{\mathrm{ref,M}}$ (27 %).

4.5.2 Optimierung der Referenzstrahlereigenschaften

Emissionsgrad $\varepsilon_{\mathrm{ref}}$ und Temperatur T_{ref} des Referenzstrahlers haben einen wesentlichen Einfluss auf die Ergebnisunsicherheit (im Rechenbeispiel $\approx \frac{2}{3}u(T_{\mathrm{obj,S,R}})^2$). Zur Minimierung der Ergebnisunsicherheit müssen diese geeignet gewählt werden.

Eine analytische Optimierung ist aufgrund der komplexen Struktur von Gleichung (4.63) für $u\left(T_{\mathrm{obj,S,R}}\right)$ und der Verkopplung mit den anderen Eingangsgrößen (besonders ϵ_{obj} und

Tabelle 4.5: Werte und Messunsicherheiten für die Beispielrechnung der referenzierten Strahlungstemperaturmessung gemäß Gleichung (4.21)

Größe	**Wert**	**Unsicherheit**	**Einheit**	**Anteil u²** in%
K_1	$1{,}53486 \cdot 10^6$	5276	LSB	0,01
K_2	1668	2	K	−0,01
K_3	−5,48	0,08		0,00
K_4	22840	3	LSB	0,00
$T_{\text{ref,M}}$	313,2	0,3	K	27,37
$T_{\text{amb,M}}$	288,2	2,0	K	−3,10
$X_{\Delta(t)}$	0	217,4	LSB	1,39
$\tilde{X}_{\text{obj,A}}$	28949,4	0	LSB	0,00
$X_{\text{obj},\Delta(j,t)}$	0	8,7	LSB	3,41
$X_{\text{ref},\Delta(j,t)}$	0	8,7	LSB	3,24
$\tilde{X}_{\text{ref,A}}$	30213,8	0	LSB	0,00
$X_{\text{obj},\Delta(j)}$	0	10,9	LSB	5,32
$X_{\text{ref},\Delta(j)}$	0	10,9	LSB	5,05
ε_{obj}	0,955	0,015		23,16
ε_{ref}	0,98	0,01		34,11
τ	0,999	0,001		0,05
$T_{\text{obj,S}}$	302,1	0,5	K	100,00

T_{obj}) sehr aufwändig. Daher werden mithilfe einer Variationsrechnung günstige Werte bestimmt. Dazu werden zunächst die Emissionsgrade ε_{obj} und ε_{ref} im Intervall $[0{,}5; 1]$ variiert. Die resultierenden Ergebnisunsicherheiten sind in Abbildung 4.11 als Linien gleicher Unsicherheit dargestellt. Daraus geht hervor, dass der Emissionsgrad ε_{ref} möglichst dem Emissionsgrad ε_{obj} des Messobjekts entsprechen sollte. Dies lässt sich auch anhand der partiellen Ableitungen vermuten, da für $\varepsilon_{\text{obj}} = \varepsilon_{\text{ref}}$ einige Terme zu Null werden und damit der Wert der partiellen Ableitungen und mithin die Wichtung der zugehörigen Unsicherheiten sinkt. Dies widerspricht der verbreiteten Meinung, dass der Emissionsgrad des Vergleichsstrahlers besonders hoch sein muss. Besonders relevant ist diese Erkenntnis für Messobjekte mit geringerem Emissionsgrad, etwa auf Metall oder Glas.

Praktisch wird der Emissionsgrad des Vergleichsstrahlers durch dessen Beschichtung bestimmt. Dabei sind neben dem Emissionsgrad auch praktische Randbedingungen wie Wisch- und Wasserfestigkeit zu berücksichtigen. Der realisierte Emissionsgrad $\varepsilon_{\text{ref}} = 0{,}98$, erreicht durch die gewählte robuste Beschichtung, entspricht annähernd dem des Messobjekts von $\varepsilon_{\text{obj}} = 0{,}955$[5]. Die realisierte Variante (in Abbildung 4.11 als Kreuz gekennzeichnet) liegt damit im messtechnisch günstigen Bereich.

5 Realisiert wurde der Vergleichsstrahler mit einem PTFE-beschichteter Topf. Der Pt100-Messfühler wurde thermisch gut angekoppelt in den Boden integriert.

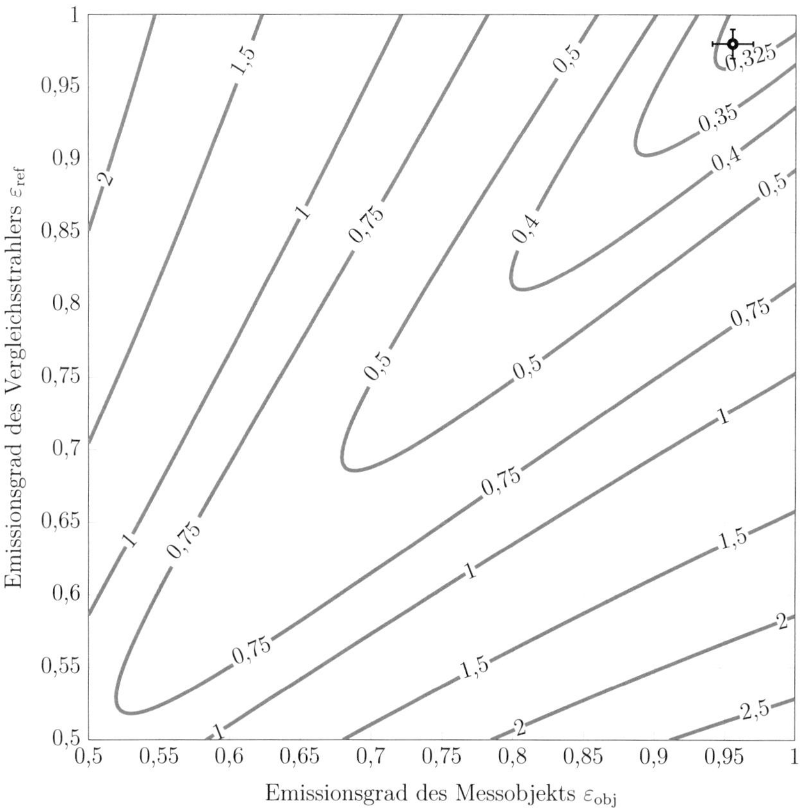

Abbildung 4.11: Isolinien der Ergebnisunsicherheit $u\,(T_{\mathrm{obj,S,R}})$ der Objekttemperatur bei referenzierter IR-Messung gemäß Gleichung (4.21) in Abhängigkeit von den Emissionsgraden $\varepsilon_{\mathrm{obj}}$ und $\varepsilon_{\mathrm{ref}}$. Die Markierung entspricht den Emissionsgraden $\varepsilon_{\mathrm{obj}} = (0{,}955 \pm 0{,}015)$ und $\varepsilon_{\mathrm{ref}} = (0{,}98 \pm 0{,}01)$. Die Zahlenwerte sind in K angegeben.

Bei der Optimierung der Vergleichsstrahlertemperatur T_{ref} ist die Abhängigkeit von der Objekttemperatur T_{obj} und der Umgebungstemperatur T_{amb} zu berücksichtigen. Abbildung 4.12 zeigt die Vergleichsstrahlertemperatur für die die minimale Ergebnisunsicherheit (Abbildung 4.13 a) erreicht wird.

Die Wahl einer festen Vergleichstrahlertemperatur, wie bei Vergleichsstrahlern im Labor üblich, schöpft das Potenzial für wechselnde Umgebungsbedingungen nicht aus. Optimal ist die Steuerung der Vergleichstrahlertemperatur in Abhängigkeit von Objekt- und Umgebungstemperatur. Wobei die Umgebungstemperatur der dominierende Einfluss ist. Die optimale Vergleichsstrahlertemperatur liegt hier unterhalb der Umgebungstemperatur. Der Vergleichsstrahler müsste gekühlt werden. Im praktischen Einsatz ist dabei jedoch mit dem Niederschlag von Tauwasser zu rechnen. Eine gesteuerte Thermostatisierung ist für die hier vorliegenden rauen Einsatzbedingungen aufwändig. Als Alternative wird vorgeschlagen, gänzlich auf eine Thermostatisierung zu verzichten. Der Vergleichsstrahler hat dann annähernd die Temperatur der Umgebung.

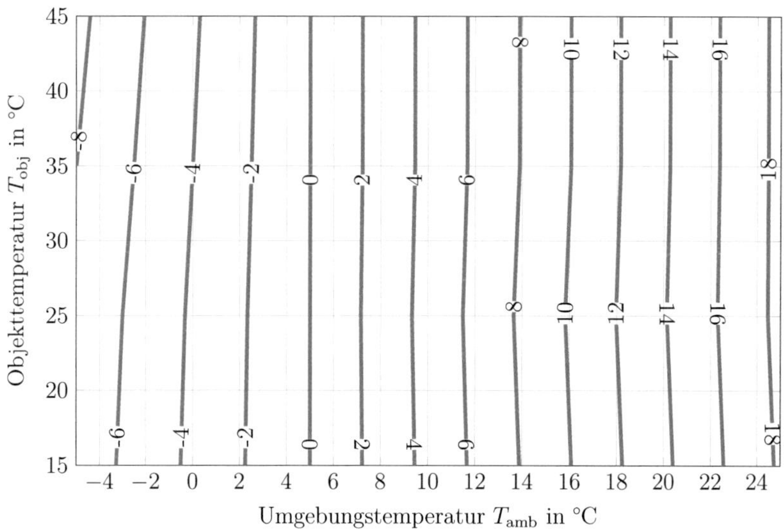

Abbildung 4.12: Isolinien der Vergleichsstrahlertemperatur T_{ref} für die die Ergebnisunsicherheit $u\,(T_{\text{obj,S,R}})$ gemäß Gleichung (4.63) minimal wird, in Abhängigkeit von der Umgebungstemperatur ϑ_{amb} und der Objekttemperatur ϑ_{obj}

Die praktischen Untersuchungen zeigen, dass die Temperatur eines passiven Vergleichsstrahlers höchstens um 2 K von der Umgebungstemperatur abweicht, häufig auch deutlich weniger (Abbildung C.9 a). Zudem führt der einfache Aufbau zu geringeren Kosten und einer höheren Zuverlässigkeit. Für wechselnde Umgebungstemperaturen besitzt diese Konfiguration eine geringere Messunsicherheit als eine mit einem Vergleichsstrahler fester Temperatur. Ein Vergleich der Messunsicherheit des passiven Vergleichsstahlers (Abbildung 4.13 b) mit der minimal errreichbaren Messunsicherheit (Abbildung 4.13 a) zeigt keine relevanten Unterschiede ($\Delta u(T_{\mathrm{obj,S,R}}) < 0{,}02\,\mathrm{K}$). Die Nutzung eines passiven Vergleichsstahlers ist unter den Randbedingungen der veterinären Infrarotthermografie optimal.

Wird die Beispielrechnung mit einem passiven Vergleichsstrahler mit einer Temperatur $T_{\mathrm{ref}} = 16\,°\mathrm{C} \approx T_{\mathrm{amb}}$ wiederholt (Tabelle 4.6), ergibt sich eine deutlich geringere Ergebnisunsicherheit von 0,4 K.

Tabelle 4.6: Werte und Messunsicherheiten für die Beispielrechnung der referenzierten Strahlungstemperaturmessung gemäß Gleichung (4.21) mit optimiertem Vergleichsstrahler

Größe	**Wert**	**Unsicherheit**	**Einheit**	**Anteil u²** in%
K_1	$1{,}53486 \cdot 10^6$	5276	LSB	0,01
K_2	1668	2	K	−0,01
K_3	−5,48	0,08		0,00
K_4	22840	3	LSB	0,00
$T_{\mathrm{ref,M}}$	289,2	0,2	K	18,48
$T_{\mathrm{amb,M}}$	288,2	2,0	K	−3,03
$X_{\Delta(t)}$	0	217,4	LSB	2,81
$\tilde{X}_{\mathrm{obj,A}}$	28949,4	0	LSB	0,00
$X_{\mathrm{obj},\Delta(j,t)}$	0	8,7	LSB	6,90
$X_{\mathrm{ref},\Delta(j,t)}$	0	8,7	LSB	6,55
$\tilde{X}_{\mathrm{ref,A}}$	27637	0	LSB	0,00
$X_{\mathrm{obj},\Delta(j)}$	0	10,9	LSB	10,77
$X_{\mathrm{ref},\Delta(j)}$	0	10,9	LSB	10,23
$\varepsilon_{\mathrm{obj}}$	0,955	0,015		46,86
$\varepsilon_{\mathrm{ref}}$	0,98	0,01		0,31
τ	0,9985	0,001		0,13
$T_{\mathrm{obj,S}}$	302,9	0,4	K	100,00

Das vollständige Messergebnis lautet dann $\vartheta_{\mathrm{obj,S,R}} = (29{,}8 \pm 0{,}4)\,°\mathrm{C}$. Der dominierende Einfluss von $\varepsilon_{\mathrm{ref}}$ (34 %) wird auf 0,3 % reduziert. Dies lässt sich an der partiellen Ableitung ablesen, die für $T_{\mathrm{ref}} \to T_{\mathrm{amb}}$ gegen Null geht. Als wesentliche Einflussgrößen verbleiben die Unsicherheiten des Emissionsgrads $\varepsilon_{\mathrm{obj}}$ (47 %) und der Vergleichsstrahlertemperatur T_{ref} (18 %). Danach folgen mit jeweils ca. 11% die Unsicherheitsanteile von $X_{\mathrm{obj},\Delta(j)}$ und $X_{\mathrm{ref},\Delta(j)}$, welche als Bildinhomogenität interpretiert werden.

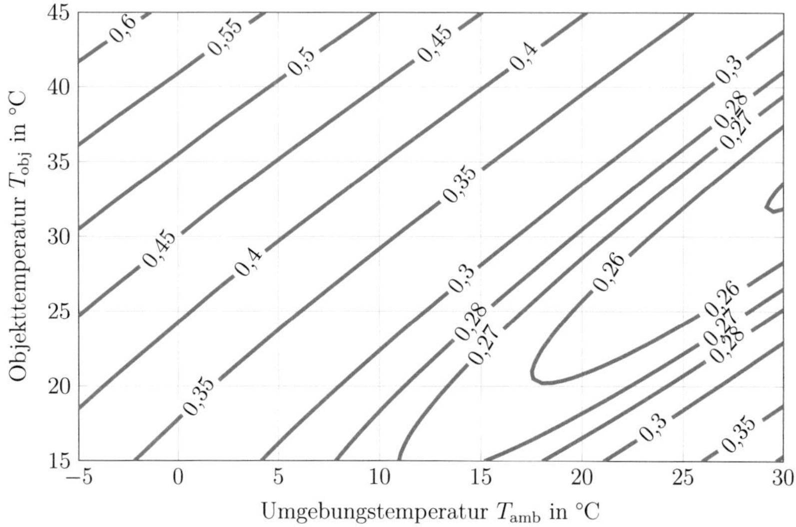

(a)

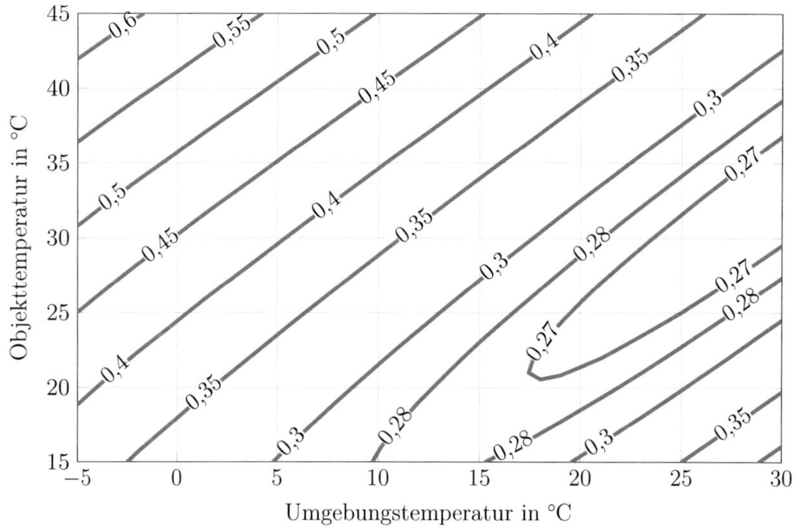

(b)

Abbildung 4.13: Isolinien der Ergebnisunsicherheit $u\,(T_{obj,S,R})$ der Objekttemperatur bei referenzierten IR-Messung gemäß Gleichung (4.21) in Abhängigkeit von der Umgebungstemperatur ϑ_{amb} und der Objekttemperatur ϑ_{obj} für (a) die Vergleichstrahlertemperatur minimaler Unsicherheit und (b) einen passiven Vergleichstrahler mit $T_{amb} - 2\,K \leq T_{ref} \leq T_{amb} + 2\,K$. Die Zahlenwerte sind in K angegeben.

4.6 Bildverarbeitung und Merkmalsberechnung

Die Bildverarbeitung wählt in einem Temperaturbild die zu einer Regionen gehörenden Bildpunkte/Temperaturwerte $\underline{T}_{\mathrm{S,R}}\big|_{\in\mathcal{R}}$ aus. Die Merkmalsberechnung überführt diese in ein Bildmerkmal M. Die Unsicherheit durch die automatische Segmentierung wird durch eine Schätzung $M_{\Delta(M,\mathcal{R})}$ abgebildet. Allgemein ergibt sich die Modellfunktion $g_{\mathbf{M3}}$:

$$\begin{aligned} M &= g_{\mathbf{M3},M}\left(\underline{T}_{,\mathrm{S,R}}\big|_{\in\mathcal{R}}, M_{\Delta(M,\mathcal{R})}\right) \\ &= h_M\left(\underline{T}_{\mathrm{S,R}}\big|_{\in\mathcal{R}}\right) + M_{\Delta(M,\mathcal{R})}. \end{aligned} \tag{4.64}$$

Um die Berechnungen kompakt darzustellen, wird die korrigierte Temperatur $T_{\mathrm{S,R},i}$ eines Bildpunktes i verkürzt als T_i geschrieben. Die Funktion h_M steht dabei für die Bildungsvorschrift des jeweiligen Bildmerkmals (Abschnitt 3.1). Exemplarisch werden der Temperaturmittelwert $\bar{T}$, die Streuung $\mathrm{s}(T)$ der Temperatur und die Maximaltemperatur $\hat{T}$ mit den Bildungsvorschriften

$$\begin{aligned} h_{\bar{T}}(\mathcal{R}) = \bar{T} &= \frac{1}{N_{\mathcal{R}}}\sum_{(\mathcal{R})} T_i\,, \\ h_{\mathrm{s}(T)}(\mathcal{R}) = \mathrm{s}(T) &= \sqrt{\frac{1}{N_{\mathcal{R}}}\sum_{(R)}\left(T_i - \bar{T}\right)^2} \end{aligned}$$

und

$$h_{\hat{T}}(\mathcal{R}) = \hat{T} = \max(T_i)|_{\mathcal{R}}$$

untersucht. Die Berechnungsvorschrift für $\bar{T}$ mittelt über die Temperaturwerte einer Region. Dabei ist zu beachten, dass einige Unsicherheitskomponenten für das gesamte Bild gelten, andere nur für einzelne Bildpunkte. Aus diesem Grund wird die Temperatur T_i analog zur Eingangsgröße der Kamera in einen wahrscheinlichsten Wert $\tilde{T}_i$ ($u(\tilde{T}_i) = 0$) und Unsicherheitskomponenten T_Δ ($T_\Delta = 0,\; u(T_\Delta) > 0$) aufgespaltet in:

$$T_i = \tilde{T}_i + T_{\Delta(t)} + T_\Delta. \tag{4.65}$$

Dabei ist $T_{\Delta(t)}$ eine zeitveränderliche Unsicherheit und T_Δ eine für das gesamte Bild bzw. den jeweiligen Bildpunkt konstante Unsicherheit. Unter Nutzung dieser Substitution werden zunächst die partiellen Ableitungen der Modellfunktion $g_{\mathbf{M3}}$ für die verschiedenen Bildungsvorschriften ermittelt (Abschnitt A.4.3).

Berechnung des vollständigen Messergebnisses

Für die Berechnung der einzelnen Bildmerkmale werden die in Abschnitt 4.3 ermittelten Eingangsgrößen in die Funktionen $g_{\mathbf{M3},M}$ von Gleichung (4.30) eingesetzt. Die Ergebnisunsicherheit $u(M)$ ergibt sich nach Gleichung (4.2) mit der allgemeinen Modellfunktion $g_{\mathbf{M3},M}$ zu:

$$u(M)^2 = \left(\frac{\partial g_{\mathbf{M3}}}{\partial T_\Delta}\right)^2 u\left(T_\Delta\right)^2 + \left(\frac{\partial g_{\mathbf{M3}}}{\partial T_{\Delta(t)}}\right)^2 u\left(T_{\Delta(t)}\right)^2 + \left(\frac{\partial g_{\mathbf{M3}}}{\partial M_{\Delta(M,R)}}\right)^2 u\left(M_{\Delta(M,\mathcal{R})}\right)^2. \tag{4.66}$$

Die Unsicherheit der Segmentierung wurde in Abschnitt 4.3.3 ermittelt und kann den Tabellen 3.7 und 3.8 entnommen werden. Die Unsicherheiten $u(T_\Delta)$ und $u(T_{\Delta(t)})$ werden aus den Komponenten der Unsicherheit $u(T_{S,k})$ ermittelt. Dabei gehen in $u(T_{\Delta(t)})$ die zeitveränderlichen Anteile ein. Diese trifft auf $u(X_{\Delta(j,t)})$ zu. Dagegen erfüllt $u(X_{\Delta(t)})$ die Bedingung hier nicht, da die Drift im Vergleich zur Länge der Bildsequenzen sehr langsam ist und damit quasi statisch ist. In $u(X_{\Delta,(konst)})$ werden somit $u(X_{\Delta(t)})$, $u(X_{\Delta(j)})$ und die verbleibenden Terme zusammengefasst. Es ergibt sich:

$$u(T_{\Delta(t)})^2 = u(X_{\Delta(j,t)})^2 \left(\left(\frac{\partial g_{\mathbf{M2}}}{\partial X_{\text{obj,A}}}\right)^2 + \left(\frac{\partial g_{\mathbf{M2}}}{\partial X_{\text{ref,A}}}\right)^2\right) \tag{4.67}$$

und

$$\begin{aligned}
u(T_\Delta)^2 = {} & u(X_{\Delta(t)})^2 \left(\left(\frac{\partial g_{\mathbf{M2}}}{\partial X_{\text{obj,A}}}\right)^2 + \left(\frac{\partial g_{\mathbf{M2}}}{\partial X_{\text{ref,A}}}\right)^2\right) \\
& + u(X_{\Delta(j)})^2 \left(\left(\frac{\partial g_{\mathbf{M2}}}{\partial X_{\text{obj,A}}}\right)^2 + \left(\frac{\partial g_{\mathbf{M2}}}{\partial X_{\text{ref,A}}}\right)^2\right) + \left(\frac{\partial g_{\mathbf{M2}}}{\partial T_{\text{amb}}}\right)^2 u(T_{\text{amb,M}})^2 \\
& + \left(\frac{\partial g_{\mathbf{M2}}}{\partial T_{\text{ref}}}\right)^2 u(T_{\text{ref,M}})^2 + 2\left(\frac{\partial g_{\mathbf{M2}}}{\partial T_{\text{amb}}}\right)\left(\frac{\partial g_{\mathbf{M2}}}{\partial T_{\text{ref}}}\right) u(T_{\text{amb,M}}, T_{\text{ref,M}}) \\
& + \left(\frac{\partial g_{\mathbf{M2}}}{\partial \varepsilon_{\text{obj}}}\right)^2 u\left(\varepsilon_{\text{obj}}\right)^2 + \left(\frac{\partial g_{\mathbf{M2}}}{\partial \varepsilon_{\text{ref}}}\right)^2 u\left(\varepsilon_{\text{ref}}\right)^2 + \left(\frac{\partial g_{\mathbf{M2}}}{\partial \tau}\right)^2 u\left(\tau\right)^2 \\
& + \sum_{i=1}^{4}\sum_{j=1}^{4} \left(\frac{\partial g_{\mathbf{M2},u}}{\partial K_i}\right)\left(\frac{\partial g_{\mathbf{M2},u}}{\partial K_j}\right) u\left(K_i, K_j\right).
\end{aligned} \tag{4.68}$$

Für das Rechenbeispiel wird $T_{\text{obj,S,R}}$ als Normalverteilung mit für die jeweilige Region typischen Verteilungsparametern angenommen. Diese wurden aus den Versuchsdaten der Messkampagne Großdrebnitz ermittelt und sind in Tabelle 4.7 zusammengestellt.

Tabelle 4.7: Statistische Parameter der Temperaturverteilungen typischer Segmentierungen in den Temperaturbildern von Milchkühen

Verteilungparameter	**Region**			
	Klaue klein	Klaue groß	Euter	Vergleichsfläche
Anzahl der Sequenzen N_S	99091	101798	101246	50215
Mittelwert in °C	22,6	21,2	30,1	26,2
Standardabweichung in K	2,2	3,6	1,4	1,0
mittlere Bildpunkteanzahl	210	1046	806	656

Mit diesen Verteilungsparametern werden, der mittleren Anzahl an Bildpunkten entsprechend, Vektoren für $T_{\mathrm{obj,S,R}}$ gebildet und das vollständige Messergebnis der einzelnen Merkmale berechnet. Dabei ergeben sich für die Unsicherheiten:

$$u(\bar{T})^2\Big|_{\mathcal{R}} = \frac{1}{n}\sum_{(\mathcal{R})} u\left(T_\Delta\right)^2 + \frac{1}{n^2}\sum_{(\mathcal{R})} u\left(T_{\Delta(t)}\right)^2 + u\left(M_{\Delta,(\bar{T},\mathcal{R})}\right)^2 , \tag{4.69}$$

$$u(\mathrm{s}\,(T))^2\Big|_{\mathcal{R}} = \sum_{(\mathcal{R})}\left(\frac{\left(\tilde{T}_i - \bar{\tilde{T}}\right)}{n\,s(T)}\right)^2 u\left(T_{\Delta(t)}\right)^2 + u\left(M_{\Delta,(\mathrm{s}(T),\mathcal{R})}\right)^2 \tag{4.70}$$

und

$$u(\hat{T})^2\Big|_{\mathcal{R}} = u\left(T_\Delta\right)^2\Big|_{\max(T_i)} + u\left(T_{\Delta(t)}\right)^2\Big|_{\max(T_i)} + u\left(M_{\Delta,(\hat{T},\mathcal{R})}\right)^2 . \tag{4.71}$$

Die Unsicherheiten der Beispielrechnung sind in Tabelle 4.8 zusammengestellt.

Es wird deutlich, dass sich der Einfluss der Segmentierungsunsicherheit zwischen den einzelnen Merkmale und Regionen erwartungsgemäß deutlich unterscheidet. Besonders interessant ist, dass die Streuuung $\mathrm{s}\,(T)$ eine deutlich geringere Unsicherheit aufweist. Diese sind nach Aussage von SCHAEFER auch diagnostisch besonders interessant [150].

Mit diesem Ansatz kann auch die Ergebnisunsicherheit von manuell ermittelten Merkmalen bestimmt werden. Dazu ist analog die Segmentierungsunsicherheit für manuell segmentierte Aufnahmen (vorzugsweise von unterschiedlichen Personen) zu ermitteln.

Abschließend sei angemerkt, dass die hier ermittelten Segmentierungsunsicherheiten $u(M_\Delta)$ als Abschätzung zu werten sind. Wie bereits erwähnt, sind die zugrunde liegenden manuellen und automatischen Segmentierungen nicht identisch. Die Ergebnisse lassen sich nur qualitativ diskutieren.

Tabelle 4.8: Werte und Messunsicherheiten für die Beispielrechnung ausgewählter Bildmerke der referenzierten Strah- lungstemperaturmessung gemäß Gleichung (4.30)

Eingangs- und Ergebnisgrößen	**Region** Klaue klein	Klaue groß	Euter	Vergleichsfläche
$u(T_\Delta)$ in K	0,24	0,24	0,29	0,26
$u(T_{\Delta(t)})$ in K	0,13	0,13	0,12	0,12
$u(M_{\Delta,(\bar{T},\mathcal{R})})$ in K	1,65	1,44	1,40	0,75
$u(M_{\Delta,(\mathrm{s}(T),\mathcal{R})})$ in K	1,08	0,82	0,98	0,34
$u(M_{\Delta,(\hat{T},\mathcal{R})})$ in K	0,95	0,94	0,68	0,69
$\bar{T}$ in °C	$21{,}9 \pm 1{,}7$	$20{,}3 \pm 1{,}5$	$29{,}9 \pm 1{,}5$	$25{,}8 \pm 0{,}8$
$\mathrm{s}\,(T)$ in °C	$2{,}3 \pm 1{,}1$	$3{,}8 \pm 0{,}9$	$1{,}5 \pm 1{,}0$	$1{,}1 \pm 0{,}4$
$\hat{T}$ in °C	$28{,}5 \pm 1{,}0$	$33{,}1 \pm 1{,}0$	$33{,}5 \pm 0{,}8$	$28{,}8 \pm 0{,}8$

4.7 Gesamtmodell mit Oberflächentemperaturkorrektur

Die Oberflächentemperaturkorrektur nach Gleichung (4.11) korrigiert bzw. mindert den Einfluss der Umgebungsbedingungen auf die mittels IRT gemessenen Temperaturmerkmale. Für das Korrekturmodell $R^1\left(T_{\mathrm{amb}}, \mathbb{I}_{T,\varphi}\right)$ gemäß Gleichung (4.12) ergibt sich für das Gesamtmodell:

$$\begin{aligned} M_{\mathbb{A}} &= g_{\mathbf{M1}}\Big(M, T_{\mathrm{amb}}, \mathbb{I}_{T,\varphi}, T_{\mathrm{amb},\mathbb{A}}, \mathbb{I}_{T,\varphi\,\mathbb{A}}, C_{1,T_{\mathrm{amb}}}, C_{1,\mathbb{I}_{T,\varphi}}\Big) \\ &= M + R^1_M\left(T_{\mathrm{amb}}, \mathbb{I}_{T,\varphi}\right). \end{aligned}$$

Das gewählte Korrekturmodell berücksichtigt die beiden stärksten Einflussfaktoren (vgl. Abschnitt 3.2.2) und stellt einen praxistauglichen Kompromiss zwischen Aufwand und Nutzen dar.

Nachfolgende Berechnungen können analog für Korrekturmodelle höherer Ordnung durchgeführt werden.

4.7.1 Berechnung des vollständigen Messergebnisses

Für die Berechnung der einzelnen Bildmerkmale werden die in Abschnitt 4.3 ermittelten Eingangsgrößen in die Funktionen $g_{\mathbf{M1},1}$ von Gleichung (4.12) eingesetzt. Die Ergebnisunsicherheit $u(M)$ wird nach Gleichung (4.2) aus der Modellfunktion $g_{\mathbf{M1},1}$ berechnet.

Dabei ist zu beachten, dass sowohl die Merkmale M als auch das Korrekturmodell von der Umgebungstemperatur T_{amb} abhängen.

Analog zur Gleichung (4.66) werden die Größen T_Δ und $T_{\Delta(t)}$ definiert. Allerdings erfolgt wegen $R_M^1\left(T_{\text{amb}}, \mathbb{I}_{T,\varphi}\right)$ und der Korrelation von T_{amb} und T_{ref} eine separate Behandlung der Ableitungen von T_{amb}. Mit der zusammengefassten Unsicherheit $u(T'_\Delta)$

$$\begin{aligned} u(T'_\Delta)^2 = {} & u(X_{\Delta(t)})^2 \left(\left(\frac{\partial g_{\mathbf{M2}}}{\partial X_{\text{obj,A}}} \right)^2 + \left(\frac{\partial g_{\mathbf{M2}}}{\partial X_{\text{ref,A}}} \right)^2 \right) \\ & + u(X_{\Delta(j)})^2 \left(\left(\frac{\partial g_{\mathbf{M2}}}{\partial X_{\text{obj,A}}} \right)^2 + \left(\frac{\partial g_{\mathbf{M2}}}{\partial X_{\text{ref,A}}} \right)^2 \right) + \left(\frac{\partial g_{\mathbf{M2}}}{\partial T_{\text{ref}}} \right)^2 u\left(T_{\text{ref}}\right)^2 \\ & + \left(\frac{\partial g_{\mathbf{M2}}}{\partial \varepsilon_{\text{obj}}} \right)^2 u\left(\varepsilon_{\text{obj}}\right)^2 + \left(\frac{\partial g_{\mathbf{M2}}}{\partial \varepsilon_{\text{ref}}} \right)^2 u\left(\varepsilon_{\text{ref}}\right)^2 + \left(\frac{\partial g_{\mathbf{M2}}}{\partial \tau} \right)^2 u\left(\tau\right)^2 \\ & + \sum_{i=1}^{4} \sum_{j=1}^{4} \left(\frac{\partial g_{\mathbf{M2},u}}{\partial K_i} \right) \left(\frac{\partial g_{\mathbf{M2},u}}{\partial K_j} \right) u\left(K_i, K_j\right). \end{aligned} \tag{4.72}$$

und $u(T_{\Delta(t)})$ gemäß Gleichung (4.67) folgt:

$$\begin{aligned} u\left(M_{\mathbb{A}}\right)^2 = {} & \left(\frac{\partial g_{\mathbf{M3}}}{\partial T_\Delta} \right)^2 u\left(T'_\Delta\right)^2 + \left(\frac{\partial g_{\mathbf{M3}}}{\partial T_{\Delta(t)}} \right)^2 u\left(T_{\Delta(t)}\right)^2 + \left(\frac{\partial g_{\mathbf{M3}}}{\partial M_{\Delta(M,R)}} \right)^2 u\left(M_{\Delta(M,R)}\right)^2 \\ & + \left(\frac{\partial g_{\mathbf{M1}}}{\partial T_{\text{amb}}} \right)^2 u\left(T_{\text{amb}}\right)^2 + 2 \left(\frac{\partial g_{\mathbf{M1}}}{\partial T_{\text{amb}}} \right) \left(\frac{\partial g_{\mathbf{M3}}}{\partial T_{\text{ref}}} \right) u\left(T_{\text{amb}}, T_{\text{ref}}\right) \\ & + \left(\frac{\partial g_{\mathbf{M1}}}{\partial \varphi} \right)^2 u\left(\varphi\right)^2 + 2 \left(\frac{\partial g_{\mathbf{M1}}}{\partial T_{\text{amb}}} \right) \left(\frac{\partial g_{\mathbf{M1}}}{\partial \varphi} \right) u\left(T_{\text{amb}}, \varphi\right) \\ & + 2 \left(\frac{\partial g_{\mathbf{M3}}}{\partial T_{\text{ref}}} \right) \left(\frac{\partial g_{\mathbf{M1}}}{\partial \varphi} \right) u\left(T_{\text{ref}}, \varphi\right) \\ & + \left(\frac{\partial R_M^1}{\partial C_{1,T_{\text{amb}}}} \right)^2 u\left(C_{1,T_{\text{amb}}}\right)^2 + \left(\frac{\partial R_M^1}{\partial C_{1,\mathbb{I}_{T,\varphi}}} \right)^2 u\left(C_{1,\mathbb{I}_{T,\varphi}}\right)^2 \\ & + 2 \left(\frac{\partial R_M^1}{\partial C_{1,T_{\text{amb}}}} \frac{\partial R_M^1}{\partial C_{1,\mathbb{I}_{T,\varphi}}} \right) u\left(C_{1,T_{\text{amb}}}, C_{1,\mathbb{I}_{T,\varphi}}\right) + \left(\frac{\partial R_M^1}{\partial T_{\text{amb},\mathbb{A}}} \right)^2 u\left(T_{\text{amb},\mathbb{A}}\right)^2 \\ & + \left(\frac{\partial R_M^1}{\partial \varphi_{\mathbb{A}}} \right)^2 u\left(\varphi_{\mathbb{A}}\right)^2 + 2 \left(\frac{\partial R_M^1}{\partial T_{\text{amb},\mathbb{A}}} \frac{\partial R_M^1}{\partial \varphi_{\mathbb{A}}} \right) u\left(T_{\text{amb},\mathbb{A}}, \varphi_{\mathbb{A}}\right). \end{aligned} \tag{4.73}$$

Diese Gleichung kann so umgestellt werden, dass $u\left(T_\Delta\right)^2$ nach Gleichung (4.68) wieder ausgeklammert werden kann. Damit ergibt sich die Ergebnisunsicherheit des Gesamtmodells als Summe der Merkmalsunsicherheit $u\left(M\right)^2$ und den Unsicherheitstermen $u_\Sigma\left(R_M^1\right)^2$

der Umgebungsbedingungskorrektur:

$$u\left(M_{\mathbb{A}}\right)^2 = \overbrace{\left(\frac{\partial g_{\mathbf{M3}}}{\partial T_\Delta}\right)^2 u\left(T_\Delta\right)^2 + \left(\frac{\partial g_{\mathbf{M3}}}{\partial T_{\Delta(t)}}\right)^2 u\left(T_{\Delta(t)}\right)^2 + \left(\frac{\partial g_{\mathbf{M3}}}{\partial M_{\Delta(M,R)}}\right)^2 u\left(M_{\Delta(M,R)}\right)^2}^{u(M)^2}$$

$$u_\Sigma\left(R_M^1\right)^2 \begin{cases} +2\frac{\partial g_{\mathbf{M3}}}{\partial T_\Delta}\Big[\left(\frac{\partial g_{\mathbf{M2}}}{\partial T_{\mathrm{amb}}}\frac{\partial R_M^1}{\partial T_{\mathrm{amb}}}\right) u\left(T_{\mathrm{amb}}\right)^2 + \left(\frac{\partial R_M^1}{\partial T_{\mathrm{amb}}}\frac{\partial g_{\mathbf{M2}}}{\partial T_{\mathrm{ref}}}\right) u\left(T_{\mathrm{amb}}, T_{\mathrm{ref}}\right) \\ + \left(\frac{\partial g_{\mathbf{M2}}}{\partial T_{\mathrm{amb}}}\frac{\partial R_M^1}{\partial \varphi}\right) u\left(T_{\mathrm{amb}}, \varphi\right) + \left(\frac{\partial g_{\mathbf{M2}}}{\partial T_{\mathrm{ref}}}\frac{\partial R_M^1}{\partial \varphi}\right) u\left(T_{\mathrm{ref}}, \varphi\right)\Big] \\ + \left(\frac{\partial R_M^1}{\partial T_{\mathrm{amb}}}\right)^2 u\left(T_{\mathrm{amb}}\right)^2 + \left(\frac{\partial R_M^1}{\partial \varphi}\right)^2 u\left(\varphi\right)^2 + \left(\frac{\partial R_M^1}{\partial T_{\mathrm{amb}}}\frac{\partial R_M^1}{\partial \varphi}\right) u\left(T_{\mathrm{amb}}, \varphi\right) \\ + \left(\frac{\partial R_M^1}{\partial C_{1,T_{\mathrm{amb}}}}\right)^2 u\left(C_{1,T_{\mathrm{amb}}}\right)^2 + \left(\frac{\partial R_M^1}{\partial C_{1,\mathbb{I}_{T,\varphi}}}\right)^2 u\left(C_{1,\mathbb{I}_{T,\varphi}}\right)^2 \\ +2\left(\frac{\partial R_M^1}{\partial C_{1,T_{\mathrm{amb}}}}\frac{\partial R_M^1}{\partial C_{1,\mathbb{I}_{T,\varphi}}}\right) u\left(C_{1,T_{\mathrm{amb}}}, C_{1,\mathbb{I}_{T,\varphi}}\right) + \left(\frac{\partial R_M^1}{\partial T_{\mathrm{amb},\mathbb{A}}}\right)^2 u\left(T_{\mathrm{amb},\mathbb{A}}\right)^2 \\ + \left(\frac{\partial R_M^1}{\partial \varphi_{\mathbb{A}}}\right)^2 u\left(\varphi_{\mathbb{A}}\right)^2 + 2\left(\frac{\partial R_M^1}{\partial T_{\mathrm{amb},\mathbb{A}}}\frac{\partial R_M^1}{\partial \varphi_{\mathbb{A}}}\right) u\left(T_{\mathrm{amb},\mathbb{A}}, \varphi_{\mathbb{A}}\right). \end{cases}$$

Die vollständigen Messergebnisse des Gesamtmodells sind für die Beispielrechnung in Tabelle 4.9 zusammengestellt. Die Absolutwerte der Merkmale werden korrigiert (im Beispiel bis zu 3,1 K). Auffällig ist, dass die Korrektur eine z. T. deutliche Steigerung der Messunsicherheit (z. B. für $\bar{T}_{\mathbb{A},\text{Klaue klein}}$) bewirkt. Die Analyse zeigt, dass die Messunsicherheit der Umgebungstemperatur $u\left(T_{\mathrm{amb}}\right)$ in $u_\Sigma\left(R_M^1\right)^2$ dominiert. Dies führt zu der Annahme, dass eine genauere Umgebungstemperaturmessung eine Verringerung der Messunsicherheit bewirken würde.

Tabelle 4.9: Werte und Messunsicherheiten für die Beispielrechnung des Gesamtmodells nach Gleichung (4.30)

Eingangs- und Ergebnisgrößen	Region: Klaue klein	Klaue groß	Euter	Vergleichsfläche
$\bar{T}$ in °C	$21{,}9 \pm 1{,}7$	$20{,}3 \pm 1{,}5$	$29{,}9 \pm 1{,}5$	$25{,}8 \pm 0{,}8$
$\mathrm{s}(T)$ in °C	$2{,}3 \pm 1{,}1$	$3{,}8 \pm 0{,}9$	$1{,}5 \pm 1{,}0$	$1{,}1 \pm 0{,}4$
$\hat{T}$ in °C	$28{,}5 \pm 1{,}0$	$33{,}1 \pm 1{,}0$	$33{,}5 \pm 0{,}8$	$28{,}8 \pm 0{,}8$
$u_\Sigma(R_{\bar{T}}^1)^2$ in K	1,92	1,60	0,49	1,70
$u_\Sigma(R_{\mathrm{s}(T)}^1)^2$ in K	−0,20	−0,10	−0,06	−0,05
$u_\Sigma(R_{\hat{T}}^1)^2$ in K	0,50	0,16	0,22	0,85
$\bar{T}_{\mathbb{A}}$ in °C	$18{,}8 \pm 2{,}2$	$18{,}0 \pm 2{,}0$	$28{,}8 \pm 1{,}6$	$23{,}6 \pm 1{,}6$
$\mathrm{s}(T)_{\mathbb{A}}$ in °C	$2{,}4 \pm 1{,}0$	$3{,}9 \pm 0{,}8$	$1{,}7 \pm 1{,}0$	$1{,}3 \pm 0{,}3$
$\hat{T}_{\mathbb{A}}$ in °C	$26{,}6 \pm 1{,}3$	$31{,}8 \pm 1{,}1$	$32{,}7 \pm 0{,}9$	$27{,}0 \pm 1{,}3$

Mit den Daten der Messkampagne in Großdrebnitz (Abschnitt 1.4) wurde, wie in Abschnitt C.3 erläutert, aufgrund der thermischen Bedingungen die Referenzstrahlertemperatur als Umgebungstemperatur angenommen. Da diese mit einer geringeren Messunsicherheit bestimmt wurde, ergeben sich die in Tabelle 4.10 zusammengestellten Messergebnisse. Es wird deutlich, dass durch die genauere Umgebungstemperaturmessung eine Verringerung der Ergebnisunsicherheit erreicht werden kann. Die typische Messunsicherheit der Umgebungstemperatur von $u(T_{\mathrm{amb}}) = \pm 2\,\mathrm{K}$ ist allerdings unzureichend. Mit der Erfahrung aus den praktischen Untersuchungen wird empfohlen, die thermischen Gegebenheiten bei der Messung besonders zu berücksichtigen, da sich in Gebäuden eine „Schichtung" der Lufttemperatur ergeben kann.

Tabelle 4.10: Werte und Messunsicherheiten für die Beispielrechnung des Gesamtmodells nach Gleichung (4.30) mit verbesserter Umgebungstemperaturmessung

Eingangs- und Ergebnisgrößen	**Region** Klaue klein	Klaue grob	Euter	Vergleichsfläche
$\bar{T}$ in °C	$21{,}9 \pm 1{,}7$	$20{,}3 \pm 1{,}5$	$29{,}9 \pm 1{,}5$	$25{,}8 \pm 0{,}8$
$\mathrm{s}(T)$ in °C	$2{,}3 \pm 1{,}1$	$3{,}8 \pm 0{,}9$	$1{,}5 \pm 1{,}0$	$1{,}1 \pm 0{,}4$
$\hat{T}$ in °C	$28{,}5 \pm 1{,}0$	$33{,}1 \pm 1{,}0$	$33{,}5 \pm 0{,}8$	$28{,}8 \pm 0{,}8$
$u_\Sigma(R^1_{\bar{T}})^2$ in K	$-0{,}20$	$-0{,}11$	$-0{,}06$	$-0{,}06$
$u_\Sigma(R^1_{\mathrm{s}(T)})^2$ in K	$-0{,}22$	$-0{,}13$	$-0{,}07$	$-0{,}07$
$u_\Sigma(R^1_{\hat{T}})^2$ in K	$-0{,}21$	$-0{,}12$	$-0{,}07$	$-0{,}07$
$\bar{T}_{\mathbb{A}}$ in °C	$18{,}8 \pm 1{,}6$	$18{,}0 \pm 1{,}5$	$28{,}8 \pm 1{,}4$	$23{,}6 \pm 0{,}8$
$\mathrm{s}(T)_{\mathbb{A}}$ in °C	$2{,}4 \pm 1{,}0$	$3{,}9 \pm 0{,}8$	$1{,}7 \pm 1{,}0$	$1{,}3 \pm 0{,}2$
$\hat{T}_{\mathbb{A}}$ in °C	$26{,}6 \pm 0{,}9$	$31{,}8 \pm 1{,}0$	$32{,}7 \pm 0{,}7$	$27{,}0 \pm 0{,}8$

4.7.2 Untersuchung der Einflussfaktoren

Die resultierende Messunsicherheit hängt neben den ermittelten Regressionskoeffizienten von der Wahl des Bezugspunktes $\mathbb{A}$ ab. Wie dieser günstig zu wählen ist, wird exemplarisch am Regressionsmodell $R^1(T_{\mathrm{amb}}, \mathbb{I}_{T,\varphi})$ des Euters untersucht. Dazu werden die Bezugsbedingungen $T_{\mathrm{amb},\mathbb{A}}$ und $\varphi_{\mathbb{A}}$ in den Intervallen $\vartheta_{\mathrm{amb},\mathbb{A}} = [-5\,°\mathrm{C}; 30\,°\mathrm{C}]$ und $\varphi_{\mathbb{A}} = [0\,\%; 100\,\%]$ variiert. Abbildung 4.14 zeigt exemplarisch die Wirkungen auf die Unsicherheit der korrigierten Merkmalsgrößen $\bar{T}_{\mathbb{A}}$.

Das Minimum der erreichbaren Unsicherheit liegt im Bereich der Umgebungsbedingungen. Es wird daher empfohlen die mittleren Umgebungsbedingungen als Arbeitspunkt zu wählen.

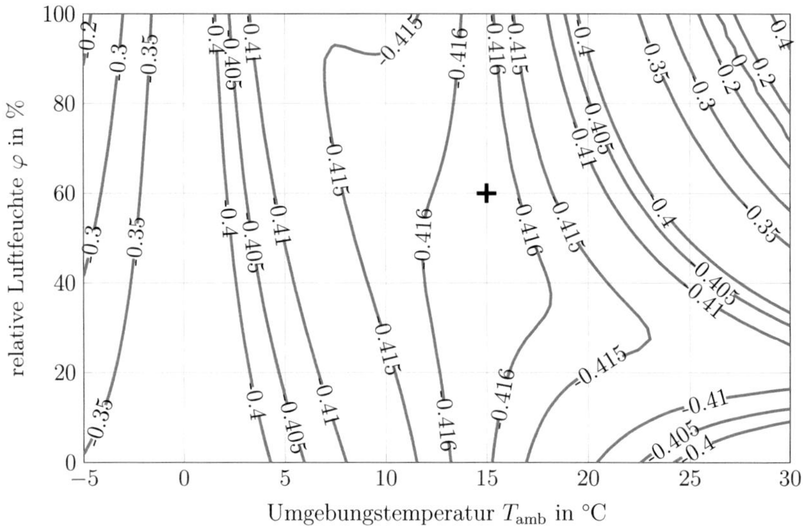

Abbildung 4.14: Einfluss der Bezugsgrößen $T_{\mathrm{amb},\mathbb{A}}$ und $\varphi_{\mathbb{A}}$ als Anteil $u_{\Sigma}\left(R_{\bar{T}}^{1}\right)^2$ an der Gesamtmessunsicherheit $u(M_{\mathbb{A}})$. Das Kreuz markiert die Umgebungsbedingungen der Beispielrechnung. Die Zahlenwerte sind in K angegeben.

4.8 Zusammenfassung

Bisher waren keine quantitativen Analysen der Messunsicherheit veterinärer IRT-Messungen bekannt. Die Ansätze der vorliegenden Arbeit ermöglichen erstmals die Berechnung der Messunsicherheit für die, aus den Bildern ermittelten und verbreiteten Temperaturmerkmale, d. h. der mittleren Temperatur $\bar{T}$, der Streuung der Temperatur $\mathrm{s}\,(T)$ und der Maximaltemperatur $\hat{T}$. Dabei werden neben der Hintergrundstrahlungstemperaturkorrektur und der Referenzierung auch Umgebungseinflüsse durch ein neu entwickeltes Korrekturmodell berücksichtigt.

Für die IRT-Messung wurden zwei Messkonfigurationen erarbeitet, die die Aufnahme von IR-Bildern unter vergleichbaren Bedingungen ermöglichen und die Anforderungen an die Automatisierbarkeit erfüllen. Die Verfahrensweise kann auch auf andere veterinäre Anwendungen, wie das Monitoring von Kälbern [198], übertragen werden.

Die Berechnung des Messergebnisses, speziell der Messunsicherheit, erfordert eine mathematische Modellierung der Messkette inklusive aller Einflussgrößen. Dazu wird die Messung zunächst entsprechend der Messkette in drei Teilmodelle gegliedert.

Teilmodell M1 bildet den Zusammenhang zwischen einer virtuellen diagnostisch relevanten Temperatur und der thermografisch messbaren Oberflächentemperatur ab.

Dabei werden Einflüsse auf die Oberflächentemperatur durch Regressionsmodelle berücksichtigt, so dass erstmals die Quantifizierung und Korrektur der Umgebungseinflüsse ermöglicht wird.

Teilmodell M2 modelliert die Strahlungstemperaturmessung, das heißt den Übergang vom Strahlungsfluss, welcher vom Messobjekt abgestrahlt und von der Kamera detektiert wird, auf die Oberflächentemperatur. Dies beinhaltet die Korrektur von Hintergrundstrahlung und atmosphärischer Absorption. Die Einbeziehung eines Referenzstrahlers reduziert die Messunsicherheit deutlich.

Teilmodell M3 repräsentiert die Segmentierung mittels automatischer Bildverarbeitung und die Merkmalsberechnung. Die Modellierung beinhaltet die Segmentierungsunsicherheit, für deren Ermittlung ein statistisches Verfahren vorgeschlagen wird. Das Modell beschreibt erstmals auch die Auswirkung der Segmentierung und Merkmalsberechnung. Es kann analog für manuelle Segmentierungen angewandt werden.

Die Teilmodelle werden zur einem Gesamtmodell der Messkette zusammengefasst. Da jedoch die Parameter des Teilmodells **M1** nicht direkt zugänglich sind, wird dieses ans Ende der Verarbeitungskette verlagert (vgl. Abbildung 4.9). Dies ermöglicht eine phänomenologische Schätzung der Parameter.

Die Messunsicherheit der Strahlungstemperaturmessung als Kernkomponente der veterinären IRT war bisher nicht bekannt. Das ermittelte Modell **M2** ermöglicht die Berechnung des vollständigen Messergebnisses sowohl für die bisher übliche unreferenzierte Messung als auch für die Messung mit einem Vergleichsstrahler. Die exemplarische Analyse zeigt, dass die Messunsicherheit für unreferenzierte Messungen größer als $\pm 2\,\mathrm{K}$ ist. Diese kann durch den Einsatz eines aktiven Vergleichsstrahlers ($\vartheta_{\mathrm{ref}} = 40\,^{\circ}\mathrm{C}$) auf $\pm 0{,}5\,\mathrm{K}$ abgesenkt werden. Die Absolutwertdifferenz zwischen der referenzierten und der unreferenzierten Messung beträgt im Rechenbeispiel annähernd $1\,\mathrm{K}$ und ist damit im Bereich der relevanten diagnostischen Temperaturdifferenzen von $(0{,}5 \ldots 1{,}5)\,\mathrm{K}$.

Die Gestaltung des Vergleichsstrahlers hat wesentlichen Einfluss auf die erreichte Messunsicherheit. Günstig ist die Wahl des Emissionskoeffizienten $\varepsilon_{\mathrm{ref}} \approx \varepsilon_{\mathrm{obj}}$. Obwohl in der Humanmedizin vorwiegend aktive Referenzstrahler eingesetzt werden, ist hier die Ausführung als passiver Referenzstrahler $T_{\mathrm{ref}} \approx T_{\mathrm{amb}}$ vorteilhaft. Der Strahler besitzt einen einfachen Aufbau, ist robust, günstig und kann gleichzeitig zur genauen Umgebungstemperaturmessung eingesetzt werden. Nachteilig ist lediglich, dass die Segmentierung der Öffnung des Referenzstrahlers durch den geringen Bildkontrast erschwert wird. Die Messunsicherheit reduziert sich auf $\pm 0{,}4\,\mathrm{K}$.

Die Berechnung des vollständigen Messergebnisses erfolgte unter Berücksichtigung der Eingangsgrößenkorrelation für die Kameraparameter und die Temperaturen $T_{\mathrm{amb,M}}$ und

$T_{\mathrm{ref,M}}$. Wird die Korrelation der Eingangsgrößen vernachlässigt, ergibt sich eine leicht erhöhte Unsicherheit. Zusätzlich können die Größen mit geringem Einfluss, hier die Kameraparameter $K_1 \dots K_4$ und der Transmissionsgrad τ, als Konstanten angesetzt werden.

Die Modelle für die unreferenzierte und referenzierte Strahlungstemperaturmessung sind allgemein für veterinäre IR-Messungen gültig. Lediglich die Eingangsgrößen sind anwendungsabhängig zu bestimmen.

Für die Segmentierung und die Merkmalsberechnung waren bisher keine Modelle zur Bestimmung der Messunsicherheit bekannt. Der vorgeschlagene Ansatz basiert auf einer getrennten Modellierung von Segmentierung und Merkmalsberechnung.

Die Segmentierungsunsicherheit wird über ein datenbasiertes Verfahren bestimmt. Dabei werden die manuell segmentierten Flächen mit denen der automatischen Segmentierung verglichen. Da systematische Abweichungen in der Regel für die Diagnose nicht relevant sind, wird die Streuung der Merkmalsdifferenz als Schätzung für die Segmentierungsunsicherheit angesetzt. Für dieses Vorgehen wird eine hohe Anzahl manueller Segmentierungen benötigt.

Das Modell der Merkmalsberechnung zeigt deutliche Unterschiede beim Durchgriff der Unsicherheit auf die Merkmalsberechnung, welcher durch die Wichtung der Terme $u(T_\Delta)$ und $u(T_{\Delta(t)})$ bestimmt ist. Für die Streuung der Temperaturwerte $\mathrm{s}\,(T)$ verschwindet der Einfluss von $u(T_{\Delta(t)})$ ganz. Für die mittlere Temperatur $\bar{T}$ wird die rauschbedingte Unsicherheitskomponente durch die Mittelung der Bildpunkte reduziert.

Die hier ermittelten Segmentierungsunsicherheiten erscheinen im Hinblick auf die gewonnenen glatten Zeitverläufe recht hoch. Dies liegt vermutlich in der Tatsache begründet, dass die automatische und manuelle Segmentierung nicht genau übereinstimmen. Die zusätzliche Erstellung von manuellen Segmentierungen, speziell für die Bewertung der Segmentierungsunsicherheit, war aufgrund des hohen Aufwands nicht möglich.

Die Korrelationsanalyse ergab, dass die Umgebungstemperatur[6] T_{amb} und der Temperatur-Feuchte-Index $\mathbb{I}_{T,\varphi}$ die stärksten Einflussfaktoren sind. Die Analyse der Regressionsmodelle zeigt, dass die Anwendung des linearen Modells der beiden Einflussfaktoren einen wesentlichen Teil der umgebungsbedingten Streuung reduziert. Es wird daher vorgeschlagen, die Umgebungseinflüsse mithilfe des $R^1\,(T_{\mathrm{amb}}, \mathbb{I}_{T,\varphi})$ und dem Arbeitspunkt $\left(T_{\mathrm{amb},\mathbb{A}}, \mathbb{I}_{T,\varphi\,\mathbb{A}}\right)$ zu korrigieren. Für die mittlere Klauentemperatur wird die Wirkung der Oberflächentemperaturkorrektur besonders deutlich (Abbildung 4.15). Die mittlere Klauentemperatur weist vor der Korrektur eine Korrelation von 0,84 auf, danach sind die Daten nicht mehr

6 Für die Messung in Großdrebnitz wird gemäß Abschnitt C T_{ref} anstelle von T_{amb} genutzt.

korreliert ($r_{M_{\mathbb{A}},T_{\text{amb}}} = 0{,}01$). Es verbleiben die tierbedingten Einflüsse mit einer Streuung von 1,5 K. Die Temperaturwerte werden um bis zu 10 K korrigiert. Für andere Merkmale und Regionen ist der Effekt weniger stark ausgeprägt aber ebenfalls in relevanten Größenordnungen (vgl. Anschnitt A.3). So ergeben sich auch für die vergleichsweise robuste Maximaltemperatur am Euter noch Korrekturen von bis zu 3 K.

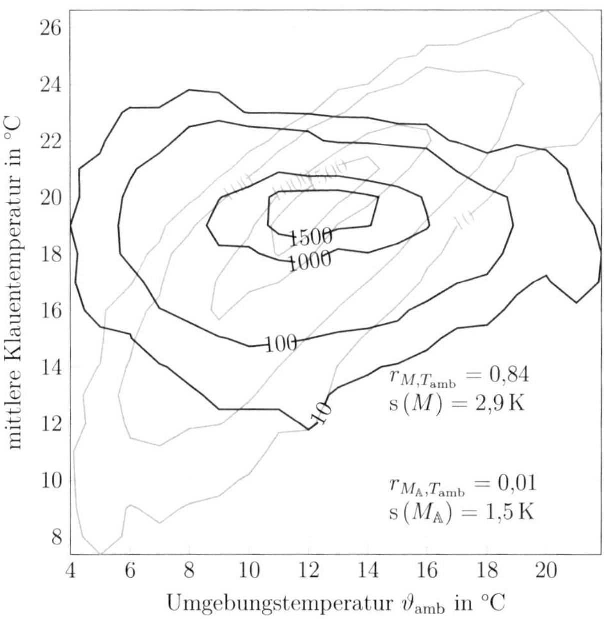

Abbildung 4.15: Verteilung der Messdaten über der Umgebgungstemperatur ϑ_{amb} und der mittleren Klauentemperatur $\bar{\vartheta}_{\text{Klaue}}$ (graue Linien) bzw. der arbeitspunktbezogenen mittleren Klauentemperatur $\bar{\vartheta}_{\text{Klaue},\mathbb{A}}$ (schwarze Linien). Die Häufigkeitsverteilung basiert auf einem 1×1 K großem Raster und 48993 Messwerten.

Die Wahl des Arbeitspunktes wird in der Praxis von den veterinären Randbedingungen bestimmt bzw. zur Sicherstellung der Vergleichbarkeit messkampagnenübergreifend definiert. Dabei ist jedoch zu berücksichtigen, dass die Nutzung der mittleren Umgebungsbedingungen im Hinblick auf die Messunsicherheit vorteilhaft ist.

Ein weiteres Ergebnis der Analyse ist, dass sich die übliche Unsicherheit der Umgebungstemperaturmessung von $u(T_{\text{amb}}) = \pm 2$ K negativ auf die Ergebnisunsicherheit auswirkt. Wird die Umgebungstemperatur dagegen genauer gemessen, wird die Ergebnisunsicherheit durch die Oberflächentemperaturkorrektur deutlich reduziert.

Für die Bestimmung der Regressionskoeffizienten wird das Schätzverfahren MGKQ genutzt. Das Verfahren ist hier besonders vorteilhaft, da es robust gegen Ausreißer ist und das Verfahren eine Kovarianzmatrix als Unsicherheit der Koeffizienten liefert.

Abbildung 4.16 zeigt den exemplarischen Zeitverlauf der mittleren Temperatur der Klaue und des Euters. Wird zunächst nur der unkorrigierte Temperaturverlauf betrachtet (graue Kurven), fällt ab dem 20. Tag ein leicht ansteigender Trend auf. Außerdem sind in beiden Kurven ausgeprägte lokale Maxima, wie etwa am vierten Messtag, erkennbar. Beide Effekte könnten auf eine Änderung des Tierzustands, beispielsweise eine Erkrankung, hindeuten. Ein Blick auf den Umgebungstemperaturverlauf zeigt jedoch, dass sich beide Effekte auch hier wiederfinden lassen. Dies spiegelt die aus der Korrelationsanalyse gewonnene Erkenntnis, dass die Umgebungstemperatur einen starken Einfluss auf die mittlere Temperatur hat. Die Zeitverläufe der korrigierten Temperaturen $\bar{\vartheta}_{\mathbb{A}}$ zeigen einen glatteren Verlauf. Sie haben eine deutlich geringere Streuung, weisen weniger stark ausgeprägte lokale Extrema auf und führen somit zu einer anderen diagnostischen Interpretation.

Obwohl die mittlere Temperatur von Klauen und Euter unterschiedlich stark von der Umgebungstemperatur beeinflusst werden (vgl. Tabelle 4.3), zeigen sich für beide Zeitverläufe deutliche Auswirkungen. Die hier vorgeschlagene Oberflächentemperaturkorrektur führt aus messtechnischer Sicht zu einer deutlichen Verbesserung der Datenqualität. Inwieweit sich dies auch auf die Diagnose auswirkt, ist durch weitere Untersuchungen im veterinären Bereich zu klären.

Aufgrund der, im Vergleich zu den relevanten Temperaturdifferenzen, hohen Korrekturen der absoluten Temperaturwerte sind sowohl die Referenzierung als auch die Oberflächentemperaturkorrektur wesentlich für die Analyse veterinärer Merkmalsverläufe.

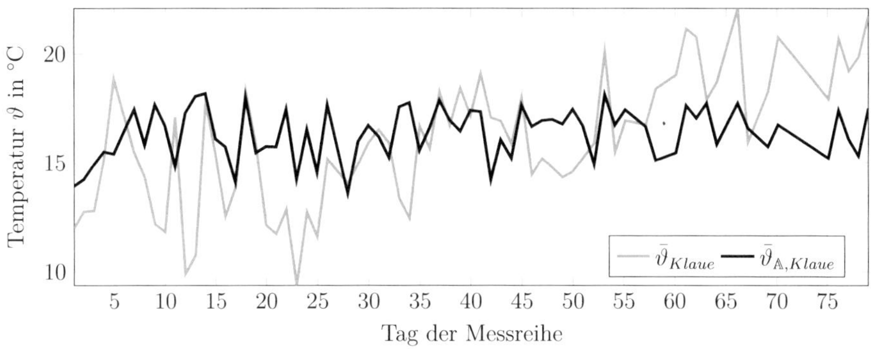

(a)

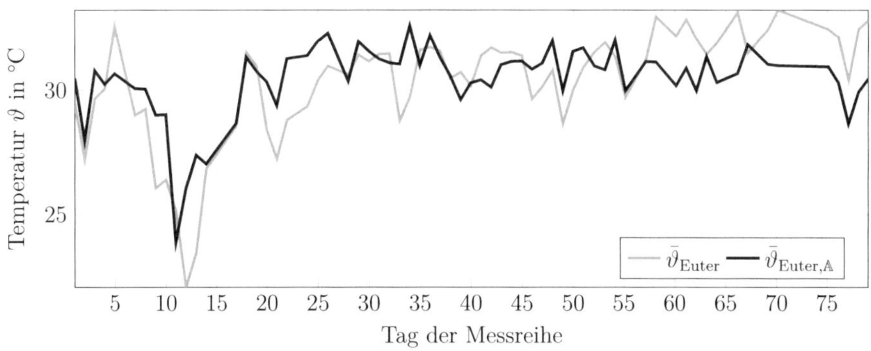

(b)

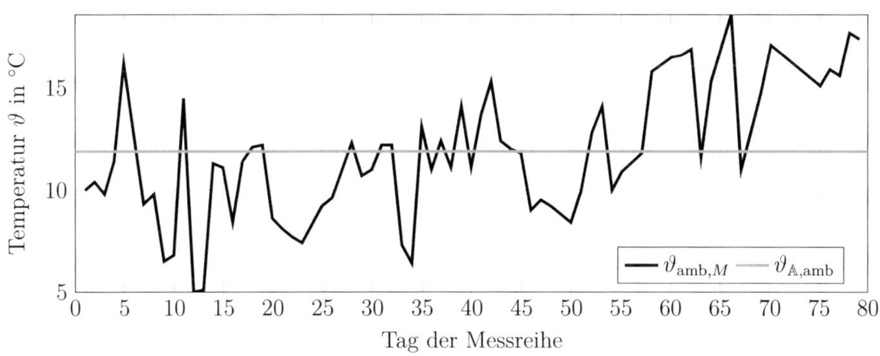

(c)

Abbildung 4.16: Exemplarischer Einzeltier-Zeitverlauf der mittleren Temperatur $\bar{\vartheta}$ für (a) die Klauen und (b) das Euter mit und ohne Oberflächentemperaturkorrektur im Vergleich zum (c) Umgebungstemperaturverlauf

5 Zusammenfassung und Ausblick

Die Infrarotthermographie ist ein vielversprechender Ansatz zur Überwachung des Zustands von Tieren, etwa der Gesundheit, der Brunst, der Gravidität oder des Stresses. Vorteilhafterweise erfolgt die Messung kontaktlos und rückwirkungsfrei. Besonders interessant ist die Möglichkeit der Früherkennung von bestimmten Krankheiten. Obgleich zahlreiche Studien zur veterinären Anwendung bekannt sind, beschränkt sich die praktische Anwendung bisher auf Pferde und Zootiere. Eine Ursache ist, dass die Untersuchungen mit einem hohen zeitlichen und personellen Aufwand verbunden sind. Der bisherige Stand der Technik zeigte:

- Voraussetzung für den umfassenden veterinären Einsatz der Infrarotthermographie ist die automatische Aufnahme und Bildverarbeitung. Bisher ist nur die manuelle Aufnahme und Auswertung von IRT-Aufnahmen üblich.
- Für die Bewertung von IR-basierten Untersuchungen ist die Messunsicherheit ein wesentliches Kriterium. Eine systematische Analyse der Messunsicherheit unter praktischen Einsatzbedingungen hatte es bisher nicht gegeben.
- Die veränderlichen Umgebungsbedingungen haben einen störenden Einfluss auf die IR-basiert ermittelten Temperaturen. Die Einflüsse konnten bisher nicht quantifiziert werden. Die Nutzung standardisierter Aufnahmebedingungen, wie in der Humanmedizin üblich, ist unter den Randbedingungen des veterinären Einsatzes nicht anwendbar.

In der Arbeit wurden Lösungen für diese bisherigen Defizite erarbeitet. Die neu entwickelten Algorithmen erlauben erstmals eine vollständige Automatisierung der veterinären IRT von der Bildaufnahme bis zur Bereitstellung der IR-Merkmale für einzelne anatomische Regionen. Die durchgeführte Analyse zur Messunsicherheit berücksichtigt neben der eigentlichen Strahlungstemperaturmessung auch die Segmentierungsunsicherheit sowie ein neues Korrekturmodell für die relevanten Umgebungseinflüsse.

Die wesentlichen Ergebnisse betreffen insbesondere folgende Punkte:

- Die veterinäre Infrarotthermographie wurde erstmals messtechnisch modelliert.

- Aufgrund der hohen Messunsicherheit (typisch $\pm 2{,}2\,\mathrm{K}$) ist die bisher übliche manuelle unreferenzierte Infrarotthermographie nur für bildrelative Temperaturvergleiche geeignet. Für die Analyse von Zeitverläufen der Temperatur ist die Referenzierung unabdingbar.

- Der vorgeschlagene passive Vergleichsstrahler minimiert die Messunsicherheit (typisch $\pm 0{,}4\,\mathrm{K}$) für die praktischen Randbedingungen und ist einfach und robust aufgebaut. Die Messunsicherheit liegt damit erstmals im Bereich der diagnostisch relevanten Temperaturunterschiede.

- In zwei Messkampagnen wurde die bisher umfassendste Datenbasis zur veterinären IRT geschaffen (5 Mio. IR-Bilder von 1.000 Tieren).

- Auf dieser Grundlage konnten erstmals die klimatischen Einflussgrößen getrennt von tierindividuellen Effekten quantitativ bestimmt werden. Den stärksten Einfluss zeigt die Umgebungstemperatur T_{amb}, gefolgt vom Temperatur-Feuchte-Index $\mathbb{I}_{T,\varphi}$. Entgegen den Erwartungen war der Einfluss der Luftbewegung nicht relevant.

- Die ermittelten klimatischen Einflussgrößen lassen sich durch ein lineares Regressionsmodell erster Ordnung hinreichend gut abbilden. Mit dem vorgeschlagenen Korrekturmodell werden die IR-Merkmale um die klimabedingten Einflüsse bereinigt. Unter unterschiedlichen klimatischen Bedingungen erfasste IRT-Messungen werden damit vergleichbar.

- Die erarbeiteten Messkonfigurationen definieren die zur Automatisierung benötigte Messtechnik und legen vergleichbare Kamerapositionen fest, was einen Wechsel zwischen verschiedenen Versuchsbetrieben ermöglicht.

- Neuentwickelte Erweiterungen für Active-Shape-Modelle und für Level-Set-basierte Modelle ermöglichen erstmals die vollautomatisierte Segmentierung der thermographischen Aufnahmen.

- Neben den bisher üblichen Temperaturmerkmalen, mittlere Temperatur und Maximaltemperatur, sind die prozentualen Temperaturmaxima, die Temperaturstreuung sowie die Korrelation der Haralick'schen Texturmerkmale aus messtechnischer Sicht besonders interessant.

- Werden Bildsequenzen anstelle der bisher üblichen Einzelbilder analysiert, können Schwankungen aufgrund von Tierbewegungen gemittelt und so die Robustheit der IR-Merkmale verbessert werden.

- Die praktischen Untersuchungen bestätigen, dass die vorgeschlagenen wissenschaftlichen Ansätze erstmals ein vollautomatisches, tägliches IRT-Screening großer Herden mit geringer Messunsicherheit und hoher Segmentierungsgenauigkeit ermöglichen. Dies reduziert den Aufwand für die IR-Datenerhebung von wissenschaftlichen Untersuchungen erheblich und überwindet die wesentlichen Hemmnisse für einen breiten Einsatz der IRT in der veterinären Praxis.

Aufgrund der besonderen praktischen Relevanz wurde die Analyse exemplarisch an Milchkühen durchgeführt. Eine Übertragung auf andere Melksysteme oder Haltungsformen ist etwa durch die Realisierung eines Durchgangsportals möglich.

Die Bildverarbeitungsalgorithmen können für andere diagnostische Fragestellungen (Monitoring von Kälbern, Erkennung von Stress und Schmerz) optimiert werden oder auf andere Tierarten (Schweine, Schafe, Ziegen, etc.) angepasst werden.

Die vorgestellten Verfahren erlauben die automatische, IR-basierte Überwachung vieler Tiere über einen langen Zeitraum. Auf Grundlage der so gewonnenen großen Datenbasis können künftig weitere Einflussgrößen datenbasiert modelliert und neue, statistisch abgesicherte Diagnoseverfahren abgeleitet werden.

A Modellierung des Messsystems

A.1 Emissionsgrad des Messobjekts

Tabelle A.1 zeigt die aus dem Stand der Technik bekannten Emissionsgrade für veterinäre Anwendungen und zum Vergleich die in der Humanmedizin verwendeten Emissionsgrade. Demnach ergibt sich für den Emissionsgrad ε ein Intervall von $[0{,}93; 0{,}98]$. Aus diesem Intervall wird gemäß Gleichung (36) in [124] der mittlere Emissionsgrad ε_{obj} und dessen Unsicherheit bestimmt. Es ergeben sich folgende Zahlenwerte:

$$\varepsilon_{\text{obj}} = 0{,}955 \pm 0{,}015. \tag{A.1}$$

Tabelle A.1: Literaturangaben zum Emissionsgrad von Haut und Fell im langwelligen IR-Bereich

Emissionsgrad	Tiere			Menschen
ε_{obj}	Fell	Haut	Klauen (Horn)	Haut
...				
0,92				
0,93	[28]	[28]	[121]	
0,94	[28]	[28]		
0,95	[28, 148]	[28, 148]	[148]	
0,96	[28, 61, 71]	[28, 61, 71, 113]	[61, 71]	
0,97	[28]	[28]		[3, 90, 147]
0,98	[19, 28]	[19, 28]		[6, 17, 53, 90–92, 95, 108, 114]
0,99				[81, 162]
1,00				

A.2 Transmissionsgrad der Übertragungsstrecke

Der Transmissionsgrad der Übertragungsstrecke setzt sich aus drei wesentlichen Bestandteilen zusammen [157]:

- molekulare Absorption durch Wasserdampf,
- molekulare Absorption durch Kohlendioxid und
- Streuung an den Molekülen.

Der resultierende spektrale Transmissionsgrad τ_A beträgt:

$$\tau_{\lambda,\mathrm{atm}} = \tau_{\lambda,H_2O} \cdot \tau_{\lambda,CO_2} \cdot \tau_{\lambda,S} \quad . \tag{A.2}$$

Dieser ist von der Länge der Messstrecke und den meteorologischen Größen Luftfeuchte, Lufttemperatur, Luftdruck, Konzentration von CO_2 und der sogenannten Sichtweite abhängig.

Die Länge der Messstrecke wird mit einer Entfernung von bis zu 5 m abgeschätzt. Die Lufttemperatur, Luftdruck und Luftfeuchte wurden durch das Klimamessgerät ermittelt. Die Klimadaten sind im Anhang C zusammengetragen. Werte für $\tau^0_{\lambda,H_2O}(w_0)$ und $\tau^0_{\lambda,CO_2}(w_0)$ wurden der Literatur entnommen [157].

a) Transmissionsgrad infolge der Absorption durch Wasserdampf

Maßgebende Größe für die Berechnung der Absorption durch den in der Luft gelösten Wasserdampf ist die Wasserstandshöhe w. Diese berechnet sich nach

$$w = \varphi_d \cdot Q_d \cdot d \tag{A.3}$$

aus der relativen Luftfeuchte φ_d, der maximal löslichen Menge Q_d Wasserdampf in der Luft und der Länge d der Messstrecke. Werte für Q_d liegen für $p_0 = 101{,}3$ kPa tabelliert vor [157].

Der spektrale Transmissionsgrad $\tau_{\lambda,\mathrm{H_2O}}$ wird aus $\tau^0_{\lambda,\mathrm{H_2O}}$ errechnet:

$$\tau_{\lambda,\mathrm{H_2O}} = {\tau^0_{\lambda,\mathrm{H_2O}}}^{\frac{w}{w_0}} \quad . \tag{A.4}$$

b) Transmissionsgrad infolge der Absorption durch Kohlendioxid

Für die Absorption durch Kohlendioxid ist neben der CO_2-Konzentration c_g auch die Länge der Messstrecke d entscheidend. Die Konzentration konnte nicht durch das Klimamessgerät erfasst werden (siehe Anhang C). Es wurde eine CO_2-Konzentration von 0,03 Vol.% angenommen.

Der spektrale Transmissionsgrad $\tau_{\lambda,\mathrm{CO_2}}$ wird aus $\tau^0_{\lambda,\mathrm{CO_2}}$ berechnet:

$$\tau_{\lambda,\mathrm{CO_2}} = \tau^0_{\lambda,CO_2}{}^{\frac{d \cdot c_g}{d_0 \cdot c_{g,0}}} \quad . \tag{A.5}$$

c) Transmissionsgrad infolge der Streuung

Für die Berechnung der Streuungsverluste wird das BOUGUER-BEERsche Gesetz:

$$\tau_{\lambda,S} = \mathrm{e}^{-\kappa_S(\lambda) \cdot d} \tag{A.6}$$

verwendet. Dieses stellt den Zusammenhang zwischen dem Dämpfungsfaktor $\kappa_S(\lambda)$ durch Streuung und dem Transmissiongrad $\tau_{\lambda,S}$ her.

Der Dämpfungsfaktor wurde nach:

$$\kappa_{\lambda,S} = \frac{3{,}91}{d_v} \left(\frac{0{,}55 \mu\mathrm{m}}{\lambda} \right)^{\alpha_s} \tag{A.7}$$

unter Verwendung der Sichtweite d_v und dem Selektivitätskoeffizienten α_S berechnet. Der Selektivitätskoeffizient schwankt je nach Bedingungen zwischen $\alpha_S = 0$ bei sehr starkem Nebel und $\alpha_S = 4$ bei sehr klarer Sicht. Für die Berechnung wurde $\alpha_S = 0{,}6$ (Dunst) angenommen, um den ungünstigsten Fall abzudecken, der im praktischen Betrieb auftreten könnte.

d) Berechnung des Bandtransmissionsgrades

Die zur Berechnung verwendeten Werte sind in Tabelle A.2 zusammengestellt. Die Werte stellen die Schätzung des ungünstigsten Falls während der Messung dar.

Mit den oben beschriebenen Gleichungen wird zunächst der spektrale atmosphärische Transmissionsgrad $\tau_{\lambda,\mathrm{atm}}$ berechnet. Die Ergebnisse sind in Abbildung A.1 zusammengestellt.

Für die Abschätzung des Einflusses wird der integrale Transmissionsgrad für den relevanten Wellenlängenbereich berechnet.

Die Berechnung erfolgt durch Summation, da diskrete Werte vorliegen. Es ergibt sich:

$$\tau_{\mathrm{B,atm}} = \frac{1}{\lambda_2 - \lambda_1} \sum_{\lambda_i=\lambda_1}^{\lambda_2} \tau_{\lambda,\mathrm{atm}}(\lambda_i) \cdot \Delta\lambda_i \ . \tag{A.8}$$

Tabelle A.2: Parameter zur Berechnung des Transmissionsgrades

Werte	Bemerkungen
$c_g = 0{,}03$ Vol. %	Annahme, da keine Messwerte verfügbar
$c_{g,0} = 0{,}03$ Vol. %	mittlere CO_2-Konzentration
$d = 5$ m	Länge der Messstrecke
$d_0 = 0{,}1$ km	Referenzentfernung für τ^0_{λ,H_2O}
$d_v = 2$ km	Schätzung für ungünstigsten Fall, Sichtweite außerhalb des Stalls > 10 km (außer bei Regen)
$\alpha_S = 0{,}6$	Wert für Dunst, Sicht meist deutlich besser
$\varphi_d = 85\,\%$	relative Luftfeuchte
$\vartheta_{amb} = 20$ °C	Umgebungstemperatur

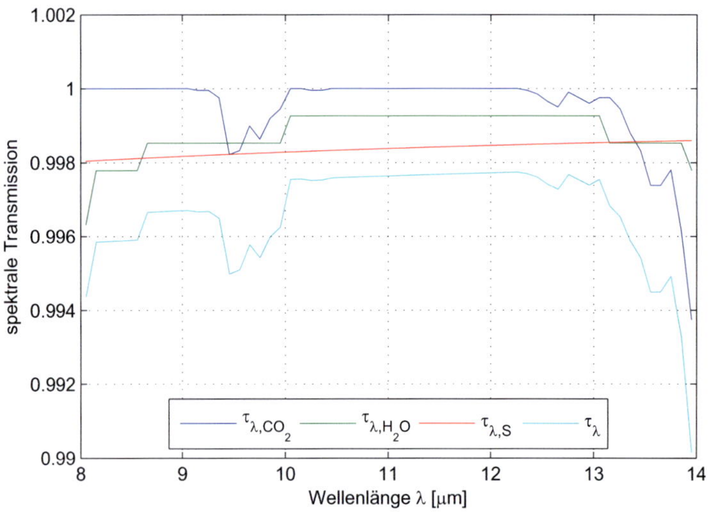

Abbildung A.1: Spektraler atmosphärischer Transmissionsgrad τ_λ und dessen Bestandteile

Mit den gegebenen Werten wurde $\tau_{\mathrm{B,atm}} = 0{,}997$ ermittelt.

Aus dieser Abschätzung des schlechtesten Falls ergibt sich das Transmissionsgradintervall $\tau \in [0{,}997; 1]$. Dieses kann unter vereinfachter Annahme einer Gleichverteilung nach [124] in einen Transmissiongrad mit Unsicherheit überführt werden. Es ergibt sich:

$$\tau = (0{,}9985 \pm 0{,}0009). \tag{A.9}$$

A.3 Untersuchte Regressionsmodelle

Ausgangspunkt für die Auswahl geeigneter Regressionsmodelle ist eine Korrelationsanalyse (Tabelle A.3). Die Analyse zeigt für nahezu alle IR-Merkmale eine hohe Korrelation mit der Umgebungstemperatur[1], gefolgt vom Temperatur-Feuchte-Index.

Abbildung 4.15 zeigt exemplarisch die Häufigkeitsverteilung der gemessenen mittleren Klauentemperatur über der Umgebungstemperatur. Die grau dargestellte Verteilung zeigt eine deutliche Abhängigkeit zwischen der Umgebungstemperatur und der mittleren Klauentemperatur. Nach der Oberflächentemperaturkorrektur ist keine Abhängigkeit mehr erkennbar. Es wird deutlich, dass sich die Streuung der Messwerte (hier mittlere Klauentemperatur) deutlich reduziert. Diese wird für die Bewertung der Regressionsmodelle genutzt.

Ziel ist die Auswahl eines einheitlichen Regressionsmodells für alle Merkmale. Als Bewertungskriterium wird das Verhältnis der Streuung der korrigierten Merkmale $\mathrm{s}\left(M_{\mathbb{A}}\right)$ zur Streuung der unkorrigierten Merkmale $\mathrm{s}\left(M\right)$ verwendet. Untersucht wurden die Regressionsmodelle $R^1\left(\underline{x}\right)$ der Einflussgrößen $\underline{x} = (T_{\mathrm{amb}}, \varphi, p, v\ \mathbb{I}_{T,\varphi}\ , T_{\mathrm{ref}})^{\mathsf{T}}$, die Modelle $R^{2r}\left(\underline{x}\right)$ und $R^2\left(\underline{x}\right)$ sowie Modelle mit ausgewählten Einflussgrößenkombinationen.

Der in Tabelle A.4 dargestellte Auszug für T_{amb} und $\mathbb{I}_{T,\varphi}$ zeigt, dass bereits ein Modell $R^1\left(T_{\mathrm{amb}}\right)$ wesentlich zur Reduzierung der Streuung beiträgt. Ist die relative Luftfeuchte bekannt, ist in der Gesamtschau aller Merkmale das Modell $R^1\left(T_{\mathrm{amb}}, \mathbb{I}_{T,\varphi}\right)$ ein guter Kompromiss zwischen Modellkomplexität und Reduktion der Streuung. Die Nutzung von Modellen höherer Ordnung bringt keinen deutlichen Vorteil.

Die Einflussgrößen Luftfeuchte φ, Luftdruck p und Luftgeschwindigkeit v zeigen, analog zum Ergebnis der Korrelationsanalyse, keine nennenswerte Verbesserung.

Die Abbildungen 4.15 und A.2 bis A.4 verdeutlichen die Wirkung der Oberflächentemperaturkorrektur (mit $R^1(T_{\mathrm{amb}}, \mathbb{I}_{T,\varphi})$) für die häufig genutzten Merkmale $\bar{T}$ und $\hat{T}$ an

1 Die Analyse basiert auf den Untersuchungen der Messungen in Großdrebnitz. Daher ist die Referenzstrahlertemperatur T_{ref} als Äquivalent der Umgebungstemperatur T_{amb} anzusehen (siehe Abschnitt C).

Tabelle A.3: Einzelkorrelationssanalyse zwischen Bildmerkmale ausgewählter Segmentierungen und den Umgebungsbedingungen (Auszug). Große Korrelationen sind dunkel schattiert.

Merkmal	**Region**	**Einflussgröße** T_{amb}	φ	p	v	$\mathbb{I}_{T,\varphi}$	T_{ref}
$\bar{T}$	Klauen	0,61	-0,16	-0,13	-0,03	0,64	0,83
$\bar{T}$	Eutern	0,52	-0,23	0,06	-0,07	0,52	0,65
$\bar{T}$	Rektum	0,60	-0,22	-0,02	-0,11	0,62	0,75
$\bar{T}$	Vergleichsflächen	0,62	-0,24	-0,03	-0,08	0,63	0,77
$\bar{T}$	Körper	0,65	-0,22	-0,06	-0,07	0,67	0,85
$s(T)$	Klauen	0,02	-0,11	0,15	-0,17	-0,01	-0,09
$s(T)$	Eutern	-0,23	0,08	-0,06	0,03	-0,24	-0,32
$s(T)$	Rektum	-0,42	0,11	0,12	0,03	-0,45	-0,56
$s(T)$	Vergleichsflächen	-0,33	0,09	0,18	-0,05	-0,36	-0,48
$s(T)$	Körper	-0,35	-0,02	0,21	-0,11	-0,41	-0,65
$\hat{T}$	Klauen	0,39	-0,10	-0,01	-0,07	0,41	0,52
$\hat{T}$	Eutern	0,49	-0,23	0,05	-0,07	0,49	0,61
$\hat{T}$	Rektum	0,52	-0,26	0,07	-0,12	0,51	0,59
$\hat{T}$	Vergleichsflächen	0,59	-0,24	0,02	-0,10	0,59	0,70
$\hat{T}$	Körper	0,49	-0,24	0,08	-0,10	0,49	0,57
$\hat{T}_{2\%}$	Klauen	0,43	-0,12	-0,02	-0,07	0,45	0,57
$\hat{T}_{2\%}$	Eutern	0,51	-0,24	0,05	-0,07	0,51	0,62
$\hat{T}_{2\%}$	Rektum	0,57	-0,28	0,04	-0,12	0,57	0,66
$\hat{T}_{2\%}$	Vergleichsflächen	0,60	-0,24	0,00	-0,10	0,61	0,73
$\hat{T}_{2\%}$	Körper	0,59	-0,29	0,04	-0,11	0,59	0,69
$\hat{T}_{5\%}$	Klauen	0,44	-0,12	-0,03	-0,07	0,46	0,59
$\hat{T}_{5\%}$	Eutern	0,52	-0,24	0,05	-0,07	0,52	0,63
$\hat{T}_{5\%}$	Rektum	0,58	-0,28	0,04	-0,12	0,58	0,67
$\hat{T}_{5\%}$	Vergleichsflächen	0,60	-0,24	0,00	-0,10	0,61	0,73
$\hat{T}_{5\%}$	Körper	0,60	-0,28	0,03	-0,11	0,60	0,71

Tabelle A.4: Merkmalsstreuung vor und nach der Korrektur (Auszug)

Region	**Merkmal**	**Streuung der korrigierten Merkmale bezogen auf die Streuung der unkorrigierten Merkmale in %** $R^1(T_{\text{amb}})$	$R^1(\mathbb{I}_{T,\varphi})$	$R^1(T_{\text{amb}}, \mathbb{I}_{T,\varphi})$	$R^1(\underline{x})$	$R^{2r}(\underline{x})$
Klaue groß	$\bar{T}$	55,2	67,3	53,6	53,4	53,1
	$s(T)$	99,7	99,4	99,2	96,1	96,0
	$\hat{T}$	85,8	90,4	84,0	83,4	83,3
Euter	$\bar{T}$	77,5	83,3	76,7	74,1	73,4
	$s(T)$	94,8	95,7	94,7	94,1	93,9
	$\hat{T}$	80,9	86,0	80,3	78,0	77,5

Klauen und Euter. Die dargestellten Häufigkeitsverteilungen basieren jeweils auf einem $1 \times 1\,\mathrm{K}$ großem Raster und mindestens 48000 Messwerten.

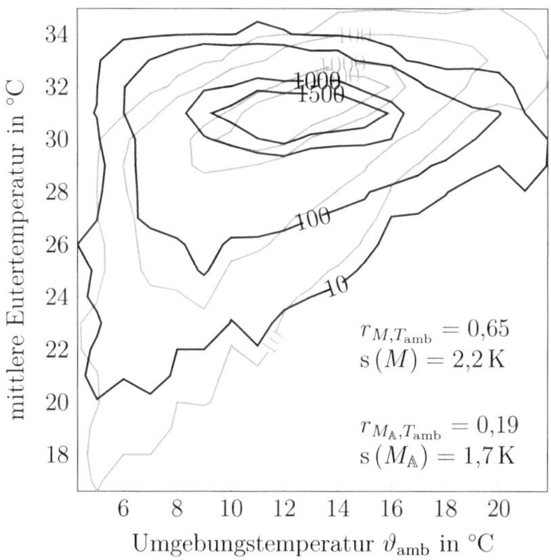

Abbildung A.2: Verteilung der Messdaten über der Umgebgungstemperatur ϑ_{amb} und der mittleren Temperatur am Euter $\bar{\vartheta}_{\mathrm{Euter}}$ (graue Linien) bzw. der arbeitspunktbezogenen Temperatur $\bar{\vartheta}_{\mathrm{Euter},\mathbb{A}}$ (schwarze Linien)

A.4 Ableitungen der Modellgleichungen

Für die Berechnung der Messunsicherheit werden die partiellen Ableitungen der Modellfunktionen benötigt. Diese sind im Folgenden für die einzelnen Modellschritte zusammengestellt.

A.4.1 Modell der unreferenzierten Strahlungstemperaturmessung

Für eine kompakte Darstellung wird $g_{\mathbf{M2},\mathrm{U}}$ zunächst als Verkettung mit Hilfsfunktionen p_1 geschrieben:

$$T_{\mathrm{obj,S}} = f^{-1}\left(p_1\left(X_{_iobj,\mathrm{A}}, f\left(T_{\mathrm{amb}}\right), \varepsilon_{\mathrm{obj}}\tau\right)\right), \tag{A.10}$$

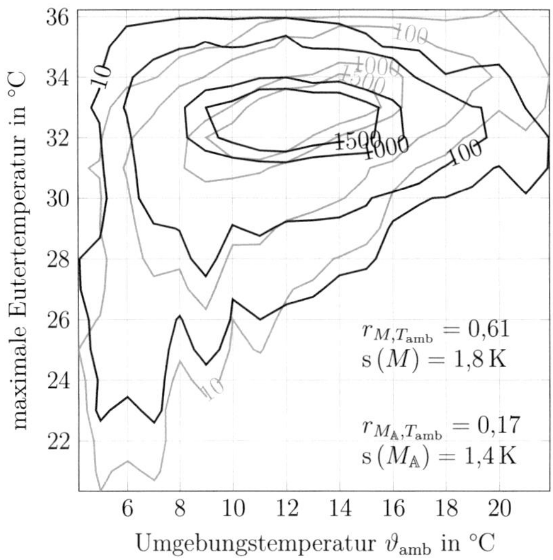

Abbildung A.3: Verteilung der Messdaten über der Umgebgungstemperatur ϑ_{amb} und der Maximaltemperatur am Euter $\hat{\vartheta}_{\text{Euter}}$ (graue Linien) bzw. der arbeitspunktbezogenen Temperatur $\hat{\vartheta}_{\text{Euter},\mathbb{A}}$ (schwarze Linien)

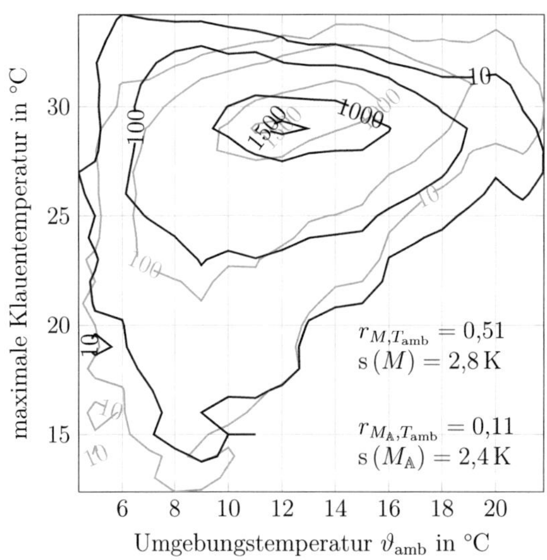

Abbildung A.4: Verteilung der Messdaten über der Umgebgungstemperatur ϑ_{amb} und der Maximaltemperatur der Klauen $\hat{\vartheta}_{\text{Klaue}}$ (graue Linien) bzw. der arbeitspunktbezogenen Temperatur $\hat{\vartheta}_{\text{Klaue},\mathbb{A}}$ (schwarze Linien)

wobei p_1 definiert ist durch:

$$
\begin{aligned}
p_1\left(X_{_iobj,\mathrm{A}}, f\left(T_{\mathrm{amb}}\right), \varepsilon_{\mathrm{obj}}, \tau\right) &= \frac{1}{\varepsilon_{\mathrm{obj}}\tau} X_{\mathrm{obj,A}} - \frac{1-\varepsilon_{\mathrm{obj}}\tau}{\varepsilon_{\mathrm{obj}}\tau} f\left(T_{\mathrm{amb}}\right) \\
&= \frac{1}{\varepsilon_{\mathrm{obj}}\tau}\left(X_{\mathrm{obj,A}} - f\left(T_{\mathrm{amb}}\right)\right) + f\left(T_{\mathrm{amb}}\right).
\end{aligned}
\tag{A.11}
$$

Damit ergeben sich die partiellen Ableitungen der veränderlichen Eingangsgrößen

$$
\frac{\partial g_{\mathbf{M2},u}}{\partial X_{\mathrm{obj,A}}} = \frac{\partial f^{-1}}{\partial p_1}\frac{\partial p_1}{\partial X_{\mathrm{obj,A}}} = \frac{\partial f^{-1}}{\partial p_1}\frac{1}{\varepsilon_{\mathrm{obj}}\tau}
\tag{A.12}
$$

und

$$
\frac{\partial g_{\mathbf{M2},u}}{\partial T_{\mathrm{amb}}} = \frac{\partial f^{-1}}{\partial p_1}\frac{\partial p_1}{\partial f}\frac{\partial f}{\partial T_{\mathrm{amb}}} = \frac{\partial f^{-1}}{\partial p_1}\frac{1-\varepsilon_{\mathrm{obj}}\tau}{\varepsilon_{\mathrm{obj}}\tau}\frac{\partial f}{\partial T_{\mathrm{amb}}}.
\tag{A.13}
$$

Für die konstanten Eingangsgrößen ergibt sich für den Emissionsgrad $\varepsilon_{\mathrm{obj}}$

$$
\frac{\partial g_{\mathbf{M2},u}}{\partial \varepsilon_{\mathrm{obj}}} = \frac{\partial f^{-1}}{\partial p_1}\frac{\partial p_1}{\partial \varepsilon_{\mathrm{obj}}} = \frac{\partial f^{-1}}{\partial p_1}\frac{-\tau\left(X_{\mathrm{obj,A}} - f\left(T_{\mathrm{amb}}\right)\right)}{\left(\varepsilon_{\mathrm{obj}}\tau\right)^2}
\tag{A.14}
$$

und für den Transmissionsgrad τ

$$
\frac{\partial g_{\mathbf{M2},u}}{\partial \tau} = \frac{\partial f^{-1}}{\partial p_1}\frac{\partial p_1}{\partial \tau} = \frac{\partial f^{-1}}{\partial p_1}\frac{-\varepsilon_{\mathrm{obj}}\left(X_{\mathrm{obj,A}} - f\left(T_{\mathrm{amb}}\right)\right)}{\left(\varepsilon_{\mathrm{obj}}\tau\right)^2}.
\tag{A.15}
$$

Die partiellen Ableitungen nach den Kennlinienparametern sind:

$$\begin{aligned}\frac{\partial g_{\mathbf{M2},u}}{\partial K_1} &= \frac{\partial f^{-1}}{\partial p_1}\left(\frac{p_1-K_4}{K_1}-\frac{\partial p_1}{\partial f}\frac{\partial f}{\partial K_1}\right)\\ &= \frac{\partial f^{-1}}{\partial p_1}\left(\frac{p_1-K_4}{K_1}+\frac{1-\varepsilon_{\mathrm{obj}}\tau}{\varepsilon_{\mathrm{obj}}\tau}\frac{1}{\mathrm{e}^{\frac{K_2}{T_{\mathrm{amb}}}}-K_3}\right),\end{aligned}\tag{A.16}$$

$$\begin{aligned}\frac{\partial g_{\mathbf{M2},u}}{\partial K_2} &= \frac{1}{\ln\left(\frac{K_1}{p_1-K_4}+K_3\right)}-\frac{\partial f^{-1}}{\partial p_1}\frac{\partial p_1}{\partial f}\frac{\partial f}{\partial K_2}\\ &= \frac{1}{\ln\left(\frac{K_1}{p_1-K_4}+K_3\right)}-\frac{\partial f^{-1}}{\partial p_1}\frac{1-\varepsilon_{\mathrm{obj}}\tau}{\varepsilon_{\mathrm{obj}}\tau}\frac{K_1\mathrm{e}^{\frac{K_2}{T_{\mathrm{amb}}}}}{T_{\mathrm{amb}}\left(\mathrm{e}^{\frac{K_2}{T_{\mathrm{amb}}}}-K_3\right)^2},\end{aligned}\tag{A.17}$$

$$\begin{aligned}\frac{\partial g_{\mathbf{M2},u}}{\partial K_3} &= \frac{\partial f^{-1}}{\partial p_1}\left(\frac{(p_1-K_4)^2}{K_1}-\frac{\partial p_1}{\partial f}\frac{\partial f}{\partial K_3}\right)\\ &= \frac{\partial f^{-1}}{\partial p_1}\left(\frac{(p_1-K_4)^2}{K_1}+\frac{1-\varepsilon_{\mathrm{obj}}\tau}{\varepsilon_{\mathrm{obj}}\tau}\frac{K_1}{\left(\mathrm{e}^{\frac{K_2}{T_{\mathrm{amb}}}}-K_3\right)^2}\right)\text{ und}\end{aligned}\tag{A.18}$$

$$\begin{aligned}\frac{\partial g_{\mathbf{M2},u}}{\partial K_4} &= \frac{\partial f^{-1}}{\partial p_1}\left(\frac{\partial p_1}{\partial f}\frac{\partial f}{\partial K_4}-1\right)\\ &= -\frac{\partial f^{-1}}{\partial p_1}\left(\frac{1}{\varepsilon_{\mathrm{obj}}\tau}\right).\end{aligned}\tag{A.19}$$

Die in diesen Gleichungen enthaltenen partiellen Ableitungen der Kamerakennlinie f und der inversen Kamerakennlinie f^{-1} sind gegeben durch:

$$\frac{\partial f(T)}{\partial K_1} = \frac{1}{\mathrm{e}^{\frac{K_2}{T}}-K_3},\tag{A.20}$$

$$\frac{\partial f(T)}{\partial K_2} = \frac{K_1\mathrm{e}^{\frac{K_2}{T}}}{T\left(\mathrm{e}^{\frac{K_2}{T}}-K_3\right)^2},\tag{A.21}$$

$$\frac{\partial f(T)}{\partial K_3} = \frac{K_1}{\left(\mathrm{e}^{\frac{K_2}{T}}-K_3\right)^2},\tag{A.22}$$

$$\frac{\partial f(T)}{\partial K_4} = 1,\tag{A.23}$$

$$\frac{\partial f(T)}{\partial T} = \frac{K_1K_2\,\mathrm{e}^{\frac{K_2}{T}}}{\left(\mathrm{e}^{\frac{K_2}{T}}-K_3\right)^3T^2}\text{ und}\tag{A.24}$$

$$\frac{\partial f^{-1}(p_1)}{\partial p_1} = \frac{K_1K_2}{\left(\ln\left(\frac{K_1}{p_1-K_4}+K_3\right)\right)^2(K_1+K_3\,(p_1-K_4))\,(p_1-K_4)}.\tag{A.25}$$

A.4.2 Modell der referenzierten Strahlungstemperaturmessung

Analog zum Vorgehen bei der unreferenzierten Messung wird auch für $g_{\mathbf{M2}}$

$$T_{\mathrm{obj},S} = g_{\mathbf{M2}} = f^{-1}\Big(p_2\left(X_{\mathrm{obj,A}}, X_{\mathrm{ref,A}}, f(T_{\mathrm{amb}}), f(T_{\mathrm{ref}}), \varepsilon_{\mathrm{obj}}, \varepsilon_{\mathrm{ref}}, \tau\right)\Big), \tag{A.26}$$

eine Hilfsfunktionen p_2 definiert:

$$\begin{aligned}
&p_2\left(X_{\mathrm{obj,A}}, X_{\mathrm{ref,A}}, f(T_{\mathrm{amb}}), f(T_{\mathrm{ref}}), \varepsilon_{\mathrm{obj}}, \varepsilon_{\mathrm{ref}}, \tau\right) \\
&= \frac{1}{\varepsilon_{\mathrm{obj}}\tau} X_{\mathrm{obj,A}} + f\left(T_{\mathrm{ref}}\right) - \frac{1}{\varepsilon_{\mathrm{ref}}\tau} X_{\mathrm{ref,A}} - \left(\frac{1}{\varepsilon_{\mathrm{obj}}\tau} - \frac{1}{\varepsilon_{\mathrm{ref}}\tau}\right) f\left(T_{\mathrm{amb}}\right) \\
&= \frac{1}{\varepsilon_{\mathrm{obj}}\tau}\left(\tilde{X}_{\mathrm{obj,A}} + X_{\Delta,(\mathrm{obj})} + X_{\Delta,(\mathrm{obj},t)}\right) + f\left(T_{\mathrm{ref}}\right) - \left(\frac{1}{\varepsilon_{\mathrm{obj}}\tau} - \frac{1}{\varepsilon_{\mathrm{ref}}\tau}\right) f\left(T_{\mathrm{amb}}\right) \\
&\quad - \frac{1}{\varepsilon_{\mathrm{ref}}\tau}\left(\tilde{X}_{\mathrm{ref,A}} + X_{\Delta,(\mathrm{ref})} + X_{\Delta,(\mathrm{ref},t)}\right) + \left(\frac{1}{\varepsilon_{\mathrm{obj}}\tau} - \frac{1}{\varepsilon_{\mathrm{ref}}\tau}\right) X_{\Delta,(t)}.
\end{aligned} \tag{A.27}$$

Zu beachten ist dabei, dass $X_{\Delta,(j)}$ und $X_{\Delta,(j,t)}$ von der Bildposition j abhängen. Diese sind für die verschiedenen Bildbereiche X_{ref} und X_{obj} unterschiedlich. Zur besseren Kennzeichnung wird der Index j durch den Index der jeweiligen Region ersetzt. In der Berechnung der partiellen Ableitung wird diese Ersetzung ebenfalls vorgenommen.

Damit ergeben sich die partiellen Ableitungen der veränderlichen Eingangsgrößen

$$\frac{\partial g_{\mathbf{M2}}}{\partial \tilde{X}_{\mathrm{obj,A}}} = \frac{\partial g_{\mathbf{M2}}}{\partial X_{\Delta,(\mathrm{obj})}} = \frac{\partial g_{\mathbf{M2}}}{\partial X_{\Delta,(\mathrm{obj},t)}} = \frac{\partial f^{-1}}{\partial p_2}\frac{\partial p_2}{\partial X_{\mathrm{obj,A}}} = \frac{\partial f^{-1}}{\partial p_2}\frac{1}{\varepsilon_{\mathrm{obj}}\tau}, \tag{A.28}$$

$$\frac{\partial g_{\mathbf{M2}}}{\partial \tilde{X}_{\mathrm{ref,A}}} = \frac{\partial g_{\mathbf{M2}}}{\partial X_{\Delta,(\mathrm{ref})}} = \frac{\partial g_{\mathbf{M2}}}{\partial X_{\Delta,(\mathrm{ref},t)}} = \frac{\partial f^{-1}}{\partial p_2}\frac{\partial p_2}{\partial X_{\mathrm{ref,A}}} = -\frac{\partial f^{-1}}{\partial p_2}\frac{1}{\varepsilon_{\mathrm{ref}}\tau}, \tag{A.29}$$

$$\frac{\partial g_{\mathbf{M2}}}{\partial X_{\Delta,(t)}} = \frac{\partial f^{-1}}{\partial p_2}\frac{\partial p_2}{\partial X_{\Delta,(t)}} = \frac{\partial f^{-1}}{\partial p_2}\left(\frac{1}{\varepsilon_{\mathrm{obj}}\tau} - \frac{1}{\varepsilon_{\mathrm{ref}}\tau}\right) \tag{A.30}$$

und für die Temperaturmesswerte

$$\frac{\partial g_{\mathbf{M2}}}{\partial T_{\mathrm{amb}}} = \frac{\partial f^{-1}}{\partial p_2}\frac{\partial p_2}{\partial f}\frac{\partial f}{\partial T_{\mathrm{amb}}} = \frac{\partial f^{-1}}{\partial p_2}\left(\frac{1}{\varepsilon_{\mathrm{obj}}\tau} - \frac{1}{\varepsilon_{\mathrm{ref}}\tau}\right)\frac{\partial f}{\partial T_{\mathrm{amb}}}, \tag{A.31}$$

$$\frac{\partial g_{\mathbf{M2}}}{\partial T_{\mathrm{ref}}} = \frac{\partial f^{-1}}{\partial p_2}\frac{\partial p_2}{\partial f}\frac{\partial f}{\partial T_{\mathrm{ref}}} = \frac{\partial f^{-1}}{\partial p_2}\frac{\partial f}{\partial T_{\mathrm{ref}}}. \tag{A.32}$$

Für die konstanten Eingangsgrößen ergeben sich für die Emissionsgrade

$$\frac{\partial g_{\mathbf{M2}}}{\partial \varepsilon_{\mathrm{obj}}} = \frac{\partial f^{-1}}{\partial p_2}\frac{\partial p_2}{\partial \varepsilon_{\mathrm{obj}}} = \frac{\partial f^{-1}}{\partial p_2}\frac{-\tau\left(X_{\mathrm{obj,A}} - f\left(T_{\mathrm{amb}}\right)\right) + f\left(T_{\mathrm{ref}}\right)}{\left(\varepsilon_{\mathrm{obj}}\tau\right)^2}, \tag{A.33}$$

$$\frac{\partial g_{\mathbf{M2}}}{\partial \varepsilon_{\mathrm{ref}}} = \frac{\partial f^{-1}}{\partial p_2}\frac{\partial p_2}{\partial \varepsilon_{\mathrm{ref}}} = \frac{\partial f^{-1}}{\partial p_2}\frac{-\tau\left(X_{\mathrm{ref,A}} - f\left(T_{\mathrm{amb}}\right)\right)}{\left(\varepsilon_{\mathrm{ref}}\tau\right)^2} \tag{A.34}$$

und für den Transmissionsgrad τ

$$\begin{aligned}\frac{\partial g_{\mathbf{M2}}}{\partial \tau} &= \frac{\partial f^{-1}}{\partial p_2}\frac{\partial p_2}{\partial \tau}\\ &= \frac{\partial f^{-1}}{\partial p_2}\frac{\frac{1}{\varepsilon_{\mathrm{ref}}}\left(X_{\mathrm{ref,A}} - f\left(T_{\mathrm{amb}}\right)\right) - \frac{1}{\varepsilon_{\mathrm{obj}}}\left(X_{\mathrm{obj,A}} - f\left(T_{\mathrm{amb}}\right)\right)}{\tau^2}. \end{aligned} \tag{A.35}$$

Die partiellen Ableitungen nach den Kennlinienparametern ergeben sich mit

$$\frac{\partial p_2}{\partial K_i} = \frac{\partial f(T_{\mathrm{ref}})}{\partial K_i} - \left(\frac{1}{\varepsilon_{\mathrm{obj}}\tau} - \frac{1}{\varepsilon_{\mathrm{ref}}\tau}\right)\frac{\partial f(T_{\mathrm{amb}})}{\partial K_i}\,, \tag{A.36}$$

zu

$$\frac{\partial g_{\mathbf{M2}}}{\partial K_1} = \frac{\partial f^{-1}}{\partial p_2}\left(\frac{p_2 - K_4}{K_1} - \frac{\partial p_2}{\partial K_1}\right), \tag{A.37}$$

$$\frac{\partial g_{\mathbf{M2}}}{\partial K_2} = \frac{1}{\ln\left(\frac{K_1}{p_2 - K_4} + K_3\right)} - \frac{\partial f^{-1}}{\partial p_2}\frac{\partial p_2}{\partial K_2}, \tag{A.38}$$

$$\frac{\partial g_{\mathbf{M2}}}{\partial K_3} = \frac{\partial f^{-1}}{\partial p_2}\left(\frac{(p_2 - K_4)^2}{K_1} - \frac{\partial p_2}{\partial K_3}\right) \text{ und} \tag{A.39}$$

$$\frac{\partial g_{\mathbf{M2}}}{\partial K_4} = \frac{\partial f^{-1}}{\partial p_2}\left(\frac{\partial p_2}{\partial K_4} - 1\right). \tag{A.40}$$

Für die partiellen Ableitungen der Kamerakennlinie f gelten die Gleichungen (A.20) bis (A.24). Die partielle Ableitung der inversen Kamerakennlinie $\frac{\partial f^{-1}(P_2)}{\partial p_2}$ ergibt sich analog zu Gleichung (A.25).

A.4.3 Modell der Merkmalsberechnung

Die partielle Ableitung nach $M_{\Delta(M,\mathcal{R})}$ ist für alle Bildungsvorschriften h_M:

$$\frac{\partial g_{\mathbf{M3},M}}{\partial M_{\Delta(M,\mathcal{R})}} = 1. \tag{A.41}$$

Für den Temperaturmittelwert $\bar{T}$ ergeben sich aus

$$\bar{T} = \frac{1}{n}\sum_{i=1}^{n} T_i = T_\Delta + \frac{1}{n}\sum_{i=1}^{n}\left(\tilde{T}_i + T_{\Delta(t)}\right) \tag{A.42}$$

die partiellen Ableitungen zu:

$$\frac{\partial g_{\mathbf{M3},\bar{T}}}{\partial T_{\Delta(t)}} = \frac{1}{n}, \tag{A.43}$$

$$\frac{\partial g_{\mathbf{M3},\bar{T}}}{\partial T_{\Delta}} = 1\ . \tag{A.44}$$

Für die Temperaturstreuung $\mathrm{s}(T)$ ergeben sich aus

$$\mathrm{s}(T) = \sqrt{\frac{1}{n}\sum_{i=1}^{n}\left(T_i - \frac{1}{n}\sum_{j=1}^{n}T_j\right)^2} \tag{A.45}$$

die partiellen Ableitungen zu:

$$\frac{\partial g_{\mathbf{M3},\bar{T}}}{\partial T_{\Delta(t)}} = \frac{\tilde{T}_i - \bar{\tilde{T}}}{ns(T)}, \tag{A.46}$$

$$\frac{\partial g_{\mathbf{M3},\mathrm{s}(T)}}{\partial T_{\Delta}} = 0\ . \tag{A.47}$$

Die Bestimmung der Maximaltemperatur $\hat{T}$ wird als Auswahl des Bildpunktes mit der höchsten Temperatur verstanden. Daher kann die Modellgleichung auch als

$$g_{\mathbf{M3},\hat{T}}\left(\mathcal{R}\right) = T_{S,k}\Big|_{\max(\mathcal{R})} + M_{\Delta,(\hat{T},\mathcal{R})} \tag{A.48}$$

geschrieben werden. Für die partiellen Ableitungen ergibt sich:

$$\frac{\partial g_{\mathbf{M3},\hat{T}}}{\partial T_{\Delta(t)}} = \frac{\partial g_{\mathbf{M3},\hat{T}}}{\partial T_{\Delta}} = 1. \tag{A.49}$$

Eine Unsicherheit bei der Auswahl des Bildpunktes wird dabei nicht berücksichtigt. Analog ergibt sich die Unsicherheit der Minimaltemperatur $\check{T}$.

Die partiellen Ableitungen nach $\tilde{T}$ müssen nicht berechnet werden, da der Term der Berechnung der Ergebnisunsicherheit durch $u(\tilde{T}) = 0$ entfällt. Die Eingangsgröße $T_i = T_{S,k,i}$ ist nicht von den Eingangsgrößen von $g_{\mathbf{M3},M}$ abhängig. Die Funktion $g_{\mathbf{M2}}$ muss daher nicht vor der Differentiation eingesetzt werden.

A.4.4 Gesamtmodell

Bei der Berechnung der partiellen Ableitungen der Modellgleichung

$$M_{\mathbb{A}} = g_{\mathbf{M1}} = g_{\mathbf{M3}} + R_M^d$$

mit dem allgemeinen Korrekturmodell $R^d(\underline{x})$ werden zwei Fälle unterschieden:

- Ist R_M^d unabhängig von der Ableitungsgröße x_i, so ergibt sich:

$$\frac{\partial g_{\mathbf{M1}}}{\partial x_i} = \frac{\partial g_{\mathbf{M3}}}{\partial x_i}. \tag{A.50}$$

- Ist $R_M^d = \mathrm{f}(x_i)$ abhängig von der Ableitungsgröße x_i, so ergibt sich:

$$\frac{\partial g_{\mathbf{M1}}}{\partial x_i} = \left(\frac{\partial g_{\mathbf{M3}}}{\partial x_i} + \frac{\partial R_M^d\,(x_i)}{\partial x_i}\right). \tag{A.51}$$

Die partielle Ableitung von $g_{\mathbf{M3}}$ wurden im Abschnitt A.4.3 berechnet. Die partiellen Ableitungen der Korrekturterme sind in Tabelle A.5 zusammengestellt.

Tabelle A.5: Partielle Ableitungen des allgemeinen Oberflächentempertaturkorrekturmodells gemäß Gleichung (4.10) nach der Einflussgröße x_i

Basisterme	**Partielle Ableitung der Einflussgrößen** $\frac{\partial}{\partial C}$	$\frac{\partial}{\partial x_i}$	$\frac{\partial}{\partial x_{i,\mathbb{A}}}$
$-C_{1,x_i}\,(x_i - x_{i,\mathbb{A}})$	$-x_i + x_{i,\mathbb{A}}$	$-C_{1,x}$	C_{1,x_i}
$-C_{2,x_i}\left(x_i^2 - x_{i,\mathbb{A}}^2\right)$	$-\left(x_i^2 - x_{i,\mathbb{A}}^2\right)$	$-2\cdot C_{2,x}\cdot x_i$	$2\cdot C_{2,x}\cdot x_{i,\mathbb{A}}$
$-C_{2,x_i,x_j}\,(x_i x_j - x_{i,\mathbb{A}} x_{j,\mathbb{A}})$	$-x_i x_j + x_{i,\mathbb{A}} x_{j,\mathbb{A}}$	$-C_{2,x_i,x_j}\cdot x_j$	$C_{2,x_i,x_j}\cdot x_{j,\mathbb{A}}$

Für das hier vorgeschlagene Korrekturmodell $R_M^1\,(T_{\mathrm{amb}}, \mathbb{I}_{T,\varphi}\,(T_{\mathrm{amb}}, \varphi))$ werden zusätzlich die Ableitungen von $\mathbb{I}_{T,\varphi}$ nach Gleichung (1.1) benötigt:

$$\frac{\partial\,\mathbb{I}_{T,\varphi}}{\partial T_{\mathrm{amb}}} = 1{,}6\cdot\frac{T_{\mathrm{amb}} - 273{,}15\,\mathrm{K}}{\mathrm{K}}\cdot\varphi - 11{,}52\cdot\frac{T_{\mathrm{amb}} - 273{,}15\,\mathrm{K}}{\mathrm{K}} \tag{A.52}$$

und

$$\frac{\partial\,\mathbb{I}_{T,\varphi}}{\partial\varphi} = 0{,}8\cdot\frac{T_{\mathrm{amb}} - 273{,}15\,\mathrm{K}}{\mathrm{K}}\cdot\left(\frac{T_{\mathrm{amb}} - 273{,}15\,\mathrm{K}}{\mathrm{K}} - 14{,}4\right). \tag{A.53}$$

B Bildverarbeitung

B.1 Pyramidale Suche

In der Bildverarbeitung werden bei der Suche häufig sogenannt pyramidale Ebenen verwendet, um Suchalgorithmen zu beschleunigen. Dabei wird ein Bild geglättet und in der Auflösung reduziert (typischerweise um den Faktor 2). Die Bildpunkte des neuen Bildes können denen des alten zugeordnet werden. Aus der graphischen Darstellung dieses Vorgehens (Abbildung B.1) leitet sich der Name für dieses Vorgehen ab. Eine Beschleunigung

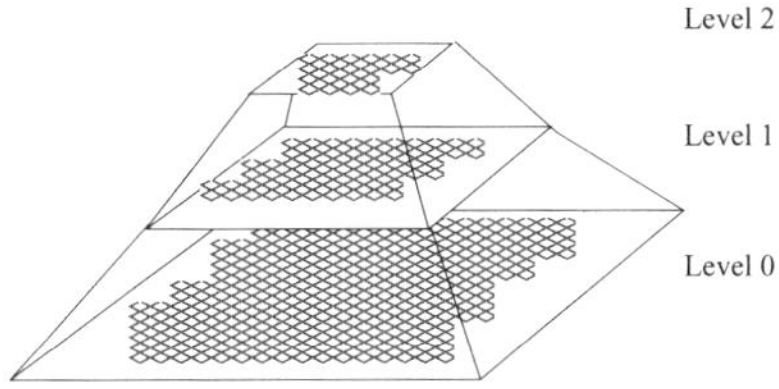

Abbildung B.1: Pyramidale Level, abgeleitet von einem Originalbild (Level 0) [32]

der Verfahren wird vor allem dadurch erreicht, dass die Suche zunächst in den kleineren Bildern eines höheren Levels durchgeführt wird. Ist diese erfolgreich, wird das Ergebnis in die darunterliegende Ebene projiziert und es wird erneut gesucht. Diese Projektion erlaubt die Nutzung deutlich kleinerer Suchbereiche, als bei einer Suche nur im Originalbild. Die Reduzierung der Auslösung hat zudem eine generalisierende Wirkung. Die Größe des Suchraums geht in der Regel quadratisch in die Rechenzeit ein, die Einführung eines Pyramidenlevels bewirkt nur einen linearen Anstieg.

Bis zu welchem Level dies möglich bzw. sinnvoll ist, hängt von der Größe der relevanten Stukturen im Bild ab. Abbildung B.2 zeigt alle Level ($\lambda = 0 \ldots 8$) für ein Beispielbild. Daraus lässt sich ablesen, das Level mit $\lambda > 4$ kaum noch typische Muster tragen. In diesem Fall ist die Abtastung so grob, dass die relevanten Strukturen (z. B. Beine) nicht mehr sicher abgebildet werden.

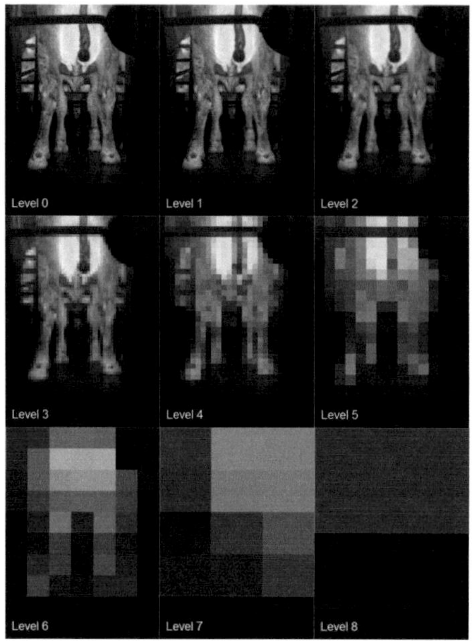

Abbildung B.2: Beispiel für die pyramidalen Ebenen eines Bildes (Level 0 = Originalbild)

B.2 Bewertung der Segmentierungsqualität

Die Bewertung der Segmentierungsqualität dient als Grundlage für die Optimierung. Als Referenz zur Bewertung von automatisch erstellten Segmentierungen wird in aller Regel eine manuelle Segmentierung zum Vergleich herangezogen. Die Abweichungen, die sich zwischen verschiedenen Segmentierungen ergeben, müssen dabei quantifiziert werden, um verschiedene Algorithmen bzw. Parametrierungen vergleichen zu können.

Eine Quantisierung der Segmentierungsqualität für eine Segmentierung $\mathcal{R}$ erfordert die Einführung einer Vergleichssegmentierung. Diese definiert einen Vordergrund (Sollsegmentierung) $\mathcal{V}$ und einen Hintergrund $\mathcal{H}$. Ausgehend von diesen Segmentierungen wurde auf Basis der Segmentierungsflächen folgendes Kriterium definiert:

$$r_1 = \frac{a\left(\mathcal{R} \cap \mathcal{V}\right)}{a\left(\mathcal{R} \cup \mathcal{V}\right)}. \tag{B.1}$$

Bei der Optimierung des Level-Set-Ansatzes zeigt das Kriterium keine ausreichende Differenzierung. Daher wurde folgende Kriterien untersucht:

$$r_2 = \frac{a(\mathcal{R} \cap \mathcal{V}) - a(\mathcal{R} \cap \mathcal{H})}{a(\mathcal{R} \cup \mathcal{V})}, \tag{B.2}$$

$$r_3 = \frac{a(\mathcal{R} \cap \mathcal{V})}{a(\mathcal{V})}, \tag{B.3}$$

$$r_{3a} = \frac{a(\mathcal{R} \cap \mathcal{H})}{a(\mathcal{V})} \text{ und}$$

$$r_4 = r_3 - r_{3a}. \tag{B.4}$$

Die Auswahl eines strengeren Kriteriums erfolgt anhand synthetischer Bilder, bei denen die Segmentierung $\mathcal{R}$ durch Translation bzw. Skalierung von der Sollsegmentierung $\mathcal{V}$ abgeleitet wird. Abbildung B.2 zeigt das Verhalten der Bewertungskriterien. Es wird deutlich, dass r_2 die höchste Sensitivität gegen Fehlsegmentierungen besitzt[1]. Es wird für die Bewertung der Level-Set-Verfahren genutzt.

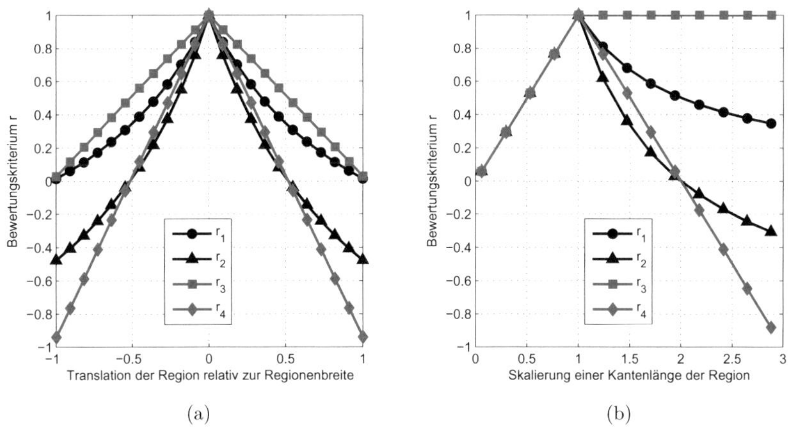

Abbildung B.3: Vergleich von Kriterien zur Bewertung der Segmentierungsqualität unter Einfluss von (a) Translation und (b) Skalierung der Segmentierung $\mathcal{R}$

B.3 Bewertung der Bildverarbeitungsverfahren

Für die Bewertung eines Segmentierungsverfahrens spielt neben der Segmentierungsqualität auch die benötigte Rechenzeit t_{cal} eine Rolle. Um beide Zielgrößen mit einem Bewertungsmaß abzubilden, wird das Qualitätsmaß q eingeführt. Es ergibt sich aus dem Produkt

1 Die Sensitivität ist vor allem im praktisch relevanten Bereich $\mathcal{R} \approx \mathcal{V}$ interessant.

der normierten Segmentierungsqualität und der normierten Rechenzeit:

$$q = \frac{r - \check{r}}{\hat{r} - \check{r}} \left(1 - \frac{t_{cal} - \check{t}_{cal}}{\hat{t}_{cal} - \check{t}_{cal}}\right). \tag{B.5}$$

C Dokumentation der Messkampagnen

C.1 Verlauf der Umgebungsbedingungen - Methau

Im Folgenen werden die Verläufe der Umgebungstemperatur $T_{\mathrm{M,amb}}$, der Luftfeuchte φ_{M} und des Luftdrucks p_{M} in den Abbildungen C.1 bis C.3 dargestellt. Die Diagramme zeigen jeweils den tageweisen Minimal-, Mittel- und Maximalwert.

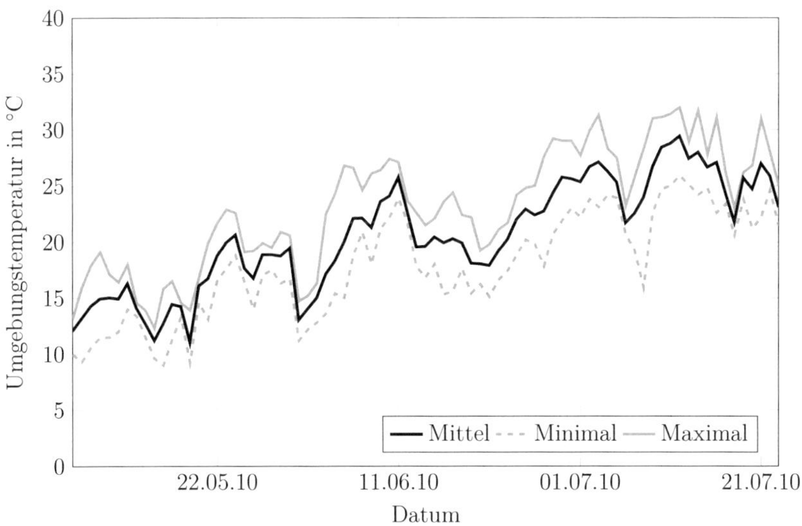

Abbildung C.1: Messwertverlauf der Umgebungstemperatur $T_{\mathrm{M,amb}}$ während der Messkampagne in Methau

Aufgrund technischer Schwierigkeiten liegt für die Messung in Methau keine lückenlose Dokumentation der Luftgeschwindigkeit vor. Die Daten werden daher in dieser Arbeit nicht weiter diskutiert.

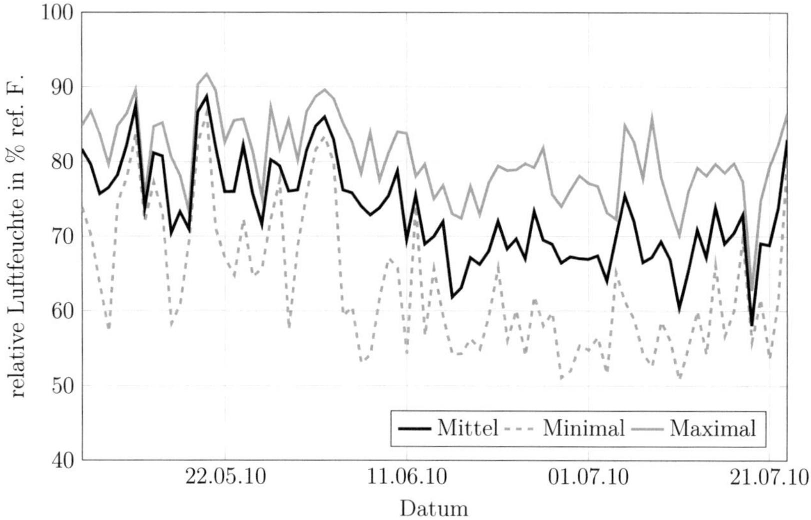

Abbildung C.2: Messwertverlauf der relativen Luftfeuchte φ_{M} während der Messkampagne in Methau

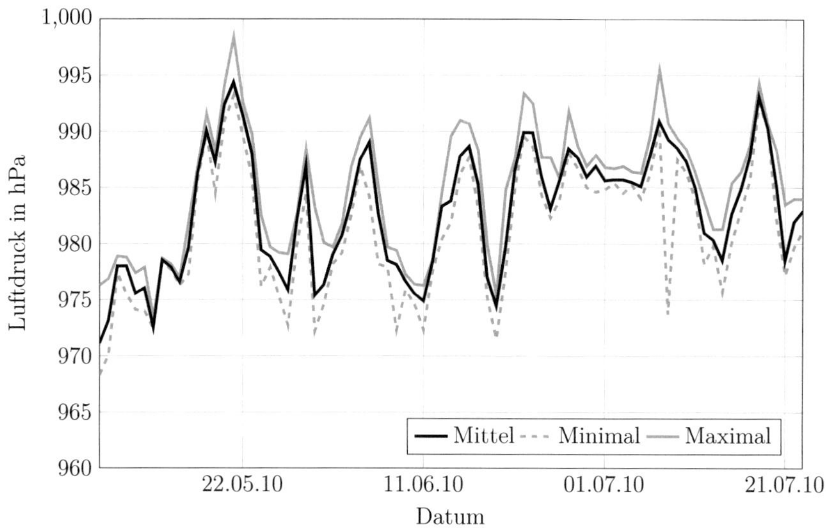

Abbildung C.3: Messwertverlauf des Luftdrucks p_{M} während der Messkampagne in Methau

C.2 Verlauf der Umgebungsbedingungen - Großdrebnitz

Die Abbildungen C.4 bis C.7 zeigen die Verläufe der Umgebungstemperatur $T_{\mathrm{M,amb}}$, der Luftfeuchte φ_{M}, des Luftdrucks p_{M} und der Luftgeschwindigkeit v_{M}. Die Diagramme enthalten jeweils den tageweisen Minimal, Mittel- und Maximalwert.

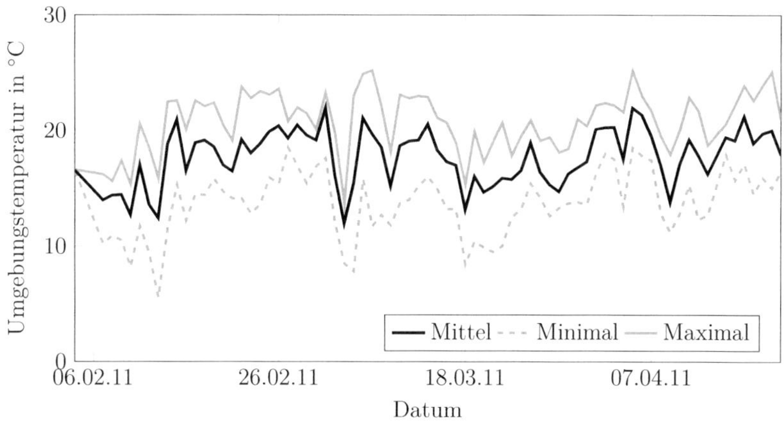

Abbildung C.4: Messwertverlauf der Umgebungstemperatur $T_{\mathrm{amb},M}$ während der Messkampagne in Großdrebnitz

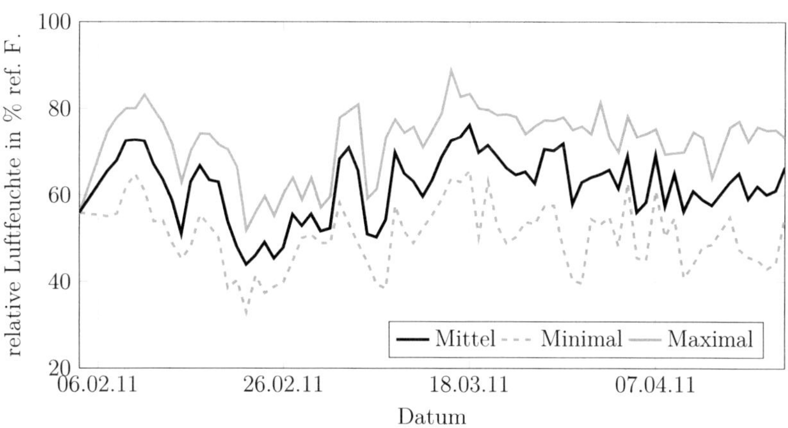

Abbildung C.5: Messwertverlauf der relativen Luftfeuchte φ_M während der Messkampagne in Großdrebnitz

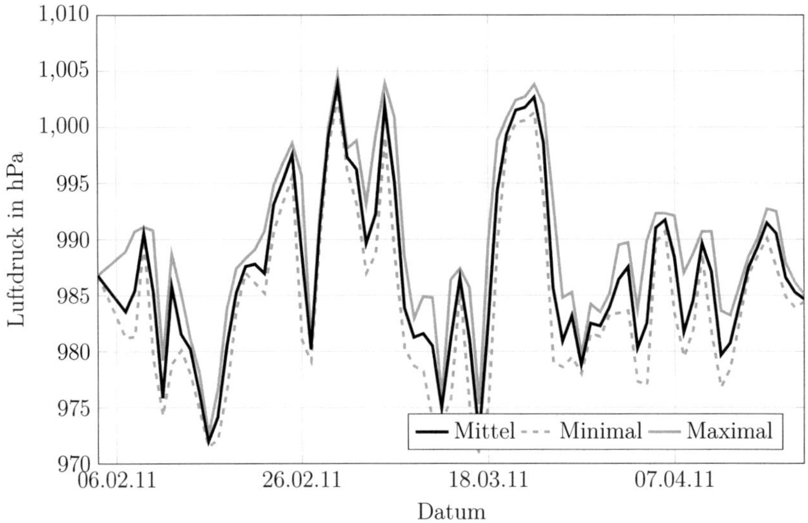

Abbildung C.6: Messwertverlauf des Luftdrucks p_M während der Messkampagne in Großdrebnitz

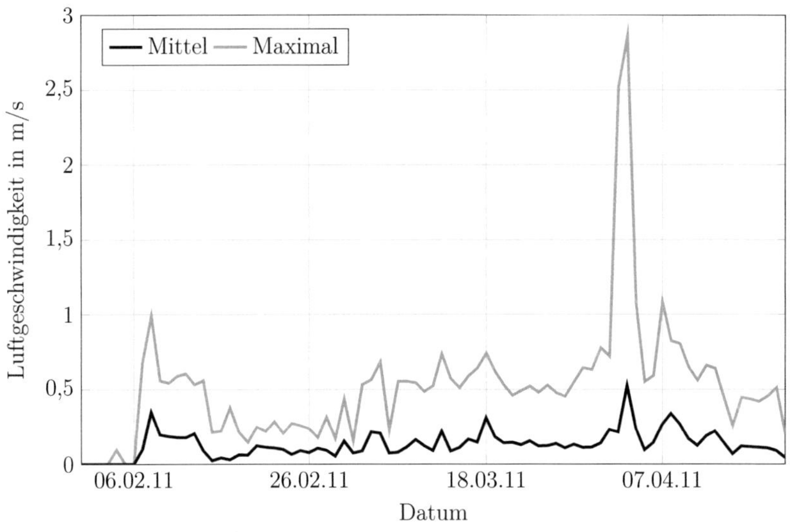

Abbildung C.7: Messwertverlauf der Luftgeschwindigkeit v_M während der Messkampagne in Großdrebnitz

C.3 Vergleich von Umgebungs- und Referenzstrahlertemperaturen

Ein Vergleich der Umgebungstemperaturen $T_{\mathrm{M,amb}}$ mit den Temperaturen $T_{\mathrm{M,ref}}$ des passiven Referenzstrahlers zeigt für die Messkampagne in Methau die erwartete Übereinstimmung (Abbildung C.9 a). Beide Messungen sind stark korreliert und die Regression zeigt einen Koeffizienten von ≈ 1. Der Offset von 0,45 K liegt im Bereich der Messunsicherheit der Sensoren. Einzelne, im Diagramm erkennbare, höhere Abweichungen lassen sich auf zeitlich begrenzte Ereignisse, wie die Reinigung des Melkstands zurückführen und sind für die Messung nicht relevant. Die Umgebungstemperatur kann somit mit der Referenzstrahlertemperatur gleichgesetzt werden.

Für die Messkampagne in Großdrebnitz ergeben sich im Vergleich zur Referenzstrahlertemperatur deutlich höhere Umgebungstemperaturen (Abbildung C.9 b). Die Korrelation ist deutlich niedriger obwohl in beiden Messkampagnen die gleiche Anordnung der Messtechnik genutzt wurde. Eine Äquivalenz der beiden Größen ist nicht erkennbar. Ursache dieser Abweichungen ist ein baulicher Unterschied zwischen den beiden Ställen. Der Referenstrahler war im Sichtbereich der IR-Kameras auf Höhe der Tiere angebracht. Das Klimamessgerät war, aufgrund der geringeren Verschmutzungsgefahr, oberhalb des Melkkarussells positioniert. Während in Methau Stall und Melkstandsbereich nicht baulich getrennt waren, waren die Bereiche in Großdrebnitz durch eine Wand getrennt (Abbildung C.9). Das Tor zwischen Melkstand und Stall wurde nur zu den Melkzeiten geöffnet.

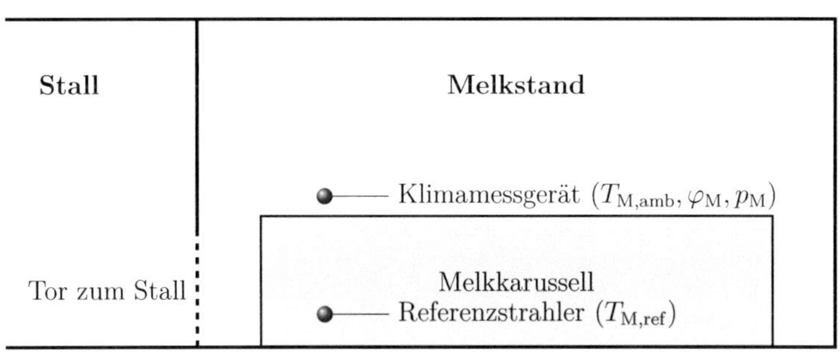

Abbildung C.8: Schematische Schnittdarstellung des Melkstands in Großdrebnitz

Für die Messungen in Großdrebnitz hatte sich das eingeschlossene Luftvolumen über dem Melkkarussell deutlich erwärmt. Aufgrund der Bauweise stellte sich dabei eine Luftschichtung ein, sodass die oberhalb des Karussells gemessene Umgebungstemperatur $T_{\mathrm{M,amb}}$ hier nicht der Lufttemperatur am Tier entsprach.

Ausgehend von den Ergebnissen der Messkampagne in Methau wird für die Umgebungstemperatur $T_{\mathrm{M,amb}}$ daher die Referenzstrahlertemperatur $T_{\mathrm{M,ref}}$ genutzt.

C.4 Bestimmung der Bezugsbedingungen

Als Bezugsbedingungen $\mathbb{A}$ wurden „mittlere Versuchsbedingungen“ angenommen. Diese werden als Mittelwert der jeweiligen Messwerte x_{M} bestimmt:

$$\bar{x}_{\mathrm{M}} = \frac{1}{N_{\mathrm{M}}} \sum_{(i)} x_{\mathrm{M},i}, \tag{C.1}$$

wobei N_{M} die Anzahl der Messwerte ist. Eine Ausnahme bildet die Bestimmung des Bezugs-Temperatur-Feuchte-Index $\mathbb{I}_{T,\varphi\,\mathbb{A}}$. Dieser ergibt sich mit Gleichung (1.1) zu:

$$\mathbb{I}_{T,\varphi\,\mathbb{A}} = \mathbb{I}_{T,\varphi}\left(\vartheta_{\mathbb{A},\mathrm{amb}}, \varphi_{\mathbb{A}}\right). \tag{C.2}$$

Die Unsicherheit der Versuchsbedingungen wurde gemäß Gleichung (4.2) ermittelt.

Die Verteilung der Umgebungsbedingungen ist in Abbildung C.10 zusammengestellt. Die senkrechte Linie markiert die jeweiligen Bezugsbedingungen.

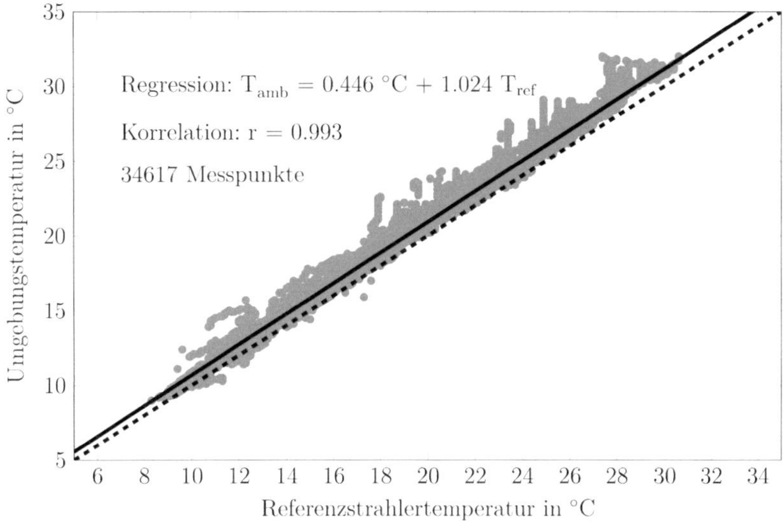

(a)

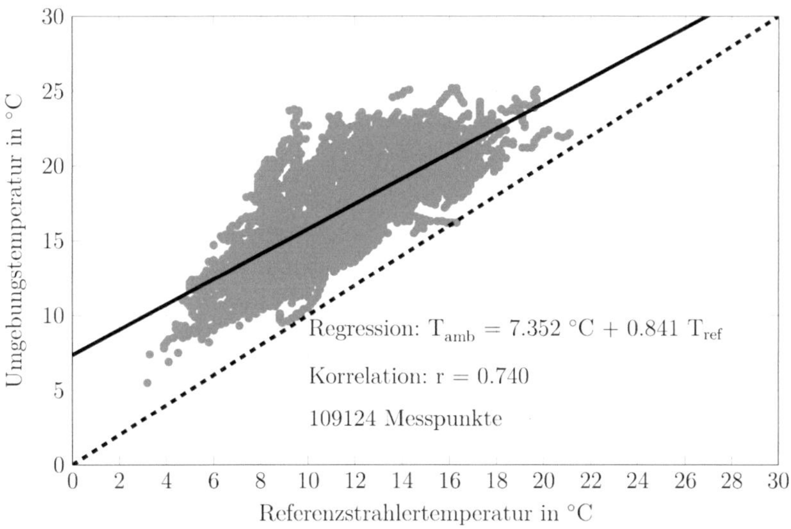

(b)

Abbildung C.9: Vergleich von Referenzstrahler- und Umgebungstemperatur der (a) Messkampagne Methau und (b) Messkampagne Großdrebnitz. Die gestrichelte Linie stellt den idealisierten Zusammenhang $T_{\mathrm{amb}} = T_{\mathrm{ref}}$ dar. Die durchgezogene Linie gibt die lineare Regression des realen Zusammenhangs wieder.

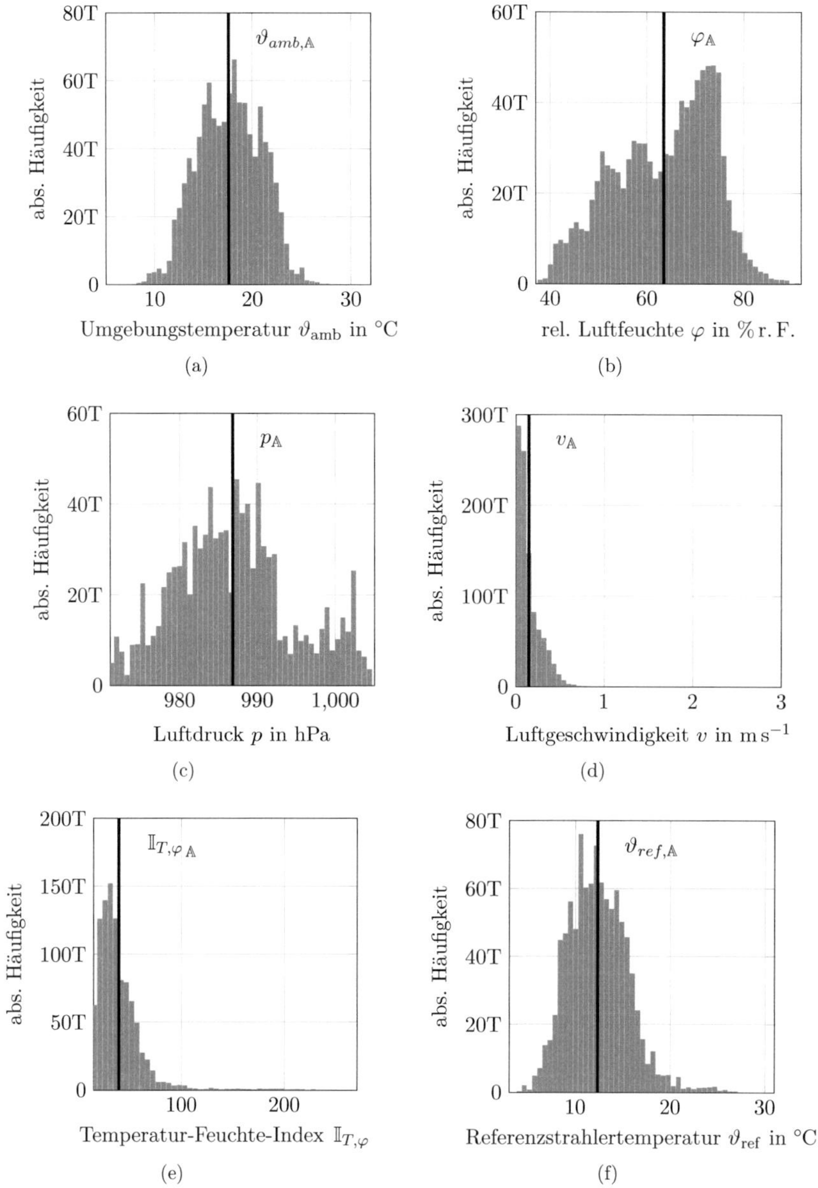

Abbildung C.10: Verteilung der Umgebungsbedingungen zur Bestimmung der Bezugsbedingungen: (a) Umgebungstemperatur, (b) relative Luftfeuchte, (c) Luftdruck, (d) Luftgeschwindigkeit, (e) Temperatur-Feuchte-Index und (f) Referenzstrahlertemperatur. Die senkrechte Linie kennzeichnet jeweils die berechneten Bezugsbedingungen $\mathbb{A}$.

Literaturverzeichnis

[1] AHNERT, S.; RICHTER, M.: *Frühdiagnostik von Erkrankungen bei Milchkühen mit Hilfe von Infrarotthermographie*, Diplomarbeit. Hochschule für Technik und Wirtschaft Dresden. 2007

[2] AL-TAMIMI, H.: Responses of core and peripheral temperatures to chronic cold stress in transiently goitrous goats. *Journal of Thermal Biology* 31 (2006)8, 626–633

[3] ALLEN, J.; OATES, C.P.; CHISHTI, A.; SCHAEFER, G.; ZHU, S.Y.; AHMED, I.; TALBOT, D. ; MURRAY, A.: Thermography and colour duplex ultrasound assessments of arterio-venous fistula function in renal patients. In: *Medical Thermography and Thermometry*, 15 (2005)4, 151–158

[4] AMALU, W.C.; HOBBINS, W.B.; HEAD, J.F. ; ELLIOT, R.L.: Infrared Imaging of the Breast - An Overview. In: *The biomedical engineering handbook – Medical devices and systems*. CRC Taylor & Francis, 2006, 25–1 – 25–20

[5] AMMERMÜLLER, J.; WEILER, R.: *Einfluss hochfrequenter elektromagnetischer Felder der Mobilfunkkommunikation auf Sinnesorgane*. Forschungsbericht, Carl-von-Ossietzky Universität Oldenburg. 2004

[6] ANBAR, M.: Clinical thermal imaging today. *IEEE Engineering in Medicine and Biology Magazine* 17 (1998)4, 25–33

[7] ANBAR, M.: Modalities and clinical applications of dynamic infrared imaging. In: *Proc. 23rd Annual International Conference of the IEEE Engineering in Medicine and Biology Society*, 3 (2001), 2820–2822

[8] ANGELINI, E.; JIN, Y. ; LAINE, A:: State of the art of level set methods in segmentation and registration of medical imaging modalities. In: *Handbook of Biomedical Image Analysis*. Springer, 2005, 47–101

[9] BARTH, K.: Basic investigations to evaluate a highly sensitive infraredthermograph-technique to detect udder inflammation in cows. *Milchwissenschaft* 55 (2000)4, 607–609

[10] BARZEGAR, N.; MOIN, M.S.: A new user dependent iris recognition system based on an area preserving pointwise level set segmentation approach. *EURASIP Journal on Advances in Signal Processing* (2009)

[11] BAUMANN, M.; BERZ, R. ; WENSE, A.: Diagnose mit Infrarot-Ortung. *Pferdepraxis* 12 (2006), 32–38

[12] BERNHARD, F.: *Technische Temperaturmessung*. Berlin: Springer, 2004

[13] BERRY, R.J.; KENNEDY, A.D.; SCOTT, S.L.; KYLE, B.L. ; SCHAEFER, A.L.: Daily variation in the udder surface temperature of dairy cows measured by infrared thermography: Potential for mastitis detection. *Can. Journal of Animal Science* 83 (2003)4, 687–693

[14] BERZ, R.: Mammovision. *Thermology international* 15 (2005)4, 149

[15] Berz, R.; Sauer, H.: The medical use of infrared-thermography – history and recent applications. In: *Thermografie-Kolloquium 2007*, (2007)4, 1–12

[16] Bickel, H.; Radermacher, H.: Thermographie einer erwachenden Fledermaus. *Biologie in unserer Zeit* 24 (1994)3, 129–130

[17] Blank, M.; Kargel, C.: Infrared imaging to measure temperature changes of the extremities caused by cigarette smoke and nicotine gums. In: *Proc. IEEE Instrumentation and Measurement Technology Conference IMTC 2006*, (2006), 794–799

[18] Brinzino, J.D. (Hrsg.): *The Biomedical Engineering Handbook – Medical Devices and Systems.* CRC Taylor & Francis, 2006

[19] Brüser-Pieper, C.: *Untersuchungen zur thermischen Belastung von Schlachtrindern beim Straßentransport auf Langstrecken.* Dissertation. Tierärztliche Hochschule Hannover. 2006

[20] Budzier, H.; Gerlach, G.: *Thermische Infrarotsensoren – Grundlagen für Anwender.* WILEY-VCH, 2010

[21] Budzier, H.; Krause, V.; Gerlach, G. ; Wassiliew, D.: *MWIR-Wärmebildkamera mit Mikrobolometer.* Forschungsbericht, DIAS Infrared GmbH. 2006

[22] Bundesamt für Gesundheit: *Erkennung fieberkranker Personen im öffentlichen Raum mittels Infrarot-Thermographie: Resultate einer Vorstudie.* Forschungsbericht, Bundesamt für Gesundheit; Abteilung Übertragbare Krankheiten, Sektion Früherkennung und Epidemiologie. 2007

[23] Buron, C.: Das Pferd als Wärmebild. *Pegasus* 1 (2005), 64–67

[24] Camenzind, M.; Weder, M.; Rossi, R. ; Kowtsch, C.: *Remote sensing infrared thermography for mass-screening at airports and public events.* Forschungsbericht, EMPA Materials Science and Technology. 2006

[25] Cena, K.; Clark, J.A.: Thermal radiation from animal coats: coat structure and measurements of radiative temperature. *Physics in Medicine and Biology* 18 (1973)3, 432–443

[26] Chan, T.F.; Vese, L.A.: Active contours without edges. *IEEE Transactions on Image Processing* 10 (2001)2, 266–277

[27] Cheung, K.W.; Yeung, D.Y. ; Chin, R.T.: On deformable models for visual pattern recognition. *Pattern Recognition* 35 (2002)7, 1507–1526.

[28] Church, J.S.; Hegadoren, P.R.; Paetkau, M.J.; Miller, C.C.; Regev-Shoshani, G.; Schaefer, A.L. ; Schwartzkopf-Genswein, K.S.: Influence of environmental factors on infrared eye temperature measurements in cattle. *Research in Veterinary Science* 96 (2014)1, 220 - 226

[29] Clark, J.A.: Effects of surface emissivity and viewing angle on errors in thermography. *ACTA Thermographica* 1 (1976), 138–141

[30] Colak, A.; Polat, B. ; et. al: Short communication: Early detection of mastitis using infrared thermography in dairy cows. *J. Dairy Sci.* 91 (2008)4, 4244–4248

[31] Collier, R.J.; Zimbelman, R.B.: Heat stress effects on cattle: What we know and what we don't know. In: *22nd Annual Southwest Nutrition & Managment Conference*, (2007), AZ76 –83

[32] COOTES, T.F.: Model-Based Methods in Analysis of Biomedical Images. In: *Image processing and analysis.* Oxford University Press, 2000, 223–248

[33] COOTES, T.F.; KITTIPANYA-NGAM, P.: Comparing variations on the active appearance model algorithm. In: *BMVC*, (2002), 1–10

[34] COOTES, T.F; TAYLOR, C.J.: Active Shape model search using local grey-level models: A quantitative evaluation. In: *British Machine Vision Conference*, (1993), 639–648

[35] COOTES, T.F.; TAYLOR, C.J.; COOPER, D.H. ; GRAHAM, J.: Active shape models-their training and application. *Computer vision and image understanding* 61 (1995)1, 38–59

[36] COOTES, T.F.; TAYLOR, C.J ; ET AL.: Statistical models of appearance for computer vision. *Imaging Science and Biomedical Engineering* 8 (2004)

[37] COPPOLA, C.L.; COLLIER, R.J. ; ENNS, R.M.: Evaluation of thermal status of cattle using infrared technology. In: *American Society of Animal Science*, 53 (2002)

[38] COULTER, G.H.; COOK, R.B. ; KASTELIC, J.P.: Effects of dietary energy on scrotal surface temperature, seminal quality, and sperm production in young beef bulls. *J. Anim Sci.* 75 (1997), 1048-1052.

[39] CRONHOLM, M.: Using ir cameras to detect fever to SARS. In: *InfraMatrix*, (2004)

[40] DIAKIDES, N.A.; BRONZINO, J.D.: *Medical Infrared Imaging.* CRC Press, 2008

[41] DIAS INFRARED GMBH (Hrsg.): *PYROVIEW 380L compact.* www.dias-infrared.de: DIAS Infrared GmbH, Stand 08.2010. – Datenblatt

[42] DIAS INFRARED GMBH (Hrsg.): *PYROVIEW 640L compact.* www.dias-infrared.de: DIAS Infrared GmbH, Stand 08.2010. – Datenblatt

[43] ERHARDT, A. ; WOLLSTADT, H. (Hrsg.): *Einführung in die Digitale Bildverarbeitung.* Wiesbaden: Vieweg + Teubner, 2008

[44] FENSTER, A.; CHIU, B.: Evaluation of segmentation algorithms for medical imaging. In: *27th Annual International Conference of the Engineering in Medicine and Biology Society*, (2005), 7186–7189

[45] FLIR SYSTEMS (Hrsg.): *A315.* www.flir.com: FLIR Systems. – Datenblatt; Stand 07.2011

[46] FLIR SYSTEMS (Hrsg.): *A615.* www.flir.com: FLIR Systems. – Datenblatt; Stand 07.2011

[47] FLIR SYSTEMS (Hrsg.): *SC7000.* www.flir.com: FLIR Systems. – Datenblatt; Stand 08.2010

[48] FLIR SYSTEMS (Hrsg.): *SC7900-VL.* www.flir.com: FLIR Systems. – Datenblatt; Stand 08.2010

[49] FLIR SYSTEMS (Hrsg.): *Einsatz der Thermographie bei Rindern.* www.flir.com: FLIR Systems, April 2006

[50] FRÖBA, B.; KASTNER, T.; ZINK, W. ; KÜBLBECK, C.: Real-time active shape models for face segmentation. In: *Proc. International Conference on Image Processing*, 1 (2001), 205–208

[51] FRIZE, M.; HERRY, C. ; ROBERGE, R.: Processing of thermal images to detect breast cancer: comparison with previous work. In: *Proceedings of the Second Joint Engineering in Medicine and Biology*, 2 (2002), 1159–1160

[52] FRIZE, M.; HERRY, C. ; SCALES, N.: Processing thermal images to detect breast cancer and assess pain. In: *Proc. 4th International IEEE EMBS Special Topic Conference on Information Technology Applications in Biomedicine*, (2003), 234–237

[53] FUJIMASA, I.; CHINZEI, T. ; SAITO, I.: Converting far infrared image information to other physiological data. *Engineering in Medicine and Biology Magazine, IEEE* 19 (2000)3, 71–76

[54] FURRER, S.: Von der Fähigkeit Wärme wahrzunehmen. *Mobilität* 1 (2006), 5

[55] FUTTERKAMP: Schneller Fiebermessen per Infrarot. *SUS* 1 (2011), 46

[56] GABRIEL, F.: *Klinische Anwendung der Infrarot-Thermografie bei der Diagnostik von Gelenksentzündungen beim Schwein–ein Vergleich pathologischer und thermografischer Befunde.* Dissertation. University of Zurich. 2008

[57] GANSSEN, A.: Medizinische Thermographie. *Röntgenpraxis* 5 (1971), 97–109

[58] GASTEINER, J.; EINGANG, D.; SONNLEITNER, L. ; STEINWIDDER, A.: Hitzestress bei Milchkühen unter Weidebedingunen. In: *Bautagung Raumberg-Gumpstein*, (2007), 83–88

[59] GLAS, A.: *Vergleichende Untersuchung klinisch gesunder und mit Escherichia coli infizierter Euterviertel von Kühen mittels Infrarotthermographie.* Dissertation. Ludwig-Maximilians-Universität München. 2008

[60] GREEN, A.R.; GATES, R.S. ; LAWRENCE, L.M.: Measurement of horse core body temperature. *Journal of Thermal Biology* 30 (2005), 370–377

[61] GSCHRÖDERER, C.: *Möglichkeiten der Integration der Thermographie in den Routineablauf einer Rinderbesamungsstation*, Diplomarbeit. Fachhochschule Weihenstephan. Dezember 2006

[62] GULVICH, S.J.; CONWELL, T.D.; LANE, J.; LOCKWOOD, B.; SCHWETTMANN, R.S.; ROSENBERG, N. ; GOLDMAN, L.B.: Stress infrared telethermography is useful in the diagnosis of complex regional pain syndrome, type i (formerly reflex sympathetic dystrophy). In: *Proceedings of the 26th Annual International Conference of the IEEE EMBS*, (2004)

[63] HARTFIEL, W.; PHEIFFER, J. ; DISSEN, J.: Energetische Untersuchungen an Reh und Schaf mit Hilfe der quantitativen Thermographie zur Beurteilung des Energiebedarfs im Winter. *Zeitschrift für Jagdwissenschaft* 31 (1985)1, 34–41

[64] HASSAN, M.; HATTERY, D.; CHERNOMORDIK, V.; TODA, K.; FUKUHARA, K.; MITTAL, D.; ROWAN, J.; SHAH, J.; GERBER, L.; DIONNE, R.; KOPIN, I. ; GANDJBAKHCHE, A.H.: Infrared thermographic imaging for the assessment of temperature asymmetries in reflex sympathetic dystrophy. In: *Proc. 25th Annual International Conference of the IEEE Engineering in Medicine and Biology Society*, 2 (2003), 1102–1105

[65] HASSAN, M.; HATTERY, D.; VOGEL, A.; CHERAOMORDIK, V.; DEMOS, S.; ALEMAN, K.; LITTLE, R.; YARCHOAN, R. ; GANDJBAKHCHE, A.H.: Noninvasive infrared imaging for quantitative assessment of tumor vasculature and response to therapy. In: *Proc. 26th Annual International Conference of the IEEE Engineering in Medicine and Biology Society IEMBS '04*, 1 (2004), 1200–1202

[66] HELLEBRAND, H.J.; BREHME, U.; BEUCHE, H. ; STOLLBERG, ULRICH: *Anwendungspotential bildgebender Verfahren im NIR- und MIR-Bereich für das Managment von Rinderherden.* Forschungsbericht, ATB Agrartechnik Bornim. 2003

[67] Herry, C.; Frize, M.: Design considerations for a medical thermographic expert system. In: *Proc. 25th Annual International Conference of the IEEE Engineering in Medicine and Biology Society*, 2 (2003), 1252–1255

[68] Herry, C.L.; Frize, M.: Digital processing techniques for the assessment of pain with infrared thermal imaging. In: *Proc. 24th Annual Conference and the Annual Fall Meeting of the Biomedical Engineering Society*, 2 (2002), 1157–1158

[69] Hierl, T: Hochauflösende Thermobilddetektoren - Ein Quantensprung für die bildgebende Industrie-Messtechnik. In: *16. Heidelberger Bildverarbeitungsforum*, (2001)

[70] Hildebrandt, C.; Raschner, C. ; Ammer, K.: An overview of recent application of medical infrared thermography in sports medicine in Austria. *Sensors* 10 (2010)5, 4700–4715

[71] Hilsberg, S.: *Aspekte zur klinischen Anwendung der Infrarot-Thermographie in der Zoo- und Wildtiermedizin.* Dissertation. Universität Leipzig. 2000

[72] Hofmann, G.: *Ungekühlte Infrarotkameras zur berührungslosen Temperaturmessung.* Forschungsbericht, DIAS Infrared GmbH. 2007

[73] Hooshmand, H.: The role of infrared thermography in diagnosis and management of pain. In: *Proc. 19th Annual International Conference of the IEEE Engineering in Medicine and Biology society*, 2 (1997), 625–630

[74] Hooshmand, H.; Hashmi, M. ; Phillips, E.M.: The role of infrared thermal imaging (ITI) in management of neuropathic pain. In: *Proc. First Joint [Engineering in Medicine and Biology 21st Annual Conf. and the 1999 Annual Fall Meeting of the Biomedical Engineering Soc.] BMES/EMBS Conference*, 2 (1999), 1102

[75] Hovinen, M.; Siivonen, J.; Taponen, S.; Hänninen, L.; Pastell, M.; Aisia, A.-M. ; Pyöraia, S.: Detection of clinical mastitis with the help of a thermal camera. *Journal of Dairy Science* 91 (2008), 4592–4598

[76] Höppner, S.: Infrarot-Thermographie bei Hufrehe. In: *17. Arbeitstagung der DVG-Fachgruppe Pferdekrankheiten Hannover, 25.-26.4.2002 / 17. Arbeitstagung der Fachgruppe Pferdekrankheiten / Deutsche Veterinärmedizinsche Gesellschaft*, (2002), 18–22

[77] Huber, P.J.; Ronchetti, E.M.: *Robust Statistics.* Wiley, 2009

[78] Hundhausen, E.; Theves, B.: Die Berechnung von thermisch bedingten Durchblutungsänderungen im Finger unter Benutzung thermographischer Hauttemperaturmessungen. *European Journal of Applied Physiology and Occupational Physiology* 40 (1979)4, 235–244

[79] Hurnik, J.F.; De Boer, S. ; Webster: Detection of health disorders in dairy cattle utilizing a thermal infrared scanning technique. *Canadian Journal of Animal Science* 64 (1984)4, 1071–1073

[80] Hurnik, J.F.; Webster, A.B. ; Boer, S. D.: An investigation of skin temperature differentials in relation to estrus in dairy cattle using a thermal infrared scanning technique. *Journal of Animal Science* 61 (1985)5, 1095–1102

[81] Schutzrecht EP 0948284 (3 1997)., Infratec (Erfinder).: *Überwachung von Gewebebestandteilen mittels Infrarot-Strahlung*

[82] InfraTec GmbH (Hrsg.): *ImageIR 8800.* www.infratec.de: InfraTec GmbH. – Datenblatt; Stand 08.2010

[83] INFRATEC GMBH (Hrsg.): *PIR uc 180.* www.infratec.de: InfraTec GmbH. – Datenblatt; Stand 08.2010

[84] INFRATEC GMBH (Hrsg.): *VarioCAM hr research.* www.infratec.de: InfraTec GmbH. – Datenblatt; Stand 07.2011

[85] JÄHNE, Bernd: *Digital Image Processing.* Weinheim: Springer, 1997

[86] JAIN, A.K.; ZHONG, Y. ; DUBUISSON-JOLLY, M.P.: Deformable template models: A review. *Signal Processing* 71 (1998)2, 109–129.

[87] JANZ, J.A.M.; AALHUS, J.L.; PRICE, M.A. ; SCHAEFER, A.L.: The influence of elevated temperature conditioning on bison meat quality. *Meat Science* 56 (2000)3, 279–284

[88] JÄHNE, B.: *Digitale Bildverarbeitung.* 4., vollst. überarb. u. erw. Aufl. Berlin: Springer, 1997

[89] JIANG, L.J.; NG, E.Y.K.; YEO, A.C.B.; WU, S.; PAN, F.; YAU, W.Y.; CHEN, J.H. ; YANG, Y.: A perspective on medical infrared imaging. *Journal of Medical Engineering Technology* 29 (2005)6, 257–267

[90] JONES, B.F.: A reappraisal of the use of infrared thermal image analysis in medicine. 17 (1998)6, 1019–1027

[91] JONES, B.F.; PLASSMANN, P.: Digital infrared thermal imaging of human skin. 21 (2002)6, 41–48

[92] JONES, B.F.; RING, E.F.: A database of archival infrared thermal imaging in medicine papers. In: *Proc. 19th Annual International Conference of the IEEE Engineering in Medicine and Biology society,* 2 (1997), 654–655

[93] JU, X.; NEBEL, J.C. ; SIEBERT, J.P.: 3d thermography imaging standardization technique for inflammation diagnosis. In: *Photonics Asia 2004, Proceedings of SPIE, Vol. 5640-46, 8-12 November 2004, Beijing, China,* (2004)

[94] KASTELIC, J.P.; COOK, R.B.; COULTER, G.H.; WALLINS, G.L. ; ENTZ, T.: Environmental factors affecting measurement of bovine scrotal surface temperature with infrared thermography. *Animal Reproduction Science* 41 (1996)3, 153–159

[95] KENNEDY, D.A.; LEE, T. ; SEELY, D.: A comparative review of thermography as a breast cancer screening technique. *Integrative Cancer Therapies* 8 (2009)1, 9

[96] KIM, Y.S.; CHO, Y.E.: Correlation of pain severity with thermography. In: *Proc. IEEE 17th Annual Conference Engineering in Medicine and Biology Society,* 2 (1995), 1699–1700

[97] KNÍŽKOVÁ, I.; KUNC, P.P.; GÜRDIL, Gürkan A.; PINAR, Y. ; SELVI, K.C.: Applications of infrared thermography in animal production. *Journal Of Agricultural Sciences* 22 (2007)3, 329–336

[98] KNÍŽKOVÁ, I.; KUNC, P.P.; KOUBKOVÁ, M.; FLUSSER, J. ; DOLEZAL, O.: Evaluation of naturally ventilated dairy barn management by a thermographic method. *Livestock Production Science* 77 (2002)2, 349–353

[99] KOTRBA, R.; KNÍŽKOVÁ, I.; KUNC, P. ; BARTOŠ, L.: Comparison between the coat temperature of the eland and dairy cattle by infrared thermography. *Journal of Thermal Biology* 32 (2007), 355–359

[100] KUNC, P.; KNIZKOVA, I.; PRIKRYL, M. ; MALOUN, J: Infrared thermography as a tool to study the milking process: A review. *Agricaltura Tropica Et Subtropica* 40 (2007)1, 29–32

[101] KURY, S.: *Thermographie an Augen und Euter bei Milchkühen*, Hochschule für Wirtschaft und Umwelt Nürtingen-Geislingen. Bachelorarbeit. 2009

[102] LAHIRI, B.B.; BAGAVATHIAPPAN, S.; JAYAKUMAR, T. ; PHILIP, J.: Medical applications of infrared thermography: a review. *Infrared Physics & Technology* 55 (2012)4, 221 - 235

[103] LAWSON, R.: Thermography – a new tool in the investigation of breast lesions. *Canadian Services Medical Journal* 8 (1956)8, 517–524

[104] LIMARE, N.; PETRO, A.B.; SBERT, C. ; MOREL, J.M.: Retinex Poisson equation: a model for color perception. *Image Processing On Line* 2011 (2011). –

[105] MATHWORKS, Inc.: *robustfit - Robust Regression.* Revision: 1.4.2.5. www.mathworks.de/de/help/stats/robustfit.html, 11 2006

[106] MATHWORKS, Inc.: *nlinfit - nonlinear Regression.* Revision: 2.22.2.11.2.1. www.mathworks.de/de/help/stats/nlinfit.html, 7 2007

[107] MATTHES, J.; WAIBEL, P. ; KELLER, H.B.: A new infrared camera-based technology for the optimization of the Waelz process for zinc recycling. *Minerals Engineering* (2011)

[108] MCCAFFERTY, D.J.; MONCRIEFF, J.B.; TAYLOR, I.R. ; BODDIE, G.F.: The use of ir thermography to measure the radiative temperature and heat loss of a barn owl (Tyto Alba). *Journal of Thermal Biology* 23 (1998), 311–318

[109] MCINERNEY, T.; TERZOPOULOS, D:: Deformable models in medical image analysis: a survey. *Medical Image Analysis* 1 (1996)2, 91–108.

[110] MERLA, A.; CIUFFOLO, F.; D'ATTILIO, M.; TECCO, S.; FESTA, F.; DE MICHELE, G.; TANGHERLINI, A. ; ROMANI, G.L.: Functional infrared imaging in the diagnosis of the myofascial pain. In: *Proc. 26th Annual International Conference of the IEEE Engineering in Medicine and Biology Society*, 1 (2004), 1188–1191

[111] MERLA, A.; DI DONATO, L. ; ROMANI, G.L.: Infrared functional imaging: analysis of skin temperature during exercise. In: *Proc. 24th Annual Conference and the Annual Fall Meeting of the Biomedical Engineering Society*, 2 (2002), 1141–1142

[112] MERLA, A.; IODICE, P.; TANGHERLINI, A.; DE MICHELE, G.; DI ROMUALDO, S.; SAGGINI, R. ; ROMANI, G.L.: Monitoring skin temperature in trained and untrained subjects throughout thermal video. In: *Proc. 27th Annual International Conference of the Engineering in Medicine and Biology Society*, (2005), 1684–1686

[113] METZNER, M.; SAUTER-LOUIS, C.; SEEMUELLER, A.; PETZL, W. ; KLEE, W.: Infrared thermography of the udder surface of dairy cattle: Characteristics, methods, and correlation with rectal temperature. *The Veterinary Journal* 199 (2014)1, 57 - 62

[114] MINKINA, W.; DUDZIK, S.: *Infrared Thermography: Errors and Uncertainties.* John Wiley & Sons, 2009.

[115] MVTEC SOFTWARE GMBH (Hrsg.): *HALCON Referenzhandbuch.* www.mvtec.com: MVTec Software GmbH. – Version 10.0.3

[116] NAGEL, F.; ZIMMERHACKL, M.; HOFMANN, G. ; BUDZIER, H.: *Berührungslose Temperaturmeßtechnik für industrielle Prozesse.* Forschungsbericht, DIAS Angewandte Sensorik GmbH. 1999

[117] NEUMANN, A.; LORENZ, C.: Statistical shape model based segmentation of medical images. *Computerized Medical Imaging and Graphics* 22 (1998)2, 133–143.

[118] NG, D.K.; CHAN, C.H.: Non-contact infrared thermal imagers may still be useful for mass fever screening. *Hong Kong Medical Journal* 12 (2006)4, 328

[119] NG, D.K.; CHAN, C.H:; LEE, R.S. ; LEUNG, L.C.: Non-contact infrared thermometry temperature measurement for screening fever in children. *Annals of Tropical Paediatrics* 25 (2005)4, 267–275

[120] NG, E.K.: A review of thermography as promising non-invasive detection modality for breast tumor. *International Journal of Thermal Sciences* 48 (2009)5, 849–859

[121] NIKKHAH, A.; PLAIZIER, J. C.; EINARSON, M. S.; BERRY, R. J.; SCOTT, S. L. ; KENNEDY, A. D.: Short communication: infrared thermography and visual examination of hooves of dairy cows in two stages of lactation. *Journal of Dairy Science* 88 (2005)8, 2749–2753

[122] Norm DIN 1319 Teil 4 Juni 1999. *Leitfaden zur Angabe von Unsicherheiten beim Messen.* – Berlin : Beuth Verlag

[123] Norm DIN 1319 Teil 1 Januar 1995. *Grundlagen der Meßtechnik : Grundbegriffe.* – Berlin : Beuth Verlag

[124] Norm DIN 1319 Teil 3 Mai 1996. *Grundlagen der Meßtechnik : Auswertung von Messungen einer einzelnen Meßgröße; Meßunsicherheit.* – Berlin : Beuth Verlag

[125] Norm DIN 1319 Teil 4 Februar 1999. *Grundlagen der Meßtechnik : Auswertung von Messungen; Meßunsicherheit.* – Berlin : Beuth Verlag

[126] Norm DIN 5031 Teil 1 März 1982. *Strahlungsphysik im optischen Bereich und Lichttechnik : Größen, Formelzeichen und Einheiten der Strahlungsphysik.* – Berlin : Beuth Verlag

[127] Norm DIN 5031 Teil 2 März 1982. *Strahlungsphysik im optischen Bereich und Lichttechnik : Strahlungsbewertung durch Empfänger.* – Berlin : Beuth Verlag

[128] Norm DIN 5031 Teil 5 März 1982. *Strahlungsphysik im optischen Bereich und Lichttechnik : Temperaturbegriff.* – Berlin : Beuth Verlag

[129] Norm DIN 5031 Teil 7 Januar 1984. *Strahlungsphysik im optischen Bereich und Lichttechnik : Benennung der Wellenlängebereiche.* – Berlin : Beuth Verlag

[130] Norm DIN 5031 Teil 8 März 1982. *Strahlungsphysik im optischen Bereich und Lichttechnik : Stahlungsphysikalische Begriffe und Konstanten.* – Berlin : Beuth Verlag

[131] Norm DIN 5496 Mai 1991. *Temperaturstrahlung von Volumenstrahlern.* – Berlin : Beuth Verlag

[132] NUSS, K.: *Erkrankungen des Bewegungsapparates beim Rind – Klauenerkrankungen.* Forschungsbericht, Abteilung Chirurgie und Orthopädie; Klinik für Wiederkäuer der Veterinärmedizinischen Fakultät der Universität München. 2007

[133] ORDOLFF, D.: Beurteilung der Eutersauberkeit mit einem Bildverarbeitungssystem. *Landtechnik* 4 (2003), 270–271

[134] OSHER, S.; FEDKIW, R.P.: *Level Set Methods and Dynamic Implicit Surfaces.* Springer Verlag, 2003

[135] PACHE, S.: *Fachinformation zur Tierhaltung – Nutzung von Indikatoren und Sensoren zur Gesundheitsüberwachung.* Forschungsbericht, Sächsische Landesanstalt für Landwirtschaft. 2007

[136] PASSARGE, Ulrike: *Gesundheitsmonitoring in Milchviehherden mit Hilfe von Infrarot-Thermographie.* Dissertation. Humboldt-Universität zu Berlin. 2013

[137] PHILLIPS, P.K.; HEATH, J.E.: Dependency of surface temperature regulation on body size in terrestrial mammals. *Journal of Thermal Biology* 20 (1995), 281–289

[138] PICCIONE, G.; CAOLA, G. ; REFINETTI, R.: Daily and estrous rhythmicity of body temperature in domestic cattle. *BMC Physiology* 3 (2003), 7

[139] PILS, K.; HOFFMANN, J.; PATZELT, S. ; GOCH, G.: Kameragestützte Lahmheitsbewertung bei Milchkühen. In: LEON, F. P. (Hrsg.); HEIZMANN, M. (Hrsg.): *Forum Bildverarbeitung,* (2010), 401–412

[140] POLAT, B.; COLAK, A.; CENGIZ, M.; YANMAZ, L.E.; ORAL, H.; BASTAN, A.; KAYA, S. ; HAYIRILI, A.: Sensitivity and specifitiy of infrared thermography in detection of subclinical mastitis in dairy cows. *Journal of Dairy Science* 93 (2010), 3525–3532

[141] PUROHIT, R.C.; PASCOE, D.D.; WALDSMITH, J.; TURNER, T. ; HARPER, D.: Accepted and non-accepted applications of thermal imaging in veterinary medicine. *Thermology international* 15 (2005)4, 147

[142] RAINWATER-LOVETT, K.; PACHECO, J.M.; PACKER, C. ; RODRIGUEZ, L.L.: Detection of foot-and-mouth disease virus infected cattle using infrared thermography. *The Veterinary Journal* 180 (2009)3, 317–324

[143] RAMANATHAN, N.L.: A new weighting system for mean surface temperature of the human body. *Journal of Applied Physiology* 19 (1964), 531–533

[144] RÖHLINGER, P.: *Zur Indikation der Halbleiter- und Infrarotmeßtechnik für die Ermittlung der Rektal- und Oberflächentemperatur im Rahmen der Klinischen Diagnostik in der Veterinärmedizin.* Dissertation. Universität Leipzig. 1983

[145] RÖHLINGER, P.; GÜNTHER, M.; DANZ, J.; LYHS, J. ; ZIMMERHACKL, M.: Zur Anwendung der Infrarottechnik in der Veterinärmedizin. *Archiv für exper. Veterinärmedizin* 33 (1979), 851–856

[146] RÖHLINGER, P.; GRUNOW, Ch.; REICHMANN, A. ; ZIMMERHACKL, M.: Voruntersuchungen zur Ermittlung der Anwendungsgebiete der Infrarotmeßtechnik in der Veterinärmedizin. *Monatshefte für Veterinärmedizin* 34 (1979), 387–316

[147] RING, F.: *Quantitative Thermal Imaging In Rheumatology.* 1994

[148] RÖSSNER, S.: *Untersuchung zur Thermoregulation von Milchkühen,* Diplomarbeit. Hochschule für Technik und Wirtschaft Dresden. 2005

[149] ROGERS, M.; GRAHAM, J.: Robust active shape model search. In: *Computer Vision – ECCV 2002.* Springer, 2006, 517–530

[150] SCHAEFER, A.L.: *Persönliche Mitteilung.* April 2013

[151] SCHAEFER, A.L.; COOK, N.J.; CHURCH, J.S.; BASARAB, J.; PERRY, B.; MILLER, C. ; TONG, A.K.W.: The use of infrared thermography as an early indicator of bovine respiratory disease complex in calves. *Research in Veterinary Science* 83 (2007)3, 376–384

[152] SCHAEFER, A.L.; JONES, S.D.M.; TONG, A.K.W. ; VINCENT, B.C.: The effects of fasting and transportation on beef cattle. 1. acid-base-electrolyte balance and infrared heat loss of beef cattle. *Livestock Production Science* 20 (1988), 15–24

[153] Schaefer, A.L.; Young, B.A. ; Turner, B.V.: The effects of cold exposure on bloodflow distribution in sheep. *Journal of Thermal Biology* 7 (1982), 15–21

[154] Schmid, P.; Salvador, G.E.: Noninvasive infrared thermometry for application in skin biology–I: Model measurements and local measurements on the dorsal surface of the rabbit. *IEEE Transactions on Biomedical Engineering* 38 (1991)3, 238–245

[155] Schulz, M.; Eicher, S.D.; Townsend, J.M.; Shaw, G. ; Kocak, D.M.: Evaluation of early detection of induced Stapjylococcus aurus mastitis using infrared thermography. *Journal of Dairy Science* 84 (2001), 150–151

[156] Schulze, M.: *Thermographie am Huf.* Dissertation. Freien Universität Berlin. 2004

[157] Schuster, N.; Kolobrodov, V.G.: *Infrarotthermographie.* 1. Berlin: WILEY-VCH, 2000

[158] Schuster, N.; Kolobrodov, V.G.: *Infrarotthermographie.* 2. Berlin: WILEY-VCH, 2004

[159] Schwalm, A.: *Einfluss von Hitzestress auf Parameter der Reproduktion, Thermoregulation und das Verhalten männlicher Lamas (Lama glama) unter Berücksichtigung der Bewollung der Tiere.* Dissertation. Justus-Liebig-Universität Gießen. 2006

[160] Schwartzkopf-Genswein, K.S.; Stookey, J.M.: The use of infrared thermography to assess inflammation associated with hot-iron and freeze branding in cattle. *Canadian Journal of Animal Science* 77 (1997)4, 577–583

[161] Scott, S.: *Development of an Early Detection Method for Mastitis Using Infrared Thermography.* Forschungsbericht, Agriculture and Agri-Food Canada. Version: 2003. . 2003

[162] Shuran, M.; Nelson, R.A.: Quantitation of energy expenditure by infrared thermography. *The American journal of clinical nutrition* 53 (1991)6, 1361

[163] Sichert, A.B.; Friedel, P. ; Hemmen, J.L. van: Snake's perspective on heat: reconstruction of input using an imperfect detection system. *Physical Review Letters* 97 (2006)6, 068105-1 – 068105-4.

[164] SICK MAIHAK (Hrsg.): *FLOWSIC 600 Ultraschall-Kompaktgaszähler.* www.sick.de: SICK MAIHAK, Stand Jan. 2009. – Datenblatt

[165] Smith, W.M.: Applications of thermography in veterinary medicine. *Annals of the New York Academy of Sciences* 121 (1964), 248-254.

[166] Speakman, J.R.; Ward, S.: Infrared thermography: principles and applications. *Zoological Analysis* 101(3) (1998), 224–232

[167] Standardization, International O.: *Guide to the Expression of Uncertainty in Measurement.* International Organization for Standardization, 1995

[168] Steketee, J.: Spectral emissivity of skin and pericardium. *Physics in Medicine and Biology* 18 (1973), 686

[169] Stewart, M.: *Persönliche Mitteilung.* April 2013

[170] Stewart, M.; Webster, J.R.; Schaefer, A.L. ; Stafford, K.J.: Infrared thermography and heart rate variability for non-invasive assessment of animal welfare. *ANZCCART Humane Science - News* 21 (2008)1, 1–4

[171] STEWART, M.; WEBSTER, J.R.; VERKERK, G.A.; SCHAEFER, A.L.; COLYN, J.J. ; STAFFORD, K.J.: Non-invasive measurement of stress in dairy cows using infrared thermography. *Physiology & Behavior* 92 (2007)3, 520–525

[172] TAN, J.H.; NG, E.Y.K.; ACHARYA, U.R. ; CHEE, C.: Infrared thermography on ocular surface temperature: A review. *Infrared Physics & Technology* 52 (2009)4, 97 - 108

[173] TÖNNIES, K.D.: *Grundlagen der Bildverarbeitung.* München: Pearson Studium, 2005

[174] TRAULSEN, I.; NAUNIN, K.; MÜLLER, K. ; KRIETER, J.: Untersuchungen zum Einsatz der Infrarotthermographie zur Messung der Körpertemperatur bei Sauen. *Züchtungskunde* 82 (2010), 437–446

[175] TRECHOW, P.: Selbstbestimmte Kühe geben mehr Milch. *VDI Nachrichten* 49 (2006), 23

[176] VDI/VDE-RICHTLINIE: *Technische Temperaturmessungen – Strahlungsthermometrie.* Januar 1995. – VDI/VDE 3511 Blatt 4. – Berlin : Beuth Verlag

[177] VERWOERD, W.; WELLBY, M. ; BARRELL, G.: Absence of a causal relationship between environmental and body temperature in dairy cows (Bos taurus) under moderate climatic conditions. *Journal of Thermal Biology* 31 (2006), 533–540

[178] WALACH, T.: Uncertainty in temperature infrared measurements of electronic microcircuits. In: *Mixed Design of Integrated Circuits and Systems, 2008. MIXDES 2008. 15th International Conference on,* (2008), 359–363

[179] WALTHER, L.; GERBER, D.: *Infrarotmeßtechnik.* 1. Aufl. Berlin: Verlag Technik, 1981 (Meßtechnik)

[180] WANG, J.S.; HUANG, K.N.; WU, M.C. ; YOUNG, M.S.: Measurement of the body temperature and blood flow-rate variations of pig induced by far-infrared radiation. In: *Proc. 21st Annual Meeting of the Biomedical Engineering Society,* 2 (1999), 797

[181] WATMOUGH, D.J.; OLIVER, R.: Wavelength dependence of skin emissivity. *Physics in Medicine and Biology* 14 (1969), 201

[182] WATTS, J.M.: *The welfare of cattle: review of recent literature.* Forschungsbericht, University of Saskatchewan. 2005

[183] WECKENMANN, A.; SOMMER, K.D. ; SIEBERT, B.R.L.: Qualität für Messergebnisse - Messunsicherheit nach GUM. *Technisches Messen* 73 (2006), 189–199

[184] WIESEMANN & THEIS INTERFACES (W&T) (Hrsg.): *Web-Thermo-Hygrobarograph PoE.* www.wut.de: Wiesemann & Theis Interfaces (W&T), Stand Jan. 2009. – Datenblatt

[185] WIESEMANN & THEIS INTERFACES (W&T) (Hrsg.): *Web-Thermograph Pt100 / Pt1000.* www.wut.de: Wiesemann & Theis Interfaces (W&T), Stand Jan. 2009. – Datenblatt

[186] WILLITS, S.: Infrared thermography for screening and early detection of mastitis infections in working dairy herds. In: *InfraMation 2005 Proceedings,* (2005)

[187] WONG, J.J.; C.Y.C.WONG: Non-contact infrared thermal imagers for mass fever screening–state of the art or myth? *Hong Kong Medical Journal* 12 (2006)3, 242–244

[188] ZIEGLER, G.M.: *Neue Bilder für die Medizin?* 2005

[189] ZIMMERHACKL, M.: *Persönliche Mitteilung.* August 2007

[190] ZIMMERHACKL, M.: *Persönliche Mitteilung.* Mai 2010

[191] ZIVCAK, J.; HUDCK, R. ; KNEPPO, P.: Application of infrared imaging in rehabilitation medicine in spinal cord injured individuals. In: *Proc. IEEE International Conference on Intelligent Engineering Systems*, (2005), 221–224

[192] ZIVCAK, J.; KNEPPO, P. ; HUDK, R.: Methodics of IR imaging in SCI individuals rehabilitation. In: *Proc. 27th Annual International Conference of the Engineering in Medicine and Biology Society*, (2005), 6863–6866

Im Rahmen der Forschungsarbeiten entstandene studentische Arbeiten

[193] Alary, T.: *Modifed Active Shape Model for Segmentation in Infrared Images*. Forschungsbericht, Fraunhofer Institut IVI. 2010

[194] Dietel, F.: *Deformierbare Formmodelle zur Segmentierung der Wärmebilder von Milchkühen*, Diplomarbeit. HTWK Leipzig. 2009

[195] Hardtmann, Maria: *Varianzanalyse von Bildbearbeitungsmerkmalen*. Forschungsbericht, Fraunhofer IVI. 2010

[196] Lempe, G.: *Anwendung von Level-Set-Verfahren zur Segmentierung der Wärmebilder von Milchkühen*, Hochschule Karlsruhe - Technik und Wirtschaft. Diplomarbeit. 2011

[197] Zschunke, S.: *Entwicklung und Bewertung von Verfahren zur Objekterkennung in Infrarotbildern von Milchkühen*, Hochschule für Technik und Wirtschaft Dresden. Diplomarbeit. 2010

Eigene Veröffentlichungen

[198] Dowling, S.; Stewart, M.; Webster, J.; Schaefer, A. ; Landgraf, T.: Infrared thermography for animal health and welfare monitoring: Where to from here? In: *Proc. 4th Australian and New Zealand Spatially Enabled Livestock Management Symposium*, (2013), 19

[199] Franze, U.; Geidel, S.; Heyde, U.; Schroth, A.; Wirthgen, T. ; Zipser, S.: Automatische Gesundheitsüberwachung bei Milchkühen mittels Infrarot-Thermographie. In: *10. Internationale Tagung Bau, Technik und Umwelt in der landwirtschaftlichen Nutztierhaltung*, (2011), 379–386

[200] Franze, U.; Geidel, S.; Heyde, U.; Schroth, A.; Wirthgen, T. ; Zipser, S: Evaluation of the potential of infrared thermography for automatic animal health monitoring systems in milk production. In: *European Conference of Information Systems in Agriculture and Forestry Prague*, (2011)

[201] Franze, U.; Geidel, S.; Heyde, U.; Schroth, A.; Wirthgen, T. ; Zipser, S.: Möglichkeiten des Einsatzes der Infrarot-Thermographie zur automatischen Gesundheitsüberwachung bei Milchkühen. *Züchtungskunde* 84 (2012)2, 158–170

[202] Franze, U.; Geidel, S.; Wirthgen, T. ; Zipser, S.: Infrarot – Thermographie bei Milchkühen. In: *11. Jahrestagung der WGM*, (2010), 28–30

[203] Landgraf, T.: *Technische Aspekte zur Temperaturmessung mit Infrarotthermographie und ihre Anwendung bei Milchkühen.* Vortrag, Februar 2014. – 3. Hannoverscher Milchtag der Stiftung Tierärztliche Hochschule Hannover

[204] Landgraf, T.; Zipser, S; Stewart, M.; Dowling, S ; Schaefer, A.L.: Modelling and correction of influences on surface temperature measurements using infrared thermography for animal health and welfare assessments. In: *Quantitative InfraRed Thermography*, (2014)

[205] Wirthgen, T.: *Entwicklung und Berechnung IR-basierter Kenngrößen zur Analyse des Gesundheitszustands von Kühen*, Diplomarbeit. Technische Universität Dresden. 2007

[206] Wirthgen, T.: *Automatische Gesundheitsüberwachung von Tieren mittels Infrarotthermographie.* Vortrag, April 2011. – Dresdner Automatisierungstechnisches Kolloquium

[207] Wirthgen, T.: *Zur Automation der infrarothermographie-basierten Körpertemperaturmessung bei Milchkühen.* Vortrag, Januar 2013. – Dresdner Automatisierungstechnisches Kolloquium

[208] Wirthgen, T.; Lempe, G.; Zipser, S. ; Grünhaupt, U.: Level Set based infrared image segmentation for automatic veterinary health monitoring. In: *Computer Vision and Graphics*, 7594 (2012), 685–693

[209] Wirthgen, T.; Zipser, S.; Franze, U. ; Geidel, S.: Precise IR-based temperature measuring - A case study for the automatic health monitoring of dairy cows. In: *SENSOR+TEST - IRS*^{2}, (2011)

[210] Wirthgen, T.; Zipser, S.; Franze, U. ; Geidel, S.: Veterinary health monitoring system - VIONA. In: *BMT*, (2011)

[211] Wirthgen, T.; Zipser, S.; Franze, U.; Geidel, S.; Dietel, F. ; Alary, T.: Automatic segmentation of veterinary infrared images with the Active Shape approach. In: Heyden, A. (Hrsg.); Kahl, F. (Hrsg.): *Image Analysis*, (2011), 435–446

[212] Wirthgen, T.; Zipser, S.; Franze, U.; Geidel, S. ; Zimmerhackl, M.: Automated infrared based health monitoring system for veterinary application. *Procedia Engineering* 25 (2011), 1405–1408

[213] Wirthgen, T.; Zipser, S.; Geidel, S. ; Franze, U.: Automatic infrared based temperature measuring system for health monitoring in veterinary applications. In: *2011 IEEE Sensors*, (2011), 1800–1803

[214] Wirthgen, T.; Zipser, S.; Geidel, S. ; Franze, U.: Präzise IR-basierte Temperaturmessung – eine Fallstudie für die automatische Gesundheitsüberwachung von Milchkühen. *tm – Technisches Messen* 79 (2012), 168–174

[215] Zipser, S.; Landgraf, T.; Geidel, S. ; Heyde, U.: Technische Aspekte zur Temperaturmessung mit Infrarotthermographie und ihre Anwendung bei Milchkühen. In: *Tagungsband des 3. Hannoverscher Milchtags*, (2014)